U0009979

生命
的一百種
定義

LIFE'S
EDGE

原來還可以這樣活著，
探索生物與非生物的邊界

SEARCHING
FOR WHAT IT MEANS
TO BE ALIVE

Carl
Zimmer

卡爾・齊默 ───── 著　吳國慶 ───── 譯

目次　CONTENTS

緒論：生死邊界
Introduction: The Borderland

　　一九〇四年秋天，卡文迪許實驗室裡正進行著各種奇特的實驗：汞雲閃爍著藍光，鉛柱在銅盤上旋轉。這棟坐落於劍橋大學心臟地帶自由學校巷內、覆滿常春藤的建築物，是最令物理學家心魂牽繫的地方，他們在此恣意地把玩各種宇宙基本要素。在這個由磁鐵、真空管和電池組成的森林裡，一場獨自進行的小實驗很容易就被忽略掉。因為它看起來不過是一根開口覆蓋著棉花、裡面加了幾勺棕色肉湯到大約半滿的玻璃試管。

　　不過，試管裡真的出現了一些東西。且再過幾個月，整個世界都將為之讚嘆，報紙也將盛讚這個實驗為科學史上最傑出的成就之一。某位記者還會把潛伏管中的東西描述為「最原始的生命形式：無機世界與有機世界之間的失落環節」。

　　這個原始的生命形式是三十一歲的物理學家伯克（John Butler Burke）的創造物。在這場實驗前後拍攝的照片中，伯克如男孩般的面容上滿是憂鬱。他在馬尼拉出生，父親是菲律賓人，母親是愛爾蘭人。伯克小時候在都柏林求學，後來到三一學院研究 X 射線、發電機，及糖被撞擊時所釋放的神祕火花。三一學院授予伯克物理和化學金牌獎。一位教授形容伯克是個「充滿天賦、能以自己堅持的研究方向激起他人熱情」的人。完成學業後，伯克從都柏林遷居英國，並在多所

大學擔任教職。他的父親不久後去世，他的母親（伯克後來以「舉足輕重的老太太」稱呼她）極為慷慨地資助他。一八九八年，伯克加入了卡文迪許實驗室。

在這地球上再也沒別的地方能讓一位物理學家在極短的時間內，對物質和能量有如此廣泛的瞭解。該研究室當時的最新成就，來自於實驗室主任湯姆森（Joseph John Thomson），他是發現電子的人。卡文迪許的物理學家當時主要研究帶負電的粒子，試圖解開原子結構。伯克則研究電子如何點燃氣體雲團以點亮霓虹燈。不過很快地，伯克受到另一個新的科學謎團吸引。如同卡文迪許的許多其他年輕物理學家，伯克開始對一種叫「鐳」的發光新元素進行實驗。

就在幾年前的一八九六年，法國物理學家貝克勒（Henri Becquerel）發現了第一個證據，證明普通物質能釋放出一種奇怪的新能量形式。他用黑布包住鈾，放在照相感光板（早期底片形式）旁邊，結果發現感光板出現了鬼影般的成像。這部分後來很快有了解答，原來是鈾會穩定釋放出某種強烈的粒子。緊接在貝克勒的研究後，居禮夫婦（Marie and Pierre Curie）從瀝青鈾礦石中提煉出鈾，且還發現有某些能量來自於第二種元素。他們把這個新元素命名為「鐳」，並將這種新的能量形式命名為「放射能」。

鐳會釋放出大量能量，因此能維持熱度。科學家在冰塊上放一小塊鐳，它就會溶解冰塊後掉入水中。當居禮夫婦將鐳與磷混合時，鐳所釋放的能量粒子能讓磷在黑暗中發光。這類稀奇物質的消息傳開後立刻造成轟動。例如在紐約賭場中，舞者穿上塗有鐳的服裝在黑暗中表演。世人亟欲知道，鐳是否將成為文明支柱，有位化學家就說了：「我們是否即將實現煉金術士的化學夢想：讓燈永久發光，而不需消

耗一滴燈油？」

　　當時的人以為鐳似乎也具有賦予生命的力量。有園丁把鐳放到花朵上，確信能讓花朵長大。還有些人喝下這所謂的「液體陽光」，期望治癒包括癌症在內的各種疾病。幾年後，居禮夫人死於癌症，可能就是多年處理鐳和其他放射性化合物所致。時至今日，應該很難想像有人還會認為鐳與促進生命成長有關。不過請大家記住，在二十世紀初期，科學家對生命的本質所知甚少。他們所能做出的最好描述，便是生命的本質潛伏在細胞的果凍狀物質中；該物質被稱為「原生質」，它以某種方式將細胞組成生物，可從上一代傳給下一代。此外，科學界對生命的本質幾乎沒什麼能確定的。

　　然而，伯克開始相信放射能與生命間有著深刻的聯繫，因為鐳與穩定元素最大的不同，就在於鐳原子不僅會拋出自身的一部分，也會保留自身的一部分。「鐳改變了自己的本質，從某種意義來說它是活的，且一直如此，」伯克在他一九〇三年發表的一篇雜誌文章裡提到：「生物學家原本認為，活物質和所謂死物質之間的差異是完全不可逾越的，這種想法現應被視為錯誤觀點而加以消滅……因為所有物質都是活的，這就是我的論點。」

　　伯克是以「科學家」而非「神祕主義者」的身分來發表這些言論。他警告大家：「我們必須小心，以免想像力將我們帶偏，帶往純屬幻想的境界，超越了實驗支持的事實。」為了證實自己的理論，伯克設計了一個實驗，試圖用鐳從無生命物質中創造出生命。

　　伯克在進行這個生命創造實驗時，準備了一些肉湯。他在水中烹煮大塊牛肉，並撒上鹽和明膠。當這些原料變成一鍋肉湯後，他倒了幾勺到試管中，並將試管放在火上持續熬煮。由於高溫會破壞潛伏在

液體中的任何牛肉細胞或微生物，因此剩下的應該是由鬆散的無生命分子所組成的無菌肉湯。

伯克先將一小撮鐳鹽放入一個小密封瓶中，再將小瓶懸浮在盛有肉湯的試管內。一條鉑金絲線纏繞著鐳鹽小瓶，從瓶口側面伸出。實驗一開始時，伯克便用力拉扯導線的一端，鐳鹽小瓶因受壓而破裂，此時鐳便會落入下方的肉湯中。

伯克將浸有鐳的肉湯放置一晚，第二天他就看到了變化：肉湯表面出現一層渾濁層。伯克抽取混濁層樣品，觀察是否是細菌汙染所致。他把抽取的樣本塗在裝有微生物食物的培養皿上，如果混濁層中有細菌，它們飽餐一頓後便會長成可見的菌落。

不過菌落並未形成。因此伯克得出結論，混濁層一定是由其他東西構成。因此，他又抽取了一點渾濁層樣本鋪在載玻片上，放在顯微鏡下觀察。結果發現，顯微鏡下這些散布的斑點遠小於細菌。幾小時後他再次檢查，發現斑點消失了，但第二天斑點又出現了。伯克把自己在顯微鏡下的觀察繪製成圖，並著迷於斑點逐漸變大的情況。接下來幾天，這些斑點變成了帶有內核與外皮的球型，不僅伸展成啞鈴形狀，還逐漸膨脹成小花狀，然後就分開了。兩週後，它們開始破碎，也可以說它們已經「死了」。

伯克繪製這些圖時，看出它們並非細菌。不只因為它們實在太小，還因為伯克把一些樣本放入水中時，它們會立刻溶解，而細菌不會發生這種現象。因此，伯克堅信這些因鐳放射所產生的團狀斑點，並非結晶或其他無生命物質的已知樣式。他總結說：「它們有權被歸類為生物。」也就是他成功創造了所謂的「人造生命」：生活在生命領域最邊緣的生物。接著，他為了紀念生產出這些東西的元素，將它們命

名為「放射性生物」（radiobes）。

伯克只能猜測自己是如何創造出這些放射性生物的：把鐳放入肉湯，必定賦予了分子生長、組織和繁殖的能力。因此他後來寫道：「原生質的成分在肉湯中，最重要的助長劑則在鐳中。」

該年十二月，卡文迪許實驗室的科學家在劍橋餐廳包廂內舉行的年度晚宴上慶祝伯克的發現。他們打上黑色領帶，朗讀物理學家霍頓（Frank Horton）所寫的詞句，並以一首古老音樂廳歌曲的曲調唱出這首〈鐳原子〉之歌。

　　哦，我是一個鐳原子

　　我在瀝青鈾礦上第一次見到這世界

　　但我很快就會變成氦氣

　　因為我的能量正在發散

物理學家先歌頌鐳所釋放出的 γ 射線和 β 射線，接著歌詞轉向伯克的實驗。

　　他們通過我說生命是被創造出來的

　　動物是由黏土形成的

　　有人說我和肉湯配對

　　展開了今天的新生命

一九〇五年五月二十五日，也就是五個月後，伯克在科學期刊《自然》（Nature）發表了關於放射性生物的第一份報告。他以三張模糊

的「高組織化物體」草圖為這場實驗的描述增色。在報告結尾，伯克稱這些最後的生成物為「放射性生物」，強調「它們與微生物類似，並具有獨特的性質與來源」。

當記者來電時，伯克一開始不想對他的發現解釋太多。但記者就如舊木頭上的白蟻，不斷嚙咬著要他解答。伯克只好說地球已被放射性礦物的放射線貫穿了，並推測整個地球都存在著放射性生物。他告訴一位記者說：「生命可能就是以這種方式從地球誕生的。」

大眾非常樂意接受這種說法。「鐳揭示了生命起源的祕密嗎？」《紐約時報》（The New York Times）如此提問，他們在文章裡描述伯克的放射性生物，似乎「在無生命存在的慣性和初期生命的奇怪顫動之間搖擺不定」。

這則新聞瞬間讓伯克變得像他的放射性生物一樣出名。《紐約論壇報》（The New York Tribune）報導：「伯克突然成了英國最受矚目的科學家。」《泰晤士報》（The Times）將他譽為「我國最出色的年輕物理學家」，實現「有史以來最偉大的成就」。另一位英國作家認為「伯克突然變得家喻戶曉；這個形容詞在我國向來只用來形容傑出運動員」。伯克後來回憶說，「甚至從地球最遠的角落」都傳來這些充滿放射性生物相關問題的信件。

伯克非常享受自己的名望。他沒有待在卡文迪許實驗室進行更多實驗，而是從一個演講廳到下一個演講廳展示他的幻燈片。雜誌為採訪支付給他豐厚的酬勞，月刊《世界工作》（The World's Work）甚至將伯克與達爾文（Charles Darwin）相提並論，宣稱：「自《物種源始》（Origin of Species）以來，放射性生物比起科學史上的任何事件引發了更多討論。」一八五九年，達爾文提出了演化論，半世紀後，伯克與

一個更大的謎團搏鬥，也就是生命的起源。業界領先的倫敦出版商「查普曼和霍爾」（Chapman and Hall）與伯克簽訂合約，邀他撰寫一本關於該理論的書。一九〇六年，《生命的起源：物理基礎與定義》（*The Origin of Life: Its Physical Basis and Definition*）一書問世。

伯克原本的謹慎態度現已完全消失。他在書裡提出這種生物的特性，存在於「礦物和植物界之間的邊界」上。它具有酶與核，依據自己的物質電子理論活著，且還有他稱之為「心靈物質」的東西。伯克徒勞地將這種「心靈物質」描述為「存在於人類思想中的感知，構成我們生命、活動和生存的巨大思想汪洋」。

藉由這些說法，伯克簡直像站在了自己的伊卡洛斯環形山上。[1]沒過不久，一波針對《生命的起源》的殘酷評論便開始出現，大家紛紛嘲笑伯克的傲慢自大。因為這是一位甚至不知道葉綠素和染色質差異的物理學家所提出的生命本質理論。一位評論家說：「生物學絕非伯克的專長。」

另一位科學家同僚很快就對伯克做出更具破壞性的評論。曾在卡文迪許實驗室工作好幾年的拉奇（Douglas Rudge），決定重複伯克的放射性生物實驗。他知道必須採用更嚴格的標準，也就是分別使用出自水龍頭的水與蒸餾水來進行實驗。他不像伯克用「單純的圖畫」（拉奇的形容）來記錄實驗結果，而是更謹慎地以照片來記錄。當拉奇使用蒸餾水煮湯，他發現鐳並沒有產生任何作用。而用自來水時，拉奇

1　譯注：伊卡洛斯環形山（Icarus peak）是位於月球背面赤道區的一處古老大型隕石撞擊坑，其名稱取自希臘神話中著名工匠代達洛斯（Daedalus）的兒子伊卡洛斯，他因為飛得太高讓雙翼被太陽融化而跌落水中喪生。此處用來比喻伯克的傲慢自大。

雖然發現一些奇怪的形狀，但並沒有發現伯克繪製的那種栩栩如生的放射性生物。

伯克指責拉奇是「業餘」的實驗者，但其他科學家卻一致認同拉奇向「皇家學會」（Royal Society）提交的那份報告就是放射性生物的告別曲。卡文迪許實驗室的物理學家坎貝爾（Normal Campbell）宣稱：「拉奇已重新實驗了伯克很久以前進行的那個實驗。」他還說：「拉奇提供了令人信服的證據，證明這些細胞或所謂的放射性生物，不過是鐳鹽對明膠的作用，亦即在明膠中所產生的少量氣泡。」

一九〇六年九月，坎貝爾再度展開對伯克的惡意攻擊。表面上看來是對《生命的起源》一書的評論，但整體讀起來更像是一場人格謀殺。「伯克並未在劍橋大學受過教育，在他來這裡成為研究生之前，曾待過另外兩所大學。」坎貝爾說：「他在最近出版的書裡說到自己是卡文迪許實驗室的一員，這是一種誤導。伯克幾年前是在那裡做過一些物理研究沒錯，但他進行所謂放射性生物的研究期間，只是把他之前做過一些像屍體『孵化』的試管存放在他工作的房間裡。」

大約就在此時，伯克中止了在卡文迪許實驗室的工作，沒人知道他是自行辭職或是被禁止進入。一九〇六年十二月，卡文迪許實驗室再次舉辦了年終晚宴，這次他們慶祝湯姆森贏得當年的諾貝爾獎。但一九〇六年的祝賀歌曲並非關於電子的吟詠，取而代之的是數學家羅伯（A. A. Robb）根據一八九六年的音樂劇《藝妓》（The Geisha）裡一首名叫〈多情的金魚〉（The Amorous Goldfish）的曲子所寫的歌曲。

歌名叫〈放射性生物〉：

正當親愛的小放射性生物

在肉湯裡漫游

它在伯克在顯微鏡前彎腰之際

進入了視野

他不禁大聲歡呼

他說：「放射性生物清楚顯示了

所有生命形式如何產生

而這更進一步表明了，」他說

「伯克是個多麼偉大的人啊！」

　　隨後幾年，伯克的聲望歷經漫長的跌落過程，直到他在四十年後的一九四六年去世才告一段落。離開卡文迪許後，再也沒有人願意給他教授職位，雜誌也對他的想法失去興趣。雖然他寫了兩本後續書稿，但多年來找不到願意出書的出版商。在母親減少資助的同時，他的演講和寫作收入均告枯竭。一次大戰期間，伯克設法找到檢修飛機的工作維生，但工作才幾個月就因身體不適而被迫辭職。一九一六年，他向「皇家文學基金」（Royal Literary Fund）申請貸款，以避免「可怕的破產事件」，結果卻遭到拒絕。

　　對一個年輕人來說，伯克原先似乎藉由劃清生命的模糊邊界而定義了生命，然而他同時也被生命的乖舛給擊垮了。一九三一年，也就是他短暫成名後二十五年，他發表了一部引人懷疑的作品《生命的出現》（*The Emergence of Life*），那真是一本亂七八糟的書。歷史學家坎波斯（Luis Campos）後來寫道：「伯克已被逼到了極點。」在這本書裡，伯克漫談精神漂浮和各種心靈現象。他始終效忠於他的放射性生物，而這件事早已被世界遺忘。他還認為生命是由他所說的「時間波」

所產生，在構成宇宙的心智個體間流動著。

伯克對生命的思考越多，他對生命的理解就越少。在《生命的出現》一書中，他提出了生命的定義：「生命就是本質。」不過這句話聽起來更像是求助的吶喊。

• • • • •

在我的求學期間，我從未聽說過伯克，因為當時課堂上教導的都是生物學家的標準圭臬。這些經典準則是科學家共同認定的正確知識，例如達爾文和他的生命樹理論、巴斯德（Louis Pasteur）和他的菌原論、華生（James Watson）和克里克（Francis Crick）共同建立的DNA雙螺旋結構等。這種教法比較容易：從一位特定的英雄跳到下一位，完全忽略沿途的幻影、失敗者和名聲過氣的人。

之後我開始寫生物學相關文章，依然對伯克一無所知。我有幸瞭解各種生命形式，也認識多位研究這些生命形式的科學家。我曾在北大西洋捕獲一尾盲鰻，也曾走進北卡羅來納州的長葉松林尋找野外生長的捕蠅草，還在蘇門答臘叢林的樹冠層發現在高處閒逛的紅毛猩猩。科學家向我分享了他們所學的知識，包括盲鰻製造的神奇黏液、食肉植物溶解昆蟲的酶，以及紅毛猩猩如何利用棍棒製造工具。

這些科學明燈發出的光芒相當耀眼，但這其實是因為他們關注的範圍很窄。終其一生追蹤猩猩的人，不會有足夠的時間成為捕蠅草專家；但捕蠅草與猩猩之間有一個相當重要的共同點，就是它們都活著。如果向生物學家詢問「活著的生命」代表什麼意義，通常會讓對話變得尷尬。他們可能會猶豫、結巴，甚至提出不堪一擊、稍加檢視就會

發現錯誤的想法，因為大多數生物學家在日常工作中不太會花時間思考這種問題。

這種科學家不情願回答的問題一直困擾著我，因為這個「活著的生命代表什麼意義」的問題，已像地下水道般暗暗流淌過四個世紀之久的科學史。當自然學家開始思考這個「動態構成」的世界時，他們提出「到底是什麼讓生命與宇宙的其餘部分不同」？這個問題導致科學家有了許多新發現，但也產生更多誤解，因此伯克並不孤單。例如在一八七〇年代有段極短的時間裡，許多科學家開始相信整個海底被一層顫動著的原生質所覆蓋。而在一百五十多年後的今天，儘管生物學家已學到許多關於生物的最新知識，但他們仍不能就「生命的定義」達成共識。

儘管困惑，我還是決定出發。我決定從生命的核心領域開始，憑藉的是我們每個人都活著的信心，且都處在一頭是誕生、另一頭是死亡的有限範圍內。然而，我們善於「感受」生命甚於「理解」生命；我們知道還有其他東西具有生命，就算蛇和樹木不能回答我們的提問，它們依舊繼續活著，我們反倒要依靠所有生物所具有的特徵標記來驗證生命。我透過這趟旅程來檢視這些標記，瞭解那些以最極端形式、令人印象深刻表現出生命的生物。最終，旅行將我帶到生命的邊界，來到生命與非生命之間的模糊地帶，我在這裡遇到某些其他生物所沒有的奇特生命標記。也就是在這裡，我第一次看到伯克的實驗，且認為他值得在我們的記憶中占有一席之地。我在這個位置看到了他在科學上的繼承者們仍然在生命的邊界摸索著，試圖弄清楚生命是如何在地球上展開？或者生命如果誕生在其他世界上，將會有多麼奇怪。

在不久的將來，我們很可能會拿到一張導航地圖，讓這場生命之旅的追尋更加輕鬆。也可能在幾個世紀後，回頭看到我們這一代人對於生命的理解，會很好奇為何我們如此無知。今天我們對於生命的理解，就像是四個世紀前的夜晚，人們凝視著神祕的光點在黑暗中徘徊、分散和閃爍。當時的一些天文學家，已對自己追尋的特殊路徑光點擁有了初步的認知，但這些理解在現在看來很多都是錯誤的。後代子孫會抬起頭來，看到行星、彗星和紅巨星，它們都受相同的物理定律所支配，也都具有相同的基礎理論。雖然我們不知道「生命理論」何時會出現，但我們至少可以期望人類歷史能夠延續到看見生命理論的出現。

第一部分
胎動初覺
The Quickening

生命如何孕育
The Way the Spirit Comes to the Bones

　　當我沿著髮夾式的彎路往下走，右邊出現一堵鼠尾草牆時，我很清楚地意識到自己的生命歷程，因為在我腿上清楚感受到斜坡的陡峭。經過一連串急彎後，草牆逐漸隱去，露出一片長而荒涼的海灘。海灘向北延伸，形成一條在高聳懸崖和大海之間的濱海走廊。就在這片太平洋上方，太陽躲在白雲密布的天空裡。當天稍早在旅館房間，我的手機顯示今天是多雲的天氣，溫度約在攝氏二十度出頭。我的大腦也依此數據回應，選擇了一件輕便的長袖襯衫，以配合海灘散步的天氣。然而現在我的大腦正在自行更新這項決定，且不必通知我的自覺意識。

　　這是因為遍布我整個皮膚的神經，清楚感受到包圍身體四周空氣的濕度和溫度，電壓尖峰從神經末梢沿著稱為樹突的長分支前進，抵達被稱為細胞體的神經中樞。從那裡開始，新訊號會沿著稱為軸突的長形電纜狀延伸物前進。軸突延伸到我的脊椎上，朝我的頭部上行。由神經元傳導到下一個神經元的方式，便可讓來自外界的信號進入我的大腦，最後到達脊髓深處的神經元核心。

　　這些神經元結合了從我身體各處讀出的密碼，產生了各種不同的新訊號。它們傳遞的是確實讀到的指令而非感受。新的電壓沿著向外延伸的軸突離開大腦，穿過我的腦幹並向下進入脊髓，直到抵達我皮

膚上數百萬個腺體為止。它們會在腺體扭曲的管子裡產生電荷，讓水分從周圍的細胞中擠出，於是汗水便沿著我的背流下來。

而我的自我意識，開始因為產生它的大腦而感到困惑，因為我的大腦竟然決定用鹹汗浸透我隨身攜帶的少數幾件襯衫之一。這是大腦自己做的決定，為保持我體內的化學平衡，決定忽略穿著上的美觀問題。事實上，我並無法感受到體內出現電位差。當大腦裡的熱量調節部分開始作用時，我也不會知道到血液在心臟內部湧動的情況。此刻在海邊的我，除了感到自己正在流汗、感到難受外，也感受到自己「活著」。

透過這些經歷，我能從身體內部認知自己的生命。而當我向下看向海灘時，則可以認知到別人也活著。有個人提著藍白相間的衝浪板，懶洋洋地朝南方走。在海灘的最北端，一具滑翔傘正從懸崖上起飛，而黃色滑翔傘在空中的開瓶器形狀，代表在某個人的大腦裡，正在產生拉動制動器把手的信號。

除了人類的生命外，我也可以看到鳥類的生命。磯鷸隨著海浪的拍打進退，它們如種子般的大腦感知到一波傳入的閃光和鳥腿周圍的冷泡沫，立即收縮自己的肌肉以保持身體直立，接著走到沙灘更高處，戳探沙中的螺。螺類並沒有大腦，而是由神經網路發出信號，把自己緩慢且持續地埋在泥沙裡。在我腳下還可以發現成千上萬的其他神經系統，就在動吻蟲和鹹水蛤的身體裡。而在更深的海洋，甚至在海底峽谷裡，也還有其他的大腦巡游著，它們就在豹鯊和魟魚的身體裡。還有水母的神經網路，也在隨波漂移著。

沿海灘走了幾分鐘後，我停下來低頭看，有個約兩公尺長的巨大神經元躺在沙灘上。它大部分的身體是由閃閃發光的焦糖色軸突所組

成，看起來就像一綑絕緣電纜一樣彎曲著。在其身體另一端是膨脹成球莖狀的細胞體，罩上了樹枝狀的樹突。整個看起來就像是在這裡和夏威夷之間的海洋裡，一隻經歷過跟一群虎鯨戰鬥而死亡的海怪所留存下來的殘破屍體。

事實上，這個夢幻般的大神經元是糜鹿海帶的莖。它從距離一·六公里外海水下的巨藻森林，沖到了我的面前。被我想像成軸突的是海帶的莖柄，也就是不久前將它固定在海底的幹狀物。而看起來像神經元的部分則是膨脹的氣囊，可以讓葉柄在海流中直立漂浮。樹突狀的樹枝則是糜鹿海帶的葉柄，長長的葉片在葉柄上生長。這些巨藻葉片的行為就像植物的葉子，利用透過海水篩下的少量陽光進行光合作用，促使糜鹿海帶能夠生長到與我身後懸崖上那些棕櫚樹相媲美的高度。

雖然糜鹿海帶具有能夠證明自己生命的複雜度，但當我低頭看時，並不能明確指出這種特殊的海帶是否還「活著」。我無法問它今天過得如何？它身上也沒有可以讓我檢查的心跳，或是前胸有明顯起伏的肺部可供判斷。然而海帶依舊閃閃發光，表面看來也完好無損。即使它不能再進行光合作用，但它的細胞仍可能持續運轉，用盡剩餘的養分來修復自己的基因和細胞膜。當然在未來某一刻，也許是今天、也許是下週，它的死亡必然是肯定的。

但在它死亡的路上，它也將成為陸地生命的一部分。微生物會在堅硬的葉片表皮上大飽口福，然後會出現沙蚤和海藻扁蠅吞噬它的軟組織，而這些食腐生物本身也會成為磯鷸和燕鷗的食物。海帶身體所帶的氮溶入土裡後，也能成為其他植物的養分。而一個汗流浹背的人在大腦裡思考著「這個海灘上充滿了大腦神經元」的想法，也將在他

自己的神經元裡，植入「海帶的身體類似神經元」的記憶而離去。

* * * * *

　　第二天早上我沿著懸崖頂散步。北托里派恩斯路向北穿過加州的拉霍亞（La Jolla），旁邊是隱約可見的橋式起重機。在平時的交通尖峰狀態下，實在很難想起附近就有這條綿延的野生海岸帶。我越過種著一排桉樹的停車格，走到「桑福德再生醫學協會」（Sanford Consortium for Regenerative Medicine），這是一座由玻璃實驗室和辦公區構成的綜合建築。進去後，我走到三樓實驗室，在那裡約好了一位科學家特魯希猶（Cleber Trujillo），他是一位留著濃密鬍鬚的巴西人。我們一起穿戴上工作服和藍色手套。

　　特魯希猶帶我到一間沒有窗戶的房間，房裡放著冰箱、培養箱和顯微鏡。他向兩側伸出藍色的手，便幾乎可以碰到兩側牆壁，然後他說：「這就是我們要待上半天的地方。」

　　在這個房間裡，特魯希猶和一群研究生帶來一種很特殊的生命形式。他打開一個培養箱，從裡面拿出透明的塑膠盒。然後他把盒子舉過頭頂，讓我抬頭看盒子的底部。盒子裡面有六個圓形小孔，每個小孔大約是小圓餅的寬度，裡面填滿了像是鮮榨葡萄汁的液體。這些孔中漂浮著數以百計、如蒼蠅頭大小的灰色球體。

　　每個球體都是由成千上萬的人類大腦細胞所組成，且都是從單一父輩細胞發育而來。這些球體已完成了人類大腦能做的許多事情，例如它們吸收了葡萄色培養基中的營養成分，產生了能量，也維持了良好的分子狀態。它們還以波形一致的方式發射電子信號，使神經遞質

透過細胞與細胞間相連的分支彼此傳遞，因而得以保持同步。每個球體，即科學家稱其為「類器官」（organoid），都是獨特的生物。且每個類器官中的細胞，會將這些分支編織在一起以形成集合體。

特魯希猶看著這些孔洞底部時說：「它們喜歡彼此靠近。」看來他很滿意自己的作品。

特魯希猶工作的實驗室是由一位來自巴西的科學家繆特里（Alysson Muotri）所領導。繆特里最初以博士後研究員的身分來到美國，學習如何以人類胚胎細胞進行研究。胚胎細胞具有轉化為構成人體各種組織的潛力，細胞如何轉化則是由周遭其他細胞傳送給它們的化學信號組合而決定。

繆特里學會如何在培養皿中培養胚胎細胞，並提供信號給這些細胞。只要分子收到正確的信號組合指令，細胞就能變成神經元。它們在培養皿裡成長並覆蓋了盤底平面，甚至開始劈啪冒泡地響著。而在接下來幾年裡，繆特里更進一步藉由其他人體細胞製造出神經元。

二〇〇六年，生物學家山中伸彌發現了四種蛋白質的混合物能對細胞進行重新編碼，例如可以讓從口內頰部拭下的表皮細胞，再次呈現類似於胚胎的基質。經過山中重新編碼的細胞，可以像胚胎細胞對信號做出反應。只要經過正確引導，這些細胞就能變成肌肉，而不同的信號組合也可產生腸道細胞、肝臟或大腦細胞。使用山中的蛋白質混合配方後，繆特里已可利用皮膚細胞來產生大量神經元。他也因此意識到可以藉此研究遺傳性腦部疾病者的大腦，而不必從他們的大腦裡挖出一塊灰質來研究。只要患者身上的一丁點皮膚細胞就能辦到，因為這些細胞一樣帶有導致疾病的突變。

繆特里利用患有亦稱為雷特氏症候群（Rett Syndrome）的遺傳性

自閉症者之細胞培養神經元，這種病會造成患者智力缺損和喪失運動控制的能力。繆特里培養的神經元把它們的海帶狀分支延伸在培養皿上，彼此接觸。接著，他把這些神經元與從正常人身上採集的皮膚樣本所生長的神經元進行比較，發現了其中的差異，最明顯不同的便是雷特氏症候群患者的神經元連結較少。因此雷特氏症候群的關鍵，可能就是因為這些較為稀疏的神經網路，改變了信號在大腦中的傳播方式。

不過繆特里非常清楚，一整面神經元和完整的大腦距離還很遠。我們腦中一公斤多重的思想物質就像一座具有生命的大教堂，而這座大教堂是用自己的石頭一塊塊建立出來的。這些基礎建材來自於某些先驅細胞，它們會先延伸到即將成為胚胎頭部的地方，接著聚集在一起形成口袋形狀的團塊，然後繁殖成長。隨著團塊的成長，就會向每個方向延伸出電纜狀的長枝，往頭骨處形成障壁。其他細胞會從先驅細胞中分散出來，攀上這些長枝。不同細胞沿途會停在不同點，開始向外生長。然後它們會組織成一層層的堆疊，也就是所謂的大腦皮層。

人類大腦的外皮層是執行許多讓我們成為獨特人類、進行思考之處，我們在其中理解語言、閱讀人們的表情、察覺反應、借鑒過去，並為遙遠的未來進行規劃等。人類進行這些思考的所有細胞，都位於大腦這塊特定的三度空間中，裡面充滿了複雜且海量的信號。

研究人員發現他們可以利用山中教授的重新編碼細胞，製造出微型器官。二○一三年，一群奧地利生物學家創造了第一個所謂的大腦類器官。他們先製作出大腦的先驅細胞，然後繁殖出成千上萬個細胞團。最後這些細胞發展出我們大腦中的各種區塊類型。

繆特里也意識到類器官可以作為一種研究神經系統疾病的有效方

法，例如雷特氏症候群在大腦發育的最早階段，就會開始改變大腦皮層。對於像繆特里這樣的科學家來說，原先發生在大腦黑盒子裡的這些改變，現在可以清楚地在大腦類器官上進行觀察。

繆特里和特魯希猶一起參考了其他科學家為製作類器官而制定的配方，開始創建自己的配方以製作大腦皮層。找出正確的化學成分來誘引大腦細胞進入特定發育路徑是場艱辛的過程。一開始這些細胞不斷死亡，分子像受傷溢出膽汁般破裂，幸好最後這些科學家找到了正確平衡點。他們驚訝地發現，一旦這些細胞可以朝正確的方向成長後，便主動接管了自己的發育過程。

研究人員不再需要耐心地誘引類器官生長，這些細胞團塊會自發性地拉開彼此距離以形成空心管狀。它們自行長出從管子裡伸出的樹枝狀纏線，其他細胞也沿著這種纏線形成層片。類器官甚至在自己的外表上形成褶皺，就像人類大腦皮層皺褶的複製品一樣。繆特里和特魯希猶現在已能製造出能生長到成千上萬個細胞的類器官。這些類器官可以存活幾週到幾個月，最後甚至可以存活到好幾年。

繆特里對我說：「最不可思議的是它們能夠自行建造。」

當天我在參觀繆特里實驗室時，他正在檢查送上太空的類器官。我看到他坐在辦公室裡，實驗室旁邊的陽台上放了一個玻璃盒。他的舉止溫和、放鬆，好像隨時都可以提早下班，提起靠在辦公桌旁牆上那張傷痕累累的衝浪板，衝向海邊。不過他今天必須專注在各種實驗裡最奢侈的一項實驗。雖然在辦公室窗外可以清楚看到滑翔傘正在遠處翱翔，但他並未理會。因為在國際太空站上，也就是距繆特里頭部上方大約四百公里的地方，他的幾百個大腦類器官，正放在太空站上的一個金屬盒裡，他想知道這些類器官目前狀況如何。

　　太空站上的太空人已進行了多年的實驗，觀察細胞如何在近地軌道上生長。當它們自由浮動繞行地球時，這些細胞不再經歷過去四十億年牽絆地球所有生命的地心引力。事實證明，在微重力狀態下會發生許多奇怪的事。例如在某些實驗中，細胞的生長速度確實比在地面上快，有時細胞甚至會變大。繆特里也相當好奇，想知道他的類器官是否可能在太空中長成更大的團塊，變得更像人類的大腦。

　　當他們獲得美國國家航空暨太空總署（National Aeronautics and Space Administration，以下簡稱 NASA）核准後，繆特里、特魯希猶及同事便開始與 NASA 工程師合作，為即將生活在太空中的這些類器官「蓋房子」。他們設計了一個可以培育類器官的孵化器，以便維持適合發育的條件。在我參觀實驗室的幾週前，繆特里才將一批新鮮的「微型大腦」倒進一個小實驗瓶中，然後把瓶子放在背包裡，站在聖地亞哥國際機場的安檢線上。他不知道如果有人問這些實驗瓶裡裝了什麼的話，他該怎麼回答？**這是我在實驗室培養的一千個微型大腦，我要把它們放到太空站上。**

　　幸好類器官並沒有引起安檢人員的注意，繆特里毫無阻礙地登上了自己的航班。當他飛抵佛羅里達時，他把實驗瓶交給工程師，好讓它被送上補給火箭。幾天後，繆特里看著「獵鷹九號」（Space X Falcon）運載火箭從地球升空。

　　當這項荷載物到達太空站時，太空人抓住這些裝滿類器官的盒子，塞到架子上的特定區域放置一個月。等到實驗結束後，太空人會將類器官浸泡在酒精中。雖然它們會死亡，但這些死亡細胞的生命現象將會被凍結。等它們落入太平洋被撈出來後，就會送到繆特里的實驗室，讓他檢查這些細胞，觀察其在太空中使用了哪些基因。

　　整場實驗取決於類器官是否能存活到指定期限，繆特里並不知道它們能否完成。因此為了追蹤類器官待在太空裡一整個月的進展，他安排了微型相機進行監控，每三十分鐘拍照一次。太空站會把這些照片傳送到地球，繆特里便可登入遠端伺服器下載影像。

　　他在任務初期下載第一批照片時，結果卻是一團糟，裡面產生的氣泡完全遮住了視線。整整三週，他完全不知道自己的類器官進展如何。現在我看到繆特里再次連接到伺服器，從太空站找到一張新照片進行下載。將巨大的文件解壓縮後，照片逐漸出現在他的螢幕上。

　　「哦！」繆特里喊了出來。他難以置信地笑了：「我可以真的看到它們了！」

　　他把臉靠近螢幕以檢查照片，有半打的灰色球形漂浮在米白色的背景上。

　　「是的，看上去都長得不錯，」他說。「它們是圓形的，彼此具有差不多的尺寸。你不會看到它們融合或聚集在一起。」他再次把椅子轉回來。「這是好消息，我很高興，真的太棒了。」

　　即使在太空中，繆特里仍然可以判斷他的類器官還活著。

　　二〇一五年底，繆特里和特魯希猶得知巴西有成千上萬的嬰兒在出生時罹患嚴重的腦畸型病變，他們的大腦皮層幾乎消失。事實證明這些嬰兒的母親都被一種叫「茲卡病毒」（Zika）的蚊媒病毒感染，這種病毒之前在美洲從未發現過。當時繆特里和特魯希猶才剛剛制定了第一個可靠的配方，能用來製作微型大腦皮層。現在他們有很好的機會可以利用這些類器官進行實驗。科學家也取得了茲卡病毒，用來感染自己的類器官。他們想知道是否可以看到變化。

　　繆特里告訴我：「情況完全不同。」

感染過後幾個小時，病毒就開始殺死某些先驅細胞，讓類器官無法生長建構皮質所需的枝狀纜線。實驗證明茲卡病毒並非攻擊胚胎中現有的大腦皮層，它們是從一開始就阻止皮層的形成。繆特里和同事繼續使用大腦類器官進行測試，尋找可以保護胎兒大腦免受茲卡病毒感染的配方。

有傳言說繆特里正在進行大量的大腦生長實驗，因此許多研究生和博士後研究人員都想加入他的行列。當他們加入這個實驗室時，必須先與特魯希猶一起工作幾個月，學習製作類器官的技巧。我請一位名叫斯內特拉奇（Cedric Snethlage）的研究生描述他的培訓過程時，他說製作大腦類器官不光只是定期讀取溫度和酸鹼值而已，他還必需學習如何透過「直覺」來執行每個步驟，例如，傾斜孔洞的距離以防止類動物體沾黏到底部等。於是我對斯內特拉奇說，這些聽起來就像他正在上烹飪學校的課程。

他回答說：「這比較像在做蛋糕，而非製作辣椒醬。」

斯內特拉奇正在培養類器官，以便深入瞭解神經系統疾病，其他研究生則在研究如何使類器官更像大腦。正常腦細胞需要營養和大量氧氣才能茁壯成長，所以位於類器官較中心的細胞可能因此餓死。繆特里的一些學生正在為類器官添加可以發育成「類動脈管」的新細胞，其他人則在添加免疫細胞，觀察它們是否會將神經元的分支形成更自然的形狀。

就在此時，特魯希猶的妻子納格拉斯（Priscilla Nagraes），開始聆聽並記錄類器官細胞間「喋喋不休」的聲音。

當這些大腦類器官發育了幾週後，它的神經元變得足夠成熟到可以產生電壓峰值。這些峰電壓會沿著軸突行進，讓附近的神經元變得

不安分。納格拉斯和她的同事發明了一種可以記錄這些爆裂聲音的收聽裝置。他們在微型孔洞的底部放置 8×8 的電極網格後，接著用肉湯填滿這些孔洞，並在每組孔洞頂部放置一個類器官。

這些從電極上讀出的數據，在她的電腦上形成一種由 64 個圓形所構成的網格。每當某個電極偵測到神經元脈衝時，該圓形就會膨脹，從黃色變為紅色。幾週後，圓形變紅與膨脹的頻率更高。這些類器官中的細胞偶爾會自動激發，產生神經電位，不過納格拉斯還無法發現這種爆發的固定模式。

不久，納格拉斯認為她看到了一種模式。有幾個圓形會立刻變紅，接著所有 64 個電極一起膨脹，陷入雜亂的噪音之中。最後納格拉斯看到了這些同步信號的傳播變得更有規律，像波浪般的方式在整個神經元網格裡傳播。

納格拉斯想知道這些模式是否類似於嬰兒的腦電波。從來沒人知道如何進行這種實驗，因此她也無從比較起。不過較為接近的可行研究對象是早產兒，也就是必須想辦法把腦電波圖（EEG）測量帽，戴在只有橘子大小的早產兒頭上。

納格拉斯和她的同事邀請了加州大學聖地亞哥分校的神經科學家沃伊特克（Bradley Voytek）和他的研究生高（Richard Gao），一起研究早產兒的腦電波如何運作。過早出生的嬰兒大腦發育並不完全，會產生較為稀疏的腦電波爆發，並被時間較長的混亂發射所區隔；接近足月出生的嬰兒腦波平靜期則較短，腦電波爆發時間較長、也較為規律。

研究人員依此對比檢查類器官的情況，並隨成長年齡的增加來追蹤其爆發模式，他們看到了驚人的相似之處。當腦波開始湧現時，會

呈現稀疏爆發的間隔；然而過了幾個月後，這些間隔的週期變短了。

　　繆特里的團隊並不想培養出嬰兒的大腦。一方面因為嬰兒的大腦比他手上最大的類器官還要大上十萬倍，另一方面則是因為他們目前只是在模仿大腦皮層而已。正常人的大腦裡還有許多其他組成部分，例如小腦、視丘、黑質等。有些部分負責氣味，有些處理視覺，還有一些用來負責各種不同感官的訊息輸入。大腦裡有些部分儲存記憶，有些則會引發恐懼或喜悅。

　　儘管如此，他們還是在意想不到的方向上有了進展。血液供應和免疫細胞可能有機會讓類器官長大一點，來趟太空旅行也可能是成功的祕訣。還有許多科學家也正在建立類器官，想要發展出大腦的其他部分，將來可能有機會把這些類器官融合在一起，形成類組合體（assembloids）。由於人類的大腦需要刺激才能發育，因此科學家也正在研究如何讓類器官接受刺激。有些研究人員以對光敏感的視網膜細胞建立類器官，有些人則製作可以向肌肉發送信號的類器官。在拉霍亞，繆特里旗下有一位十六歲的實習生，建造了一個小型蜘蛛型機器人，可以向類器官發送外界的訊息並接收它們回應的信號。

　　那麼接下來會變成什麼情況呢？當繆特里開始培養類器官時，認為它們「永遠不可能」會有自覺意識，不過他承認：「現在我越來越不敢確定了。」

　　看著漂浮在孔井中的大腦類器官，我彷彿看到了自己的縮影。不過生活裡充滿了假象，就像沙灘上的海帶看起來也像活的神經元。

　　當繆特里和其他研究人員開始製造大腦類器官後，生物倫理學家便聚在一起討論該如何思考這些類器官的定位。我打電話給其中一位，也就是哈佛大學的朗斯沃夫（Jeantine Lunshof），徵求她的意見。

她並不擔心科學家會在某個盤子裡意外培養出有意識的生物。大腦類器官太小且太簡單，以至於仍遠低於形成意識的門檻。朗斯沃夫所關心的是一個很簡單的問題：這些東西到底是什麼？

「要想瞭解該怎麼辦，首先必須要能說出這是什麼？」朗斯沃夫說：「我們所做的事情是十年前所未知的，因此它們還不在哲學家的分類目錄上。」

當特魯希猶在拉霍亞向我展示他培養的類器官時，朗斯沃夫的問題浮現在我腦海。

「這只是一堆細胞，」他指著其中一個孔井說：「它離人類的大腦還很遠，但我們等於已經擁有製作更複雜大腦的迷你工具了。」

「你對此感覺還不錯？」我摸索著正確的話：「因為這很顯然還不算人的大腦……」

「是人類細胞！」特魯希猶澄清。

「所以，它們是活的。」我邊說邊問著。

「是的。」特魯希猶回答：「而且它們是人類細胞」。

「但它們不是人？」

「沒錯。」

「但是你打算從哪裡開始接近這條分界線呢？」

特魯希猶讓我想到那些可以接收信號的類器官。他說：「我們可以為此建立一套電擊模式。」

在我們交談時，特魯希猶坐到顯微鏡前。他伸出兩隻手指在桌上拍打，發出規律的節拍。

啪啪、啪啪、啪啪。

他把手指懸停在桌上，「然後停一下。」

幾秒鐘後，特魯希猶再次拍打手指，啪啪、啪啪、啪啪。

「接下來回應就會開始了」他說：「這有點令人擔憂，因為它們好像正在學習。」

類器官出現這些啪噠作響的回應，我們並沒有足夠的能力理解，因為問題不光是因為這是全新的領域。好比你在生日那天買了一部新的智慧型手機，可能要花點時間才能搞清楚如何解鎖，但這種事情並不像類器官，還會引發道德哲學上的危機。我們打從心裡認為定義生命應該很簡單，但是類器官的出現證明一切並不簡單。

哲學家並未賦予我們這種認知。在大多數情況下，這種「活著」的認知是與生俱來的。我們最瞭解的、用來判斷所有其他生命是否活著的基準，就是我們自己的生命。如果有人問你是否還活著，你並不需要檢查自己的脈搏或證明細胞正在分解碳水化合物，因為這是我們自己就能夠深刻體驗的事實。

「我們知道活著的感覺，」生物學家霍爾丹（John Burdon Sanderson Haldane）在一九四七年的觀察中提出：「就像我們知道什麼是紅腫、疼痛或力氣一樣。」這些知識片段似乎非常明顯易懂，「但是，」霍爾丹接著說：「我們無法用其他的任何方式來描述活著。」

因為我們是透過自身經驗而非事實調查來獲得對生命的理解，它的立論非常薄弱。精神科醫生觀察到有些病人缺乏生命意識，反而堅持認為自己已經死了。當然這種情況很少見，但常有病人遭受這種痛苦，以至於它被取了一個正式的病名：科塔爾症候群（Cotard syndrome）。

這是來自一八七四年，法國醫生科塔爾（Jules Cotard）對一位想要自殺的婦女進行檢查。他在筆記裡寫下：「她確信自己沒有大腦、

神經、胸部、胃和腸子，她是一具只有皮膚和骨頭的腐爛身體。」雖然她可以用完整的句子表達這種想法，但並未影響她認為自己「已經死了」這件事。

在這位婦女的病例記載後，陸續出現了更多關於科塔爾症候群的報導。比利時有個女人相信自己的整個身體是半透明的外殼，因此她拒絕洗澡，擔心身體會溶解消失。德國也有一名男子告訴醫生自己一年前在湖中溺水身亡，而他之所以能現身對醫生解釋自己病情，是因為手機發出的輻射讓他變成了殭屍。

由於科塔爾症候群非常罕見，神經科學家只能設法研究某些經歷過這種症狀的病人大腦。印度一群醫生於二〇一五年發表了一個案例，這個案例是有位婦女告訴家人癌症已腐蝕她的大腦，奪走了她的生命。核磁共振顯示她的頭骨裡的大腦仍在正常運轉，不過醫生注意到兩隻眼睛後面幾公分處有一對區域被破壞了。

這對左右對稱的區域稱為腦島皮質，其作用是從整個身體接收信號，然後產生對我們內在的自覺意識。當你口渴、經歷性高潮或膀胱漲滿不適時，這些區域就會變得活躍。

流入腦島皮質的信號，可能對於人體「自覺活著」的感受相當重要。一旦受損，我們的直覺感受就會神祕地消失，這點可能就是科塔爾症候群的病因。我們的大腦會藉由處理此區的信號，不斷更新自己對現狀的感受，而當病人不再獲得有關自身狀態的訊息時，他們也會配合變化而更新自己對現實的感受，因此唯一合理的解釋便是他們已經死了。

除了知道自己還活著，大多數人還可以藉由皮膚以外的世界，認知自己的生命。對大腦而言，理解其他生物是更大的挑戰，因為我們

的神經無法伸入別人體內，必須自行填補大腦的理解與感覺神經元所吸收信號之間的差距。換句話說，就是我們要用看的、聽的、聞的和觸摸到的東西來進行判斷。

為了加快識別速度，人類使用了非意識性的捷徑，也就是利用「生物可以引導自己朝目標移動」的這項事實來判斷。就像狼群奔向山坡追逐麋鹿時，會一邊躲避樹木，一邊尋找攔截獵物的路徑。從另一方面看，我們也可以預知山坡上被踢落的是無生命的石頭。人類的大腦對這種生命的差異性相當敏感，我們使用不同的神經網路來辨別生物動作和物理動作，並在不到一秒的時間內做出區分。

所以我們不必確切知道什麼物種正在移動，就能知道這是生物，人類只要掃描一下視野裡的特定動作類型即可判別。心理學家在一系列實驗中先拍攝移動的人，並在每段影片用十個點標記這些人的關節移動，然後向受試者播放這些移動點的影片，另外穿插了十個各自獨立移動點的影片，受試者很快就能分辨出二者的差異。此外，這些人還可以分辨出代表人類的移動點是在走路、跑步或跳舞。當人類在建立事物的相關訊息時，大腦會根據它們「是否活著」而將訊息歸檔。當腦部損傷時便會暴露大腦的檔案系統，例如大腦某部位受創的人，可能很難叫出昆蟲或水果的名字，但在玩玩具或使用工具上則沒問題。

心理學家一直想知道我們天生具有多少這種區分的能力，及在成長過程裡又學到了多少？雖然你可以立即瞭解這段話的意思，但這並不意謂著你天生具有這種能力。不過就針對兒童的實驗來看，已能證明直覺的區分能力從出生時就具備。例如嬰兒更喜歡觀察以生物模式移動的點，而非隨機移動的點。而與被動移動的幾何形狀相比，嬰兒

在注視自主移動的幾何形狀外觀時間亦較長。兒童的學習方式也偏向生命的理解，例如他們理解動物會比理解無生命物體來得更快，且他們對這類知識學習的記憶可以保留更久。換句話說，我們對生命的認識遠早於我們能夠說出生命是什麼。

心理學家奈恩（James Nairne）和他的同事曾說：「如果我們要在人類開始產生思想之處做出分隔，那麼在有生命和無生命事物間的區別，便可作為天生的切割位置。」

但是，人類並非唯一掌控這項知識的生物。根據目前科學家對動物的實驗，也已證明動物能在所謂有生命和無生命間，做出某些相同的區隔判斷。二〇〇六年，兩位義大利心理學家瓦洛蒂加拉（Giorgio Vallortigara）和雷戈林（Lucia Regolin）自製點狀影片，但他們拍攝的對象不是人，而是雞。他們將自製點狀影片播放給剛孵出的小雞看，如果母雞形的圓點朝左，則小雞也傾向於左轉，如果母雞形的圓點朝右，小雞也會傾向於右轉。瓦洛蒂加拉和雷戈林接著再向小雞放映隨機圓點的影片，或是將母雞形圓點顛倒過來時，並未觀察到小雞有類似的追隨行為。

這些研究證明了百萬年來，動物已懂得使用視覺捷徑來辨別其他生物。此種策略不僅可以讓掠食者迅速發現獵物，對獵物本身也有幫助，因為可以提供關鍵的逃生訊息。躲避狼的追捕和看到巨石墜落的驚呼，需要兩種截然不同的快速反應。

大約七千萬年前，早期靈長類祖先繼承了這種古老的生命本能。但在後來的發展裡，它們演化出識別生物的新方法。它們的後代演化出更強大的眼睛和大腦，擁有複雜的神經元網路，將它們的視野與其他感覺結合在一起。在這種演化過程中，某些靈長類動物開始形成活

躍的社會形式，成群結隊的生活。為了在社群裡蓬勃發展，它們必須對其他靈長類動物面孔變得敏感，學會閱讀表情並追蹤注視。

我們的猿類祖先起源於大約三千萬年前，演化出比其他靈長類動物更大的大腦，且對自己的猿類夥伴有更深的瞭解。黑猩猩和巴諾布猿是人類血緣最親近的猿類，它們可以利用臉部和聲音的細微暗示，推斷其他夥伴的感受和理解。猿類並沒有發展出一種語言，可以把這些推論轉化為字詞。因此如果要求黑猩猩定義生命，你可能會感到非常失望。但猿類仍然對其他猿類是否「活著」有很深切的瞭解，就像其他生物一樣。這跟七百萬年前人類的祖先分支為自己的血統系譜時，所繼承而來的感受相同。

這支人類系譜演化出更大的大腦，也就是相對於身體大小而言最大的大腦。我們的祖先還發展出語言的表達能力，甚至發展到現在可以「進入其他人類頭腦」研究的強大能力。但所有這些能力都是在我們從早期靈長類動物繼承的基礎上發展而來，如此深厚的基礎可能說明我們具有的超強信念：即使我們無法定義生命，但我們完全知道何謂「活著」。

早期的人類知道活著意謂著什麼，也知道生活裡可能會出現新的生命。儘管他們可以用自己的眼睛看到分娩的過程，但他們並沒有對在這之前發生的事情有所直覺。相反地，他們想到的是解釋。

在《舊約聖經·傳道書》中，我們讀到「你不曉得風的路向，不知道骨頭如何在孕婦胎中形成」，猶太學者也教導我們直到第四十天之前，胚胎只是「純淨的水」。另一方面，基督教神學家也結合了《聖經》與希臘哲學，創造出不同的解釋。十三世紀，阿奎那（Thomas Aquinas）描述了「賦予靈魂」的過程。他認為人類胚胎首先獲得了植

物性的靈魂，具有與植物相同的生長能力，後來植物性的靈魂被感性的動物靈魂所取代，再來則是感性的靈魂又被理性的靈魂所取代。

其他文化也建立了各自的解釋。班族（Beng）是生活在象牙海岸境內的農耕民族，他們認為生命的起源來自另一個世界的旅行。新生兒是來自洛格壁（wrugbe）的靈魂，被該地死者靈魂占領。在出生幾天臍帶末端脫落後，新生兒才真正屬於這個世界。如果新生兒在此之前猝死，班族人不會舉行葬禮，因為並不算有生命死亡。

關於生物的生命如何開始的信仰，引發許多與懷孕相關的習俗和法律。對古羅馬人來說，人類的生命始於第一次呼吸。羅馬醫生和治療師會讓必須墮胎的孕婦服用藥草以流產，然而一個女人對自己是否必須墮胎並沒有發言權，這件事完全取決於家族長。中世紀的歐洲基督教神學家則認為胎兒有靈魂，因此墮胎屬於犯罪行為。

不過他們仍在爭論這種法規對實際懷孕的定義，阿奎那的追隨者認為必須對懷孕初期和懷孕後期做出區分。一三一五年，神學家那不勒斯（John Naples）為遇到可能危及孕婦性命案例的醫生提供了判斷準則。如果胎兒尚未被賦予靈魂，醫生便應協助流產。約翰宣稱：「儘管他阻止了胎兒在未來被賦予靈魂，但這並不構成任何人的死因。」

另一方面，如果胎兒已獲得理性的靈魂，醫生便不該嘗試透過墮胎來挽救母親的生命。約翰寫道，「當救一個人必須傷害另一個人時，最好兩個都不救。」

然而這種指導的麻煩在於沒有人可以確知胎兒何時被賦予靈魂。有些神學家認為醫生面對這種不確定性的最佳方法，就是永遠不要為孕婦施行人工流產。其他人則將此事留給醫生決定。十六世紀，羅馬有位法官還設定了嬰兒在出生四十天後，才算被賦予了靈魂。

一七六五年，英國法官布萊克斯通（William Blackstone）提出了一個新標準：胎動初覺（quickening）。

「生命是上帝的直接恩賜，是每個人天生固有的權利，」布萊克斯通寫道：「一旦嬰兒能在母親的子宮裡產生胎動，在法律上便認定為是生命的開始。」

美國殖民者也沿襲以胎動初覺作為標準。對歷代美國人來說，墮胎一直是生活中不公開的事實，因此尋求墮胎的孕婦很少受到懲罰，家庭主婦甚至還會用花園裡種的引產植物自行墮胎。在稍後的工業革命時代，婦女們從農場蜂擁至城市，在這裡她們試圖用報紙廣告上的「女性月經藥丸」來墮胎。這些粗製濫造的墮胎藥物經常失效，迫使婦女尋找可以祕密進行墮胎手術的醫生。

整個十九世紀的反墮胎運動變得更有組織。教皇庇護九世（Pope Pius IX）宣布墮胎是殺人罪，甚至是在胎動初覺前的墮胎也算。在美國，反邪惡十字軍組織則警告，墮胎會讓婦女變成有罪之身。美國醫學會同樣表示贊成，並讓知名醫生就墮胎對胎兒和孕婦的危害發表演講。一八八二年，麻薩諸塞州一位名叫皮博迪（Charles A. Peabody）的醫生發起一項公開抨擊，呼籲他的同伴們拒絕孕婦提出的墮胎請求。

皮博迪警告大家：「這是對抗上帝的罪，也就是最嚴重的罪！」

對於像皮博迪這樣的醫生來說，他受的是十九世紀後期的醫學教育，與上個世紀相比，這種定義之爭的條件已有很大的不同。中世紀學者對子宮內部發生的事情一無所知，他們依據的是《聖經》、哲學和胎動。皮博迪生活在科學家已開始研究精子、卵子和受精的時代，他們追蹤胚胎的發育過程。然而在十九世紀後期的許多科學家，依舊以一種「神祕的生命力」來思考生命，距離發現基因和染色體的基本

作用還差了幾十年，因此「生命力」的觀念便出現了。

　　「生命何時開始？」皮博迪問大家：「科學只告訴我們唯一的答案，絕對沒有其他的答案，生命是從生命的起點開始，亦即生命最初的『受孕』開始。」

　　根據這種理論，法律便不能將胎動初覺作為合法墮胎的依據。「不行！」皮博迪大聲疾呼。「生命從一開始就開始，人類在其自然的人生旅程中有權享有生命。」

　　皮博迪在一八八二年發出這場抨擊時，美國許多州通過了禁止墮胎的嚴格法律。然而還是有法律上的漏洞，可讓醫生繼續執行他們認為合適的醫療程序。有時是為了母親的健康進行人工流產，抑鬱症、自殺或極端貧困，也算是充分的理由。還有許多醫生願意為強姦受害者進行墮胎。這類墮胎很少被公開，也很少醫生因此被逮補。

　　這種隱形的半合法制度在美國發展了幾十年，直到一九四〇年代反對墮胎的新運動，把孕婦可以採取許多更安全的墮胎方式驟然封鎖。因此許多人採取的墮胎都是自行施作，發生意外時再緊急送往醫院，每年也因此造成數百人死亡。

　　改革者出面呼籲修改法律。一九六〇年代初爆發的麻疹疫情擴大，造成許多胎兒先天缺陷，導致婦女要求更安全的流產方式。各州的回應是在某些特定情況下，才可以合法墮胎。在一九七三年的「羅訴韋德案」（Roe v. Wade），最高法院裁定將墮胎訂為刑事犯罪是侵犯了婦女的隱私權。因此他們裁定各州只能在孕期前三個月過後限制流產，也就是胎兒必須在子宮外有機會存活的情況。

　　在討論期間，法院也在判決中提到「生命何時開始」的問題，他們只說並不需要解決這個問題。「我們不必解決生命何時開始的難

題，」一位法官說：「當這些各自受過醫學、哲學和神學等學科培訓的人無法達成共識時，司法機構就人類知識的進展而言，便無法推測出適當答案。」

反墮胎組織對這項判決作出回應，並尋求不抵觸法律的阻止墮胎方法。於是他們開始抵制從事墮胎藥物研究的公司，並進行法律遊說，讓婦科診所難以執行墮胎。為了贏得支持，他們也進行了新的科學研究，或至少是經過精心挑選的科學研究。

他們聲稱對胎兒的研究應該回推到胎兒開始感到疼痛的時刻。一些反墮胎立法者也提出了「胎兒心跳」法案，然而他們忽略了當心臟細胞開始收縮時「心臟還不存在」的事實。無論如何，這些法案與實際的心臟並無關聯，因為這些法案的目的是在只要胎兒六週大以後，就禁止絕大多數的墮胎。

除了這些對策外，許多反墮胎組織還希望完全推翻「羅訴韋德案」的判決。要做到這點的唯一方法，便是解決「生命何時開始」的問題，或從法律上精確地決定胚胎何時成為人，並具有與人格有關的所有權利。因此一項所謂的「人格運動」開始發起，支持者聲稱這些權利必須追溯到受精卵。一旦如此，這種人格權將讓任何墮胎都變成非法行為。

一些人格運動的領導人還說某些形式的避孕法也必須禁止，因為這些避孕法透過阻止胚胎在子宮著床而阻擋懷孕。為了法案的合理性，他們以一個多世紀前皮博迪所用的方法來引述科學。

保守派專家夏皮羅（Ben Shapiro）在二○一七年宣稱：「生命始於受孕，這並非宗教信仰，而是科學。」

在這裡必須說明一下，夏皮羅本人並非科學家，他擁有的是法律

學位，且經常在 Podcast 上宣傳自己的理念。當他提出這個主張時，完全沒有提供任何科學證據來支持自己的主張。從另一方面看，在生命的分子基礎科學變得更明朗後，科學家就一直在反對這些關於生命「截然分明、全有或全無」的說法。一九六七年，在「羅訴韋德案」判決前有關墮胎的爭論裡，諾貝爾獎得主、生物學家雷德伯格（Joshua Lederberg），在《華盛頓郵報》（The Washington Post）上發表了一篇名為〈生命的合法起點〉（'The Legal Start of Life'）文章，來解決這場爭議。

雷德伯格解釋說：「對於生命何時開始？並沒有簡單的答案，從現代的經驗來看，生命事實上並沒有開始這件事。」

受精卵是活著的，但這是細胞活著，而非人活著。例如細菌這類生物，它們整個生命週期均以單細胞形式存在，在海洋或土壤中快樂地繁衍著。而構成我們身體的細胞並沒有這麼堅固，如果你刺破手指並在桌上滴一滴血，你的細胞並不會四處爬行追尋自己的財富，它們只會乾涸而死。就細胞而言，死亡意謂著它們的蛋白質失去作用，內部的化學平衡破壞，細胞膜也會因此破裂。在人體內部的人體細胞可以蓬勃發展，沐浴在養分中，細胞可以進食，保持其蛋白質處於良好的工作狀態並擺脫浪費。如果收到正確的信號，細胞也可以成長和分裂。一個細胞變成兩個，因為所謂的母細胞會把所有的分子遺產，分給一對新的子細胞。在細胞分裂的任何時刻，母細胞都不算死亡，子細胞也永遠不算活著，因為所謂的「賦予的生命」是從前者流動到後者身上。

某些類型的細胞可以逆轉這種過程，它們是融合在一起而非分裂。例如人類在運動時，會刺激肌肉細胞重疊，然後合併產生新的肌肉纖維。還有在人類骨骼中，免疫細胞會融合成巨大的「蝕骨細胞」

（osteoclasts），這些細胞會蠶食掉舊骨骼，以便用新組織加以代替。每個肌肉細胞和蝕骨細胞都可以容納許多細胞核，每個核裡都有自己的 DNA。形成它們的獨立細胞並未死亡，它們只是把分子聚合在一起，形成一種新的生命形式。

而這就是受精卵所存在的細胞宇宙。它當然算活著，但並非透過無生命分子的組合而變成活著。相反地，它是來自兩個活細胞的結合。這點跟肌肉細胞和蝕骨細胞有所不同，因為受精卵是由兩個不同人體內的兩個細胞所產生。

然而母親的卵和父親的精子也不算獨立存在的細胞。卵是從母親仍在胚胎時所分裂的細胞中產生，而一個男人每天會製造幾億個精子。追溯到最後，它們全都來自前一個受精卵，由這個受精卵發展出男人的整個身體。因此生命的流動從上一代人一直流傳下來。在到達「生命的源頭」前，我們必須划著獨木舟上溯幾十億年之久。

「生命始於受孕」是個簡單的口號，容易被記住，也很容易大聲提倡。不過從字面上看，它的立論是錯誤的。這種人格運動的政治觀，非常清楚地說明了該口號無論如何都不該只從字面上理解。他們想強調的並非「從受孕開始算生命」，而是在強調生命這件事。不是指任何生命，也非犰狳或矮牽牛花的生命，而是「人類的生命」。總而言之，他們說的其實就是「生命權」應該被所有的法律保護。

李（Patrick Lee）和喬治（Robert George）這兩位反墮胎者在二〇〇一年寫道：「一個獨特的、活著的人類個體，來自精子和卵子的受精。」他們所說的「獨特」，是指來自兩個親體 DNA 的獨特組合，引導了胚胎的成長。雖然用肉眼看不到，但是李和喬治認為它已具有潛在的理性，及讓我們成為人類的所有潛能。

　　然而人類成長的過程，並不能立刻被當成一個新個體的生命起源。我們的細胞通常攜帶四十六條染色體，其中二十三條來自母親，二十三條來自父親。但在受精的那一刻，父親和母親的 DNA 組合後，實際產生的是六十九條染色體。因為原先尚未受精的卵與母體內的任何細胞一樣，都是四十六條染色體，排列成二十三對。

　　一個擁有六十九條染色體的細胞，永遠不會成長為一個健康的人類，因為該細胞的基因將嚴重失衡。為了避免這種災難，在面對精子的到來時，卵子會作出反應，擠出一個小氣泡。卵把二十三條染色體藏在這個氣泡裡，因此卵現在只剩下另外二十三條染色體，才能與父親的 DNA 完美配對。

　　然而即使到這一刻，受精卵仍未獲得一個可以屬於自己的新基因組合，因為它的父親和母親的染色體仍是分離的。每組染色體都包裹在自己的膜裡，分別進行變化。因此最好把受精卵初期視為一個「共同工作」的空間，在這個空間裡，男性和女性基因組正在各忙各的。

　　然後受精卵分裂成兩個細胞，每個細胞都繼承了父親和母親的染色體。卵在受精後還需要一天的時間，才能達到這個階段。只有到這一刻，染色體才會放棄它們各自的容器。因此只有在這雙細胞的胚胎中，父母的兩組 DNA 才算結合在一起。

　　然而即使到這個階段，新的胚胎也還沒有分子的獨特性。事實上，細胞中的所有蛋白質均來自母親，均由母親的基因編碼控制。因此這兩個細胞充滿了母親的 RNA，這些 RNA 會繼續被製造成新的母體蛋白質。換句話說，胚胎並未開始使用父親的遺傳指令。在這個重要的步驟裡，胚胎的行為仍然像是母親的未受精卵，亦即這個獨特的人類個體，尚未開始掌握自己的命運。

在父親的染色體覺醒前，亦即在新基因組開始掌控一切之前，還有許多工作要做。卵的內部有一組特殊的「殺手蛋白」，是由母親自己的基因製成。它們會在胚胎細胞內漫遊，消滅母體原本的其他蛋白質，並消滅從她的基因產生的 RNA 分子。接著來自母體的另一組蛋白質捕捉染色體，為即將展開的新工作做好準備。這些細胞現在會開始產生一批新的 RNA，這次便是由母親和父親的基因平衡後所產生。然後細胞以新的 RNA 對自己補充蛋白質，而這些蛋白質是由之前被殺手細胞切碎的母親分子殘骸重建而成。

在胚胎內部發生這些變化的同時，胚胎也會移動。它會從母親的輸卵管浮出來，往下進入子宮。一路走下去，胚胎也可能會分裂成兩組細胞。這兩組細胞會繼續分裂，每一組都變成普通的胚胎。最後，這兩組細胞可以發育為同卵雙胞胎。因此，如果要說服我們相信卵一受精就立刻成為一個獨特的人，那現在變成兩組胚胎的情況下，這個人該到哪一邊去呢？

異卵雙胞胎會以不同的方式發育。母親一次排出兩個卵，每個卵由不同的精子受精。當這些雙胞胎仍然是微小的細胞團時，有時它們會相互碰撞並且結合。由於胚胎本身的靈活性，即使某些細胞帶有一個基因組，其他細胞帶有另一個基因組時，這些細胞也可以重新組合為一個胚胎，且這個胚胎也會繼續正常發育。

科學家稱這些合併為嵌合體（chimeras），嵌合體可以成長為健康的成年人，它們會變成由兩個細胞群體組成的生命，每個細胞都有各自不同的基因組。如果說每個受精卵都是一個人，並擁有一個人可以享有的所有權利，那麼從嵌合體長大的人，選舉時可以投兩票嗎？

當我們這些活著的人類回溯胚胎的發育時，很容易會把這種從單

一細胞到三十七兆個細胞組成身體的轉變，視為精準過程下的一連串化學變化。雖然教科書上描寫的成長進展順利，然而胚胎發展也常以失敗告終，所以才會有這麼多懷孕失敗的例子。

胚胎存活的最大風險是最後沒有形成二十三對染色體。有時胚胎會複製出第三份染色體拷貝，當每個基因有三份拷貝而非兩份，胚胎便可能會產生過多蛋白質而使胚胎中毒。有時胚胎最後只有一份染色體拷貝，因而使它們無法製造生存需要的所有蛋白質。

有時麻煩出在卵裡面。例如當卵試圖擺脫氣泡裡多餘的染色體時，其中一條不小心留在裡面。有時麻煩會在受精後胚胎開始分裂時出現，例如細胞分裂時無法在子細胞之間平均分配染色體，而讓某個細胞染色體過多，另一細胞的染色體卻很少。因此開始分裂時，便會將這種不平衡的情況傳給後代細胞。

生物學家稱這種不平衡為「非整倍體」（aneuploidy）。胚胎發展雖然不一定會停止，但如果它包含了平衡與非平衡的細胞，則非平衡細胞可能會停止生長，而平衡的細胞則繼續構成人體的絕大部分。當然就算胚胎完全由非整倍體細胞組成，仍可能會有倖存的機會。這點要取決於不平衡的性質，例如第二十一對染色體異常的胚胎，仍會以唐氏症的孩子出生。然而在大多數情況下，非整倍體胚胎會逐漸衰竭。有時是停止生長，有時會無法在子宮著床而被排出體外。

非整倍體化並不是女性無法懷孕的唯一原因。某些婦女不能產生足夠的雌激素使子宮準備好接受新的胚胎。一次時機不佳的感染，亦可能使婦女的免疫系統負擔過重，並將胚胎和胎盤視為外來敵人加以攻擊。

科學家估算出自然懷孕失敗的數量，結果相當驚人。二〇一六年

發表的一項研究中指出，約有百分之十到四十的胚胎，在可以著床於子宮前便失敗。而從懷孕到出生的過程中，研究人員發現這個數字還可能上升為百分之四十到六十。如果一個國家宣布生命從受孕開始算起，且讓受精卵具有所有正常人應有的合法權利，那這些懷孕失敗的情形可能就會被當成醫療上的大災難。因為從全球範圍來算，這便意謂著每年可能會有超過一億人死亡，讓心臟病、癌症和其他主要死因的死亡人數相形見絀。

然而這種危機尚未成為反墮胎者的當務之急。事實剛好相反，某些反墮胎者對這些科學家的估計提出質疑，說死亡人數並沒這麼多，好像如果數字是「幾百萬人的死亡」聽起來就會比較合理。有些人還認為這些染色體異常的情況不算，因為這些生命無論如何都無法挽救。但這點並非事實，雖然減少懷孕失敗的研究相當普遍，但不是因為研究人員贊成生命始於受孕的想法，而是因為他們想幫助那些努力掙扎著生下小孩的夫妻。某些復發性流產（過去稱為習慣性流產）的婦女，可透過注射激素來提高分娩成功的機率。有些研究人員也藉由管理母親的免疫系統到編輯胚胎的 DNA，探索保護胚胎的各種可能性。

反墮胎者除了這些不合邏輯的例外，也遇到破壞自己的主張的情況。二〇一九年，阿拉巴馬州的立法代表提出一項法案，提議對進行墮胎的醫生處以重罪，最高可議處九十九年的監禁。不過該法案提案者也為因懷孕而面臨嚴重健康風險的婦女，提供了例外條款。而當這項法案引起爭議時，阿拉巴馬州司法委員會又增加了包括強姦和亂倫等其他例外情況。

該法案的提案人之一，州參議員錢布利斯（Clyde Chambliss）提

出反對。「當然強姦和亂倫的情況非常可怕，也就是說我們是在討論可怕的行為之後的情況，」錢布利斯對記者說：「但如果我們相信生命是從受孕開始，我也確信如此，這種例外就會扼殺生命。」

然而，錢布里斯並無法讓自己的目的合乎邏輯。當一對夫妻使用體外人工受孕的方式來生孩子時，生殖醫學醫生通常會先製造一批試管胚胎，但不會整批都使用，他們會從胚胎中抽出細胞來仔細檢查DNA，觀察胚胎的生存能力。由於早期胚胎中的所有細胞都可以發展自己的細胞，因此按照錢布利斯的邏輯，這項檢查本身便會扼殺生命。因為一旦醫生選擇了最好的胚胎進行著床，可能就會凍結或丟棄其他發育較差的胚胎，如果胚胎的人為流產是不合法的，那麼由於體外受精而讓胚胎死亡當然也不合法，不論是主動還是被動丟棄都一樣是殺害。

不過在阿拉巴馬州法案的相關辯論中，錢布利斯宣布他的主張並未阻止體外人工受孕，他也因為這種論述不一致而受到責怪，他則提出了難以理解的回應。

「實驗室裡的卵不適用本法，」錢布利斯宣稱：「因為卵不在女人身上，所以她並沒有受孕。」

喬治亞州的立法機關投票否決該修正案，直接允許強姦和亂倫案件的墮胎，州長也簽署通過了這項法案。

● ● ● ● ●

山中教授重新編碼過的細胞，讓出生行為變得更加複雜。像繆特里這樣的科學家是用它們來生長類器官和其他可以研究的組織，其他

研究人員則對成年小鼠的細胞進行了重新編碼，使其生長成完整的胚胎，這些胚胎也已發展成健康的幼鼠。我們可能很快就能對人類做同樣的事：例如將人體中的任何細胞重新編碼為胚胎，然後將其植入女性子宮之中。

當這種情況發生時，我們每個身體中的幾兆個細胞都可能具有成為人類的潛力。根據「人格權」運動的邏輯，它們都將具有正常人的權利。此外，我們家中的灰塵裡，絕大部分包含我們每天脫落的幾百萬個死皮細胞，這些細胞每個都是生命的喪失嗎？

這些事實上的複雜性，並不是要讓我們輕易擺脫身為人類同胞的道德義務，而是意謂著期望「輕易找到這種定義」是錯誤的。因為我們難以確認這些義務從何時開始，面對類器官的道德義務更是令人難以確定。雖然我們可能並不擔心一盤皮膚細胞的健康，不過它們算活著嗎？是的，且它們還是人類的細胞，只是它們並未經歷過人類的生命。生命與前面霍爾丹所提的自覺「活著」的感覺有關，然而大腦類器官可以獲得這種感覺嗎？

如果我們讓自己內心裡的科幻編劇擺脫束縛，就可以開始發揮一下想像力。例如大腦類器官已能自行發展出在大腦中不同類型的細胞，形成相似的結構。然後隨著時間發展，它們也產生了腦電波。也許像特魯希猶向我建議的那樣，把類器官養大並發給它們可以處理的信號，它們可能就會自發朝某方面發展，並可能在基本的生存意識上取得一些進步。

然而，我們如何找出類器官是否具有這種生存意識的感受？西雅圖艾倫大腦研究所所長柯霍（Christof Koch）提出了一個想法，他認為科學家可以透過監聽類器官的信號，來衡量其體驗的複雜度。柯霍的

提議源起於他和其他科學家在「意識本質」上所做的研究。他們認為意識是大腦訊息的整合，當我們具有意識時，訊息就會流過整個大腦，給我們一種連貫的現實體驗感。而當我們入睡或陷入昏迷時，訊息的流動會逐漸減少，雖然大腦的各個區域仍然活躍，但它們的訊息確實會整合成較為簡單的感受。

因此柯霍和他的同事認為我們可以透過干擾訊息來衡量這種整合情況，就像把一塊石頭扔進池塘中觀察漣漪的狀態。他們在實驗裡把磁鐵貼在志願者的頭上，傳送無害的脈衝。這種脈衝會短暫干擾受試者的腦電波，因此他們可以觀察到不同區域如何回應干擾。在清醒狀態下，脈衝產生的訊息流會沿著大腦的複雜路徑傳播，而在作夢時，也出現了相同情況。但是當受試者進行麻醉時，脈衝會產生簡單的回應，像是敲鐘的單調響聲，而非管風琴演奏的賦格曲。

科學家可向類器官傳遞相同類型的脈衝，並觀察它們如何回應。柯霍這種提議最吸引人之處，便是他和他的同事等於想出了一種方法，可以得到單一的數字來測量大腦的整合程度，就像一台「意識溫度計」。如果事實證明類器官可以獲得更多的整合，我們可能就會認為科學家不應創造出超過特定程度的大腦類器官。而如果在科學家不小心的情況下讓類器官發展超出界限的話，我們便將面臨一個新的難題：也就是我們必須決定如何定義它們的生命。

「具有理性的大腦類器官遭受痛苦意味著什麼呢？」柯霍在二〇一九年的一次演講結束時說：「這並不是一個能夠簡單回答的問題。」

早在一九六七年，也就是在類器官的夢想還沒出現的很久以前，雷德伯格就預見到未來的麻煩。

「生物學家對法律的幫助不大，」雷德伯格說：「因為生命從何

時開始的問題，必須根據我們提出問題的目的來回答。」

抗拒死亡
Death Is Resisted

　　一七六五年，一位名叫佛布斯（James Forbes）的十五歲男孩，在英格蘭登上一艘開往孟買的船。他在抵達後加入了東印度公司，由於工作之故，他在整個印度次大陸上來回走了十九年。在旅途上，佛布斯把自己變成了博物學家和藝術家。他畫了許多鴨科鳥類的畫，以及帕西人[1]的家族肖像。直到佛布斯離開印度返回歐洲時，他已創作了五萬二千頁的文字和藝術作品。

　　他在回國後整理了自己的作品，並於一八一三年出版了共計四冊的《東方回憶錄》（*Oriental Memoirs*），為他在英國的這些壁爐邊讀者們提供了一場豪華的印度之旅。《月刊雜誌》（*The Monthly Magazine*）讚揚此書為「擺在眼前的燦爛真實」。佛布斯以這套鉅細靡遺的百科全書，讓一般人的印度之旅變得毫無必要。編輯寫道：「他使未來的印度旅行者很難找到新的事物。」

　　旅途中，佛布斯曾在印度中部訥爾默達河岸的一棵大榕樹邊停下來。這棵大樹把幾百根枝幹伸向天空，形成一個足以容納七千名士兵

1　譯注：在八到十世紀間，部分堅持信仰祆教、不願改信伊斯蘭教的波斯人，移居到印度西海岸古吉拉特邦一帶。這些波斯移民在印度被稱為「帕西人」（Parsee）。

的大遮棚。一位地方首領有時會在這棵樹下舉辦大型派對，設置豪華帳篷，分別作為餐廳、客廳、酒吧、廚房和浴室。甚至還有足夠的空間容納他的駱駝、馬、馬車、護衛、服務員以及朋友們和他們帶來的牛群。

這棵訥爾默達榕樹也是鳥類、蛇和葉猴的家。佛布斯觀察到這些猴子會教導幼猴如何在樹間跳躍，以及如何殺死危險的蛇。佛布斯說：「一旦確定毒蛇被殺死，它們就會把這種爬蟲類動物扔給幼猴玩耍，似乎是為消滅了共同敵人而感到開心。」

佛布斯有位朋友來這棵樹下參加射擊派對。他用鳥槍打死一隻母猴，並把屍體帶到帳篷裡。進去帳篷後，他聽到其他猴子在帳篷外大叫。佛布斯說他從帳篷裡向外看到幾十隻猴子：「發出很大的聲音，並以威脅的姿態朝帳篷前進」。

佛布斯的朋友揮著他的戰利品，除了一隻似乎是首領的公猴外，其他猴子都退縮了。這隻公猴喋喋不休地走近獵人，最後聲音變成佛布斯所形容的：「悲傷的低吟。」

在這位獵人看來，公猴似乎在乞求死去母猴的屍體，於是他把母猴屍體還給他。

佛布斯寫著：「懷著悲傷的哀戚，他把母猴抱在懷裡，充滿愛慕地抱著，然後以一種終於勝利的方式，把屍體帶回給這些期待中的猴子們。」在這群猴子離開後，整個射擊派對者的心情都被動搖了，「他們決定不再把槍對著任何一隻猴子」。

佛布斯所寫關於「悲傷哀號的猴子」故事相當引人注目，以致讓英格蘭土地上的人們重述了幾十年。維多利亞時期的人對動物大腦的想法似乎因此有了轉變。人類由於理性的思維，可以讓自己的生活變

得有意義。透過對生命的瞭解，也能看到死亡對生命的限制。當發現野生動物竟然神奇地像人一樣也會哀悼，似乎能瞭解自己同伴的生命已經消失；於是人們也得出結論，認為猴子的頭腦比我們想像中要來得更複雜。也許人類對生與死的瞭解真的太過自負。

• • • • •

　　隨著十九世紀的到來，歐洲旅行者與更多的靈長類動物接觸，有時他們會將這些動物帶回動物園，因此也出現了更多類似佛布斯訴說的故事。猴子對死猴與活著的猴子明顯不同，有時甚至可以看出它們的悲傷。雖然這類故事不斷出現，但沒有任何人比達爾文更關注猴子了。

　　一八三六年，達爾文從「小獵犬號」（HMS Beagle）進行為期五年的航程返國後，很快就開始發展他的「演化論」，認為所有物種都是透過天擇等過程演化而來。達爾文相信這一點，並認為人類也不例外。他總結說，人類是從較早的靈長類動物進化而來。現在我們可以在人類與猿猴共同的解剖相似處，看出這些演化的遺產，甚至在人類與猿猴的行為上也能發現相似性。達爾文曾在倫敦動物園造訪一隻名為珍妮的猩猩，觀察她與人類類似的表情和行為。

　　他收集了各種有關猿和猴子的故事，這些故事被認為是類似於人類本身所具有的獨特認知和情感，其中有一些是悲傷的故事。達爾文在一八七一年的著作《人類的由來》（*The Descent of Man*）中寫道：「母猴由於失去幼猴而遭受的痛苦如此之深，就像是類似物種在面對死亡時的情形一樣。」

　　在達爾文寫下這些文章將近一個世紀後，一位年輕的英國博物學家珍古德（Jane Goodall）前往坦桑尼亞與黑猩猩一起生活。她屬於第一代的靈長類動物學家，仔細研究靈長類動物在野外的行為。有一天，珍古德觀察一隻被她取名為奧莉的母猩猩。奧莉最近生了孩子，但珍古德可以看出這個孩子身體不適。她後來回憶：「它的四肢無力垂下，幾乎在每次母猩猩踏出腳步時，它都會尖叫。」

　　由於嬰兒猩猩太虛弱而無法抓住奧莉的毛髮，因此奧莉不得不小心地抱著它。奧莉把嬰兒猩猩抱到樹上，然後坐在樹枝上，再小心地把它放在腿上。後來一場暴風雨席捲了半小時，使這些黑猩猩和同為靈長類動物的珍古德渾身濕透。暴風雨後，珍古德看著奧莉再次爬下地面。嬰兒猩猩現在已經沒有聲音了，它的頭像四肢一樣也從奧莉身上垂下來。珍古德注意到奧莉現在對它的孩子有了不同的對待方式。

　　她說：「母猴好像知道它已經死了。」

　　奧莉現在不再抱著嬰兒，而是用腿或手臂環著，有時會把它的身體掛在脖子上。在看似無神發呆的狀態下，奧莉在接下來的兩天裡都抱著嬰兒。其他黑猩猩看著奧莉和死去的嬰兒，但奧莉只是兩眼放空。最後珍古德在穿過茂密的灌木叢時失去奧莉的蹤跡。她在第二天才找到奧莉，不過嬰兒已經不見了。

　　此後的幾十年裡，其他的靈長類動物學家也都記錄了各種靈長類動物與死亡相關的經歷。他們也看到其他靈長類動物的母親像奧莉一樣，會對自己失去的嬰兒有極大的反應。他們也觀察到年輕的大猩猩會陪伴在死去的母猩猩身旁。博希（Christopher Boesch）在象牙海岸森林裡研究時，曾在地面上發現黑猩猩的屍體，看起來好像從樹上掉下來後就死掉了。然後他看到另外五隻黑猩猩到達現場並發現了屍

體，它們迅速爬到周圍的樹冠裡，大喊尖叫了幾個小時。諸如此類的案例研究已整合為一個新的研究分支，稱為靈長類動物死亡學。既然我們也是靈長類動物，這也意謂著研究死亡（亦即生命的另一個邊界）對我們的意義，可能還有很長的一段路要走。

生命是死亡最清楚的標記之一。當動物死亡後，細胞就會自我毀滅並成為各種細菌的食物。腸道微生物會咬穿腸壁，並在屍體裡散布。某些細菌會釋放出諸如屍胺（cadaverine）和腐胺（putrescine）之類的胺基酸降解分子。儘管它們的名字令人毛骨悚然，屍臭的難聞氣味讓我們反感後退，它們也還算是無害的。人類並非唯一會如此後退的動物，許多動物也會透過「反衝」的行為來應對。甚至在水下，屍胺和腐胺的漂浮分子也會驅走魚類。這種對屍臭的厭惡可以追溯到幾億年前，具有這種反應的動物祖先受到天擇的青睞，因為它們可以遠離傳播疾病的屍體。

但靈長類動物（包括珍古德的黑猩猩和佛布斯的猴子），似乎已發展出更深切的死亡感受，且很可能是來自他們自覺到的更深層生命意識。對早期的靈長類動物來說，看到死去的同胞會讓它們感受到現實存在著嚴重的問題。它們大腦的「生物」檢測電路，能快速識別出眼睛、嘴巴及其他可以從靈長類動物身上獲得的特徵，但它們檢測「生物運動」的電路，卻在屍體上看不見任何動靜，沒有呼吸，甚至也沒有眨眼。

有些科學家推測這種偵測上的矛盾，可以解釋為何靈長類動物經常對死者保持警惕的狀態。它們可能正在努力應付大腦裡的這些衝突訊號，需要一些時間來判斷為何多年來自己一直認為還活著的靈長類動物，現在已無生命了。而當猿類進化出更複雜的大腦時，它們對死

亡的理解還可能會進一步提升。它們對因果關係的認知，可使之理解跌到樹下或被獵豹襲擊，便可能會使猿猴的生命終結。

• • • • •

在人類的血緣與其他猿類演化分支後，我們的人種祖先也可能像黑猩猩和大猩猩對待死亡的情況一樣。因為僅在幾十萬年前，他們就留下了暗示，亦即人類也以不同的方式看待死亡。

古人類學家在非洲和歐洲的某些洞穴裡，發現了早期人類骨骸集中處。這些骨骸雖然一樣是人屬（*Homo*），但分屬於兩個不同物種：海德堡人（*Homo heidelbergensis*）和納萊迪人（*Homo naledi*）。可以想像這些早期人類的骨骼，被隆重地抬到安息之處，然後掉入地層裂縫中。不過這種證據有點模稜兩可，因為這些早期人類的骨骸，也可能是被凶猛的熊或洪水拖進洞穴裡的。

我們自己的物種「智人」（*Homo sapiens*）大約在三十萬年前出現，而到大約十萬年前，我們的祖先對死亡做出了回應。與任何其他相近物種有所不同的是，他們為死者舉行了葬禮。在以色列的洞穴中，考古學家發現被精心布置過的骨骸現場，當時的人們在這些骨骸周圍放置了鹿角、石塊和來自遙遠海邊的貝殼。大約四萬年前，澳洲原住民已在為死者挖掘墳墓了。

這些葬禮讓我們看到祖先們內心的想法，因為這揭示了人們對「死亡」一事日益增長的理解，瞭解疾病和傷害是死因，且每一個人都必須面對，沒有回頭路可走。

沒有人確切知道人類何時開始說話。一旦他們用語言溝通，所講

述的某些早期故事可能就會提及死亡。他們不只是簡單地把死亡解釋為生理上的改變，而是會從社會上的改變來解釋。例如某些文化會將死亡視為一種分離，也就是死者前往了另一個世界，其他文化更把死亡看作是一種轉變，讓他們的祖先可以永遠陪在身旁。佛教徒把死亡視為死者的「自我」消散在世界裡，就像葉子上的露珠在晨曦裡蒸發到空氣中。

　　人類社會也開發了一些作法來試著避免死亡。治療者會提供藥水、放血和禱告等；內科醫生則忙於治療病人，以至於他們不會告訴我們醫療想要預防與避免的到底是什麼？歷史學家阿克奈希特（Erwin Ackerknecht）曾說：「醫務人員很少會討論到死亡的意識與本質，他們巴不得把這件事留給哲學家和神學家。」

　　十八世紀後期，法國醫生畢廈（Xavier Bichat）決定透過「瞭解死亡」，來更清楚地瞭解如何保護生命。當罪犯在斷頭台被處決後，他立刻檢查他們斷掉的頭部和無頭的屍體。他還切開活犬的胸部，並用塞子塞住狗的氣管。只要稍微扭緊一點，就能隔絕進入狗肺的空氣。他發現當狗的血液從紅色變成黑色後不久就會死亡。

　　這種可怕的作法讓畢廈看到了心臟、肺部和大腦間的緊密聯繫，也就是大家聽過的「生命三角」（vital tripod）理論。如果肺部功能衰竭，便無法把深色血液變成紅色，也就是缺乏大腦繼續工作所需的維持生命形態。而如果心臟衰竭，它將無法把血液輸送到其他兩個器官。畢廈對大腦並不如現代人的瞭解，然而當他損毀動物大腦時，他發現大腦與心臟和肺部一定有重要的連結消失而導致動物死亡。畢廈還觀察到人體的任何器官都無法獨自形成存活的生命，因為維持生命的能力分布在相互連繫的內在系統各處。

因此畢廈總結地說：「生命代表『抵抗死亡』的各種功能之總和。」

畢廈看到了分開生與死間一條閃閃發亮的界線，但這條線的亮度是他研究了各種生命所得到的結果。死刑犯和被放血的狗無疑可以理解為已在線的那一邊。但如果畢廈研究了其他動物的話，可能就會遇到一條更為模糊的界線。

十七世紀末，荷蘭商人范雷文霍克（Antony van Leeuwenhoek）製作出第一部功能足夠強大的顯微鏡，開啟了顯微鏡下的世界。池塘裡的一小滴水便可能包含一大堆奇特的形狀。這些微觀世界下的形狀看起來都與宏觀世界中的任何事物不一樣，但是它們會動。它們的動作讓范雷文霍克直覺感受到生命的本能，他認為這些一定是某種「小動物」。當他的報告發表在《自然科學會報》（*Philosophical Transactions of the Royal Society*）時，他的英語翻譯用了微生物（*Animalcules*）[2]一詞。他說：「大多數這類動物在水中的運動相當快速，各種不同的向上、向下、旋轉動作，令人驚奇。」

范雷文霍克在後來幾十年裡，發現了更多東西：紅血球細胞、精子細胞、細菌、原生動物和一大堆微型動物等。一七○一年某個夏日，他注意到懸掛在屋前的排水溝槽中，充滿了微紅色的水。他吸取了一些紅水，在顯微鏡下滴了一滴。接著他看到了一種新的生物。這種生物的形狀就像梨子，頭上看起來像是有兩個輪子（現在它們被稱為輪蟲，原文 rotifer 在拉丁語的意思是「車輪的軸承」）。

接著范雷文霍克讓一些排水溝的水蒸發。他之前曾經在其他微型

2　譯注：*Animalcules* 為 microbe 的舊稱，即微生物，泛指包括細菌、原生動物和非常微小的動物。

動物身上做過這種實驗，它們通常在乾燥時會破裂，不過這次的情況卻截然不同。當輪蟲變乾時，它的身體會縮小，一動不動地躺在那裡。范雷文霍克觀察到：「它的形狀維持圓卵形。」

夏天變得乾燥且炎熱，排水溝槽裡的水變成了塵土。范雷文霍克收集了一些塵土，在上面灑水。然後范雷文霍克用顯微鏡在靜止的灰塵堆中發現更多收縮的輪蟲，被水浸泡了一段時間後，它們膨脹然後開始運動。

他後來寫道：「沒過多久，它們便開始伸展身體，半小時內，至少已有一百隻在載玻片上游泳。」

范雷文霍克繼續收集其餘在排水溝裡的塵土。放了幾個月後，再次將灰塵取出並與水混合，輪蟲同樣再次展開了身體。

他說：「我承認自己從沒想過在如此乾燥的物質中，還可能有活著的生物存在。」

四十年後的一七四三年，英國博物學家尼德姆（John Needham）發現了另一種能夠重新復活的生物。尼達姆一直在研究患有黑穗病的小麥，這種病會導致小麥的穀粒膨脹發黑。農民稱這些病粒為「胡椒粒」（peppercorn）。當尼達姆切開一顆「胡椒粒」時，他發現裡面有一團乾燥的白色纖維。他在纖維上加了一滴水，希望可以藉水讓它們更容易拉開。

《自然科學會報》記載了接下來發生的事，「令他驚訝的是這些糾結的纖維，立刻彼此分離，獲得生機。它們會『不規則地運動，一種持續扭曲地運動。當他扔掉這些纖維之前，它們活了九到十個小時之久。』」

尼達姆發現的是一種線蟲的幼體，如今被稱為小麥腫瘿線蟲

（*Anguina tritici*）。但當時許多博物學家拒絕相信他的發現。皇家學會將尼達姆的小麥移交給另一為位名叫貝克（Henry Baker）的博物學家判斷。貝克依據尼達姆的指示操作，復活了這些線蟲。由於對這種生物感到好奇，他又進行了更多實驗。在其中一項實驗裡，貝克把所謂的「胡椒粒」存放了四年。線蟲在如此長的一段時間裡依舊存活下來，當他在白色纖維中加水時，看到了更多扭動的生命。

　　貝克在一七六四年出版的《顯微鏡的用途》（*Employment for the Microscope*）一書中說：「我們發現了一個例子，也就是生命可以像是被摧毀一樣的『暫停』。」正如貝克所說線蟲的生命力到底如何維持，他不敢妄加猜測。「生命到底是什麼，我們目前理解和定義的能力似乎太過微不足道，就我們能夠感知和檢驗的部分來說，似乎也是如此。」

　　不久後，第三種動物加入了輪蟲和線蟲的行列，這種動物俗稱水熊蟲（Tardigrades），屬緩步動物門，看起來像一隻無頭的八足熊，大約只和英文句點一樣大。

　　博物學家首先發現緩步動物在苔蘚上爬行，後來發現它們潛伏在潮濕的土壤、湖泊甚至海洋中。當研究人員讓緩步動物變乾時，這些小動物縮回它們的腿，身體呈現如芝麻般的外觀，只要泡上幾分鐘的水便足以讓它們再次伸腿。

　　許多博物學家並不相信生命可以這樣運作，他們認為一定有更簡單的解釋。也許乾燥的動物死了，當科學家加水時喚醒了孵化的隱藏卵。這場爭論持續了幾十年，爭議雙方被稱為「復活主義者」和「反復活主義者」。一八五九年，法國生物學會認為雙方辯論如此激烈，以至於他們需要任命一個特別委員會來解決這場爭論。經過一年的實

驗後，這些德高望重的科學家發表了長達一百四十頁的報告，對復活主義者表示支持。然而反復活主義者又持續抗爭了幾十年。

如今所有的生物學者都是復活主義者了。緩步動物、線蟲和輪蟲會先乾枯然後恢復生命，這點已經毫無疑問。沒人能確定它們能在這種困境中暫停多久，還有機會安全回到它們生活的世界裡。一九五〇年代，一組研究人員在南極收集乾燥的緩步動物。他們將這些動物冰了三十年，然後加水和升溫使它們恢復健康。占據麥粒的線蟲持續時間更長達三十二年，並可從無生命現象的纖維中復活過來。

科學家在這種「復活」的行列中增加了更多的物種，例如蠅類、真菌、細菌等。在南極的冰河消退後露出了苔蘚，這些苔蘚已乾燥並冷凍了至少六百年。然而經過溫和的園藝種植後，它們也萌發了新芽。在西伯利亞，科學家發現了三萬年前冰河時期松鼠洞穴，其中有名為窄葉剪秋羅（narrow leafed campion）的乾枯花朵碎片。科學家培育這些碎片後，也成長為健康的新植物，還可以產生自己的種子。

這種困境的最大挑戰，便是即使失去水分也能保持細胞的完整。平常為了維持生命，細胞會呼叫蛋白質進行化學反應，但每種蛋白質只有在被水分子團包圍的情況下才能作用。細胞與蛋白質分子的連繫，有助於維持其立體形狀。一旦水分稀少，蛋白質就會開始相互黏附，形成變形的團塊。原先包裹細胞的膜，也會從油性表皮變成黏稠的果凍狀。多數動物的細胞都有承受大量脫水的能耐，但如果變得太乾，這種損害將會無法挽回而導致死亡。

失去水分的緩步動物，無法進行生命所必需的化學反應，不過它們並未死亡。如果我們把水倒在乾燥的人類屍體上，只會變成一具潮濕的屍體，而把水倒在乾掉的緩步動物身上，卻可以擁有會移動、覓

食和繁殖的動物。緩步動物這種「既非生亦非死」的灰色地帶，現在被稱為「隱生」。有些科學家把這種情況描述為「生與死之間的第三種狀態」。

隱生在動物的生命史上，已發展出許多不同的形式。某些物種會透過被稱為「海藻糖」（trehalose）的糖類成分來替代水分，以便進入第三種狀態。海藻糖的作用方式類似水，但不會在乾燥的空氣中蒸發。當生物水分蒸乾時，許多物種就會產生可與海藻糖連結的特殊蛋白質，形成類似玻璃狀的物質。它們會把動物的立體形式包覆起來，以便在水分再度來臨時恢復生命。

科學家發現隱生狀態能賦予動物神奇的力量。二○○七年，一組科學家在德國和瑞典收集緩步動物，將它們乾燥後裝入罐中，再把罐子放在俄國火箭上，讓火箭射入地球軌道，接著把這些動物直接暴露在太空的真空狀態下。回到地球後，科學家只滴了一滴水就立刻讓它們再度復活。

二○一九年，人類將緩步動物送入了更深遠的太空。美國的「拱門任務基金會」（Arch Mission Foundation），著手創建了其創始人對《連線雜誌》（Wired）所形容的「這個星球的堅強後盾」。他們所創建的是一個微型的「月球資料庫」，裡面儲存了三千萬頁的訊息及人類 DNA 樣本，加上成千上萬隻乾燥水熊蟲。接著由一家以色列私人經營的太空公司，將這個基因資料庫放在「創世紀號」（Beresheet）太空探測器上，然後把它們發射到月球。

太空船的引擎在著陸前發生故障，以色列工程師失去了對探測器的追蹤信號，幾乎可以肯定它已撞上月球。因此這個資料庫很可能在沒有受到任何影響的情況下，留在了撞擊現場。當這些緩步動物在月

球上等待水分時，地球就像太陽一樣升起又落下，而它們的細胞就鎖在生與死之間的玻璃墳墓中，那裡可能永遠都不會有水分降臨。

• • • • •

十八世紀初期，當范雷文霍克觀察到這些小動物變成一種接近死亡的狀態時，歐洲各地也都擔心自己可能會變成其中之一。當時他們閱讀的小書裡經常充滿了驚悚的癲癇故事，受害者失去呼吸或心跳，然後被誤診為死亡；這些人被放進墳墓，等到他們在棺材中復活，待被發現時已無法被拯救。

這種哥德式恐怖的恐懼在整個十八世紀得到進一步加強，十九世紀則越演越烈。愛倫坡（Edgar Allen Poe）於一八四四年發表了他的短篇小說〈過早的埋葬〉（The Premature Burial），讓這種惡夢變得更為真實，「生命與死亡的分界是相當朦朧且模糊的，」愛倫·坡說：「誰敢肯定地說是從哪裡開始，在哪裡結束？」

被這些故事搞得疑神疑鬼的家庭，紛紛購買配備了拉線和鈴鐺的棺材，以便萬一復活的親人可以拉鈴提醒。整個十九世紀，許多德國城市建造了華麗的「等候殮房」，把看似已死的人放在此處，一直放到屍體開始腐爛為止。馬克吐溫（Mark Twain）於一八八〇年代初訪慕尼黑時，便參觀了其中一家。

「這是個可怕的地方，」他後來寫道：「房間的兩邊是深陷的凹室，像一個個向外的凸窗一樣，在每個凹室中都擺著幾具大理石般的人屍，這些人屍幾乎被完全埋在鮮花堆裡，只看得到臉和交叉的手。在這五十具左右靜止屍體的手指上，無論大小，每個人的手指上都套

著一個環，環上有一條線連到天花板，再一路連到值班室的鈴鐺上。」

　　一切都像是徒勞無功且浪費時間：過早埋葬的恐懼是藉由謠言助長，而非由證據證明。不過如果沒有一種快速簡便的方法來確定死亡，醫生就無法使這些擔心的人平靜下來。有位醫生建議用煙為患者灌腸，如果連這樣都沒有反應，便可有把握地宣布死亡。而到十九世紀中期，許多醫生開始採用新發明的聽診器。因為即使是微弱的**心跳聲**，也意謂著病人還活著，只有長時間寂靜無聲，才是真正死亡的可靠信號。

　　畢廈已瞭解為何心臟停頓是死亡的徵兆，因為心臟、大腦和肺屬於重要的生命三角。如果心臟衰竭，其他兩個也會跟著衰竭。二十世紀的科學家已能在細胞程度的細節上，繪製出這些衰竭的連帶關係。如果心臟無法從受損或充滿液體的肺部獲得足夠的氧氣，心臟便會衰竭。因為心臟細胞需要氧氣和糖來製造燃料，沒有燃料心臟就無法收縮。一旦心臟無法收縮，就無法把血液輸送到大腦。腦細胞甚至比心臟細胞更需要氧氣，因此幾分鐘之內它們就會開始死亡。

　　重擊頭部也可能使心臟停止。這種撞擊會導致大腦陷入頭骨內壁，因而撕裂脆弱的血管。隨著血液溢入，大腦開始腫脹並擠向頭顱後部，然後向下擠到顱骨底部的開口。最後壓力切斷了整個大腦的血管，切斷向大量組織供應的氧氣。通常最早死亡的是「腦幹」，也就是腦部發出心臟跳動信號與肺部呼吸信號的區域。

　　畢廈相信只要正確瞭解死亡，醫生就更能保護生命。因此他們學習如何透過輸血來治療失血過多的情況，也學習如何遏止毒物或對抗病原體。二十世紀初，美國醫生面臨了一波小兒麻痺症大爆發，成千上萬的兒童癱瘓並慢慢窒息死亡。工程師開發出「鐵肺」[3]為這些年

輕患者提供呼吸的能力。氣泵會在封閉金屬筒內產生負壓，撐開病人的胸腔以利空氣吸入肺部，這種器材的幫助可讓患者在抵抗病毒之際，逐漸恢復自行呼吸的能力。

人工通氣的技術不斷進展。鐵肺慢慢被淘汰，取而代之的是將空氣直接推入氣道的呼吸器。由於小兒麻痺症疫苗的普遍，醫生已不再需要應付大量小兒麻痺症患者。然而在這種流行病消退後，新發明的呼吸器仍保留在醫院中，因為醫生發現了它們的各種新用途。例如用來治療吸毒過量的患者、掉入冰冷池塘中的溺水者、早產兒等任何需要呼吸器協助康復的人。

一九五〇年代，法國神經科醫生莫拉瑞（Pierre Mollaret）和古倫（Maurice Goulon）視呼吸器為一種利弊參半的發明。雖然呼吸器挽救了許多生命，卻拖延了患者的死亡。當人們遭受嚴重腦部損傷時，呼吸器可以使他們的心臟和肺部正常運作，但他們的大腦卻永遠無法恢復。莫拉瑞和古倫仔細記錄這些患者的病情，發現即使在呼吸器的幫助下，他們也沒有再次醒來。相反地，他們通常會在幾小時或幾天內死亡，因此呼吸器做的似乎只是延長了家人的痛苦。

古倫曾說這種徒勞無功的狀況是「一種新的、以前從未被描述過的生命狀態」。一九五九年某次會議上，他和莫拉瑞為這種狀態取了一個名稱：「不可逆昏迷」（coma dépassé）。

現代醫學正在挑戰各種人們熟悉的死亡界線，就像它已改變了我

3　譯注：鐵肺（iron lung）是一種連接著氣泵的封閉金屬筒，病人頭部露於筒外，身體躺在筒內。當鐵肺氣泵打入與抽出空氣時，由於金屬筒內氣壓改變，迫使病人胸腔產生對應的膨脹或壓縮，讓病人能夠進行被動呼吸。

們對出生的看法。生命的開始曾經是我們無法控制的，但現在的幹細胞生物學家，可以把普通皮膚細胞變成胚胎，這個胚胎還可能變成人類或像腦器官這樣的新事物。原先畢廈的生命三角失去其中一角後，便是不可避免的死亡時刻；然而人工呼吸器破壞了畢廈定律，產生了一種新的生命狀態。

也有其他醫生同意莫拉瑞和古倫對這種「不可逆昏迷」的擔心。「復甦療法和支持療法的發展，產生許多挽救垂死病人的無效努力，」哈佛麻醉師比徹（Henry Beecher）在一九六七年說：「有時被救活的人成了去腦強直狀態。[4] 這些人在地球上的數量正在增加，因而產生許多必須面對的問題。」

「不可逆昏迷」在時間判斷上也有點諷刺。當呼吸器無法挽救患者生命時，外科醫師開始學習如何將器官從死者身上移植到接受者身上來挽救生命。一九五四年，波士頓外科醫生默里（Joseph Murray），利用一位病人的雙胞胎兄弟所提供的腎臟，替換掉該男子損壞的腎臟。要找到願意放棄腎臟的人很難，他們的器官也可能並不適合病人，如果病人損壞的器官是心臟或胰腺時，別人就沒有多餘的器官可以提供。

因此默里和其他醫生轉向屍體來獲取器官，當然這種方法也有缺點。移植外科醫師必須在垂死病人還有一口氣在時安排摘除器官，但他們必須等到病人的心臟停止跳動，醫生正式宣布死亡後，才可以動

4　譯注：去腦強直是指因病變損害，使大腦與中腦和橋腦間的聯絡中斷，影響了上部腦幹的功能所致。常見於重症腦出血及其他原因引起的嚴重腦幹損傷等，其主要表現為四肢強直性伸展而得名。

手摘除器官。在死亡和移植間耗費的時間越長，器官惡化的程度越大，接受這些器官的患者的成功率也會降低。

移植外科醫師看到越來越多瀕死者處於前面所說的「不可逆昏迷」，且在等待死亡期間造成了器官壞死。因此默里抱怨：「患者被送往急診病房急救時，原本有用的腎臟也可能變得無法使用。」

有些醫生會偷偷自行控制這項過程。他們會讓病人在手術房做好接受移植器官的準備，然後把不可逆昏迷中的病人推入手術房。接著醫生關掉呼吸器，等待心臟停止跳動的死亡信號。然後他們立刻從供應者體中取出器官，移植到接受器官的病人身上。儘管這樣的程序減少了時間的耗費，但仍然存在著缺點。當移植外科醫生打開剛死去的供應者身體並取出器官時，器官也會因為一段時間的缺氧而開始惡化。

一位比利時外科醫生亞歷山卓（Guy Alexandre）決定跳過等待死亡信號的時間。他挑選一位並未發現大腦活動跡象的嚴重腦傷患者，在不關閉呼吸器的情況下取出腎臟，立即移植到新的接受者體內。這顆腎臟也立刻開始運行，經腎臟移植後的患者，多活了將近三個月，之後因敗血症死亡；而未關閉呼吸器的捐贈者，也在差不多相同的時間死亡。

亞歷山卓在一九六六年的外科手術會議上，說明了他的所作所為。現場許多醫生表明不願如此，英國外科醫生卡恩（Roy Calne）說：「我認為病人如果還有心跳，就不能將他視為一具屍體。」

該次會議的主席要求在場外科醫生舉手表決，是否同意亞歷山卓對生與死的定義，且願意效法他的行為。結果現場只有一隻手舉了起來：亞歷山卓的手。

　　一九六七年，比徹在哈佛組織了一個委員會，著手研究如何定義這種神祕的新狀態。默里和其他醫生，以及一位律師、一位神學家，一起加入了討論。他們陷入了激烈辯論，但最後達成共識，提出報告，並於次年發表在《美國醫學會雜誌》（*Journal of the American Medical Association*）。這份報告為宣布病人死亡的時機提供了新標準：腦死。

　　該委員會認為，醫學必須擺脫過時的生死觀念。心跳停止曾是判定某人死亡的可靠方法，因為它也會同時導致肺部和大腦衰竭。但從現在的醫學來看，即使大腦受損超出預期，醫生也有辦法維持病人的心跳。因此該委員會聲明：「這些新的醫療方式，改寫了傳統持續呼吸和持續心跳的生命判斷標準。」

　　比徹和委員會所提出的是「生命」，而非僅有「活著」。該委員會宣布：「在發生大規模腦部損傷後，恢復意識的可能性微乎其微。」如果醫生確定病人符合委員會所說的「腦死狀態」，便可宣布病人死亡。

　　委員會建議醫生在宣告腦死之前進行一系列檢查。包括患者的腦電波圖讀數應為水平、瞳孔固定並放大。醫生也應關閉呼吸器幾分鐘，確保患者在沒有呼吸器情況下已無法自主呼吸。委員會裡還有一些成員認為醫生應該連續三天重複進行這些檢查。然而如果垂死患者迫切等待器官，移植外科醫師就認為這樣的檢查拖延太久。因此他們說服醫生同事將這項建議縮短為一天，醫生就可宣布病人死亡，並關閉呼吸器。不過委員會建議醫生不要忽視這些指令，他們警告：「否則醫生就等同於關閉一部在目前技術適用的嚴格法律下，仍然屬於活人使用中的呼吸器。」

　　委員會的報告雖然記載了可用的遵循規範，不過這些討論根本缺

乏依據。比徹和他的同事只是斷定可以對符合腦死症狀的患者宣布死亡,卻未說明理由。他們等於提出諾大的問題卻懸而未決。舉例來說,當委員會宣稱腦死者沒有恢復意識的希望時,是否意謂著「意識」就是生命的本質?

當這項報告出爐時,這些判斷生命的門檻被忽略了。《紐約時報》將這篇報導放在首頁,標題為「哈佛專家小組用大腦來判定死亡」。接著美國和其他國家醫生立刻將之奉為圭臬。十年後,哈佛外科醫生斯威特(William Sweet)回顧了一九六七年的這場會議,並認為這項報告的宣布相當成功。他寫道:「大腦死亡等同於人的死亡,這個不可迴避的邏輯現在已被廣泛接受。」

這種接受也逐漸演變成法律。各國開始採用所謂的「全腦標準」(whole-brain standard)「包括腦幹在內的整個大腦的所有功能,已經不可逆轉地停止了」,按照法律規定,這個人便已死亡。

●●●●●

二〇一三年十二月九日,一個名叫麥卡思(Jahi McMath)的女孩進了加州奧克蘭兒童醫院,進行解決打鼾問題的小手術。外科醫生幫她切除扁桃腺和部分上顎,幾個小時後她就醒過來,享受著手術後的冰棒。但一個小時後,麥卡思竟然口吐鮮血。接著不到五個小時,她的心跳停止。

麥卡思的醫療團隊連忙急救,讓她的心臟恢復跳動,但他們不得不為她接上呼吸器。而當醫生在第二天早上進行檢查時,確定麥卡思的大腦嚴重缺氧,她的腦電波圖上沒有腦波,瞳孔對光也沒有反應。

自從比徹的委員會制定出腦死概念以來，已過了四十五年，麥卡思的醫生認為她顯然已達到腦死標準。因此在災難性的手術三天後，麥卡思被醫生宣布死亡。

然而藉由呼吸器的幫助，她的肺部仍然充滿空氣，心臟也繼續跳動著。一名社工訪視了麥卡思震驚和沮喪的家人們，討論關閉呼吸器的事。不過他們對醫療人員的作為感到沮喪，因為當麥卡思開始吐血時，他們立刻請求幫助，但醫療人員來得很慢。後來的事實證明，負責手術的醫生雖然注意到麥卡思的頸動脈非常靠近扁桃腺，不過醫院的其他工作人員顯然疏忽了這點。所以社工把決定權留給麥卡思的家人，彷彿醫院必須靠他們來殺死麥卡思，家人拒絕醫院關閉呼吸器的要求，決定保持呼吸器運轉，還要求插管餵食，以免麥卡思餓死。

醫院負責人拒絕對剛剛已宣布死亡的病人提供這種護理行為，因此麥卡思的家人決定告上法庭。他們的律師多蘭（Christopher Dolan）對法官說：「原告是宗教信仰堅定的基督徒，只要心臟在跳動，麥卡思就還活著。」

法官下令由一名獨立的神經科醫生接手此案判定，他在檢查後得出與醫院醫生相同的結論：麥卡思已經腦死。經過更多談判後，麥卡思家人和醫院達成協議，驗屍官將會出具死亡證明，然後醫院將仍掛著呼吸器的麥卡思交給她的家人。

在網路上集資後，麥卡思和她的母親溫克菲爾德（Nailah Winkfield），登上一架載著他們穿越美國的飛機，降落在紐澤西州，因為該州允許家庭基於宗教理由拒絕腦死。

大多數醫生和生物倫理學家都會為麥卡思的案子感到沮喪，因他們覺得腦死就是死亡。有些論點也暗示將麥卡思的身體搬到紐澤西

州的想法，只是律師多蘭設計的一場騙局，目的是要讓醫院賠更多錢。生物倫理學家卡普蘭（Arthur Caplan）在接受《今日美國》（*USA Today*）採訪時說：「她的身體將會腐爛。」

當麥卡思住進新醫院時，她已三週沒有進食。醫生幫她插管餵食，情況開始好轉。大多數患者被宣告腦死後，會在幾小時或幾天內死亡，但麥卡思卻過了一週又一週，一個月又一個月地活下來。她十幾歲的身體逐漸成長，甚至來了月經。

二〇一四年八月，麥卡思的母親溫克菲爾德將麥卡思移出醫院，搬入公寓，由護士全天候照顧麥卡思，溫克菲爾德會協助護士每四個小時幫麥卡思翻身一次，以免她染上褥瘡。

在此同時，麥卡思的家人以「瀆職」之由對兒童醫院提起訴訟。一個非營利基金會為腦部檢測付費，讓律師多蘭展示麥卡思大腦的某些區域完好無損，血液仍在流動。他也要求加州法院宣布麥卡思還活著，不過法院再次拒絕律師的要求。

三年後，《紐約客》（*New Yorker*）的作家阿維夫（Rachel Aviv）參觀了麥卡思居住的公寓。溫克菲爾德讓阿維夫看自己用手機拍下的麥卡思影片。在晃動的影片裡，麥卡思似乎像是為了回應她的家人和護士，動了動自己的手指與腳趾。

當溫克菲爾德對著床上的麥卡思要她動手指時，阿維夫看到了手指的移動，有點像是一閃即逝的輕微顫動。

阿維夫後來寫了：「我可能也會對這種幾乎無法察覺的手勢，賦予過多的意義。」

麥卡思一案引發了關於「腦死代表什麼意義」的辯論。展開的辯論越多，就越能清楚證明這些辯論跟前述「墮胎問題」相似，也就是

可以歸結到我們認為「活著」的定義是什麼？更具體地說，「生命」對人類來說意味著什麼？

　　自從一九六七年哈佛會議以來，一些批評家對腦死的邏輯正確性提出質疑，現在麥卡思的案子更讓這些疑問浮出水面。例如被診斷為腦死的人，如何保持心臟跳動多年、身體進入青春期、可對指令做出反應？加州神經疾病學家，同時也是腦死診斷的長期批評家休蒙（Alan Shewmon），接受麥卡思一家邀請觀看他們拍的影片和做過的測試後，他宣布：「我深信從二〇一四年初開始，麥卡思身處在『最低意識』狀態。」

　　休蒙推測當麥卡思停止呼吸時，她的腦幹已經嚴重受損，但她大腦皮層的一部分仍然完好。亦即並不符合「全腦」腦死的死亡標準，即使醫院那些測試證明她確實腦死，但休蒙認為執行檢查的醫生，一定是錯過了麥卡思可以回應外界的那些短暫時刻。

　　哈佛兒科重症監護醫師特羅格（Robert Truog）則認同另一種可能性：即麥卡思確實在二〇一四年接受手術後，達到腦死的標準。不過一旦獲得插管餵食後，就不再算是腦死狀態了。

　　「也許麥卡思的病情確實有所改善，在腦損傷的判定準則上稍微有提升。」特羅格在二〇一八年寫道：「這件事本身並不會令人感到意外，不過從概念上來看，此案傳達了很重要的一點：如果這樣判定的話，她將會越過我們在生與死之間所劃定的明確法律界線。」

　　其他醫生對此表示懷疑。那些關於手機影片的二手報導，並不能算可以讓人完全信服的證據。不過並沒有人否認麥卡思進入了青春期，因為這種生長期的轉變是受大腦下視丘的控制。下視丘負責釋放許多觸發小孩身體成熟的激素，這是它的眾多任務之一。如果麥卡思

大腦的這個小區有所損壞，便不可能進入青春期。

　　由於解剖結構上的特殊性，下視丘可能比大腦的其他部位更具彈性。它位於大腦底部，由專門的動脈供給營養。沒有人能確知到底有多少被診斷為腦死的病人，仍擁有完整的下視丘，然而有許多跡象可以證明這種可能性。

　　下視丘的其他功能中，也負責身體的鹽分平衡。它會將一種稱為血管加壓素的激素釋放入血液中來調節鹽分。這種激素非常脆弱，釋放後僅能存活幾分鐘。因此為了保持人體的鹽分穩定，下視丘必須對鹽分進行監測並持續提供血管加壓素。如果病人因中風或腫瘤毀損下視丘，人體便會失去鹽分的平衡，導致尿崩症而損害腎臟。

　　二〇一六年，一組研究人員重新檢查了一千八百名被診斷為腦死患者的醫療紀錄。當中有些人患有尿崩症，代表他們的下視丘不再有作用，不過也有些人並沒有尿崩症。研究人員得出的結論是，大約有一半的患者顯示出他們下視丘有調節鹽分的跡象。

　　這項研究報告的作者之一，是佛羅里達州立大學的生物倫理學家奈爾—柯林斯（Michael Nair-Collins）。他隨後發表了針對全腦死亡標準的一系列抨擊，他認為如果患者的一部分大腦（在此情況下是指下視丘）仍在工作，就不能算是全腦腦死。奈爾—柯林斯還說，如果醫生在檢查病人後做出這種結論，那麼問題就不在於病人的大腦，而是在於「檢查」這個動作，或者說是醫生所仰賴的「生死」觀念。

　　下視丘是人體許多內部組成的一部分，對保持身體平衡至關重要。鹽分的正確平衡很重要，但正確的血壓也很重要，這是由腎臟釋放的激素所調節。身體還需要具有穩定供應的紅血球細胞，舊的紅血球由脾臟加以破壞，新的紅血球則由骨髓製造。免疫系統需要與病原體對

抗，同時也要與我們體內生活的數兆細菌達成和平共處。無論是透過嘴或插管餵進人體的食物，都必須轉化為糖和其他營養物質。肝臟和其他器官也必須儲存多餘的糖或釋放糖，以保持血糖的穩定。

事實上，呼吸器可以工作的唯一原因是它可把空氣打入身體，主動保持身體內部的平衡。打入肺部的空氣必須抵達肺部氣管分支的末端，讓氧氣能被血管吸收。這些末端的細胞會製作一層油性薄膜來覆蓋呼吸道的分支末端，保持肺部暢通。

「呼吸器能讓空氣進出支氣管，」奈爾一柯林斯說：「但人體的呼吸機制也必須完成剩下的工作。」

他認為這些事實不僅適用於麥卡思，也適用於每名被診斷為腦死的患者，因為他們仍可以靠呼吸器呼吸。對每個案例來說，患者的身體根本上來看都是活著的。「這點對腦死的影響顯而易見，」奈爾一柯林斯說：「因為在機械通氣的支持下，達到腦死標準的患者，顯然還具有生物上的活性。」

當奈爾一柯林斯呼籲醫界放棄腦死論述時，腦死判定的擁護者們也繼續為此奮鬥。達特茅斯醫學院的神經疾病學家伯納特（James Bernat）於一九八一年發表了他對腦死的第一次辯護。當三十四年後的麥卡思一案引起全國關注時，伯納特認為這並不能成為放棄腦死概念的理由。問題並不在於概念，而在於測試。伯納特在二〇一九年說，麥卡思的診斷「可能代表對腦死的『假陽性』判斷」。

伯納特認為不能只因為麥卡思可能被做了假陽性判斷，就說她並非真的腦死。人體中的細胞雖然還活著，但人類的生命並不僅局限於各單一部分。對人類生命而言，更重要的是如何將各部分整合在一起，從而將複雜性提升到最高的可能。人腦會整合來自身體各部的信號，

並發出命令對各部分進行管理。而自我意識和推理能力，也都來自複雜的大腦。

伯納特說：「死亡是所有有機體共享的一種在生物學上不可逆轉的事件。」對於所有人體組織來說，死亡就是喪失了「整體性」。失去單一細胞內的整體性，微生物就會死亡。而對於人類來說，情況要複雜得多。「儘管活的細菌細胞和人類最終都會走向死亡，但兩者的死亡事件明顯不同。」就人類而言，整個生物體的基本功能是由大腦執行，因此一旦「腦死」（這些功能永久喪失）便是人類死亡的標準。

隨著這些腦死爭論展開的同時，麥卡思的身體狀況也逐漸惡化。經過三年的健康身體狀態後，她的肝臟衰竭了，且出現內出血。試探性手術並未能發現病情的根源，她的身體每況愈下。於是麥卡思的醫生建議再做一次手術，但她的母親認為麥卡思已經受夠這些痛苦了。

後來溫克菲爾德說，她告訴麥卡思：「我只想讓妳知道，不必留在我的身邊。如果妳想離開，隨時可以離開。」

麥卡思於二○一八年六月二十二日去世，享年十七歲。她的母親最後將遺體帶回加州的家舉行葬禮。在那之前一直認定麥卡思還活著的紐澤西州官方，簽發了另一份死亡證明。在半盲的法律之眼中，[5] 麥卡思死了兩次。

5　譯注：代表法庭象徵的正義女神，其造型為雙眼蒙上布條，原意為不懼身分權勢、一視同仁。此處用法則語帶雙關，諷刺生死難以定論的情形。

第二部分

生命的表徵

The Hallmarks

晚餐
Dinner

　　我在阿拉巴馬州塔斯卡盧薩的某天下午，見到一條名為海迪的蟒蛇。海迪三歲，身長約兩公尺，肌肉橫切面比健美運動員的二頭肌還厚。它盤繞在一個玻璃纖維籠子裡，躺在籠裡的燈光下，鱗片像深色鑽紋刺青一樣閃閃發亮。

　　當我欣賞海迪時，它的主人尼爾森（David Nelson）扔進了一隻活鼠。這隻囓齒動物僵在籠子一角，海迪剛開始好像並不在意地繼續看著尼爾森。從它吃完上一餐到現在，已過了兩週，也許它想等等看今天菜單上一共會有多少隻老鼠。

　　尼爾森繼續照顧其他的蛇。等了一會兒，海迪懶洋洋地回到囓齒動物訪客那邊。它伸出舌頭，然後在我眨眼之際撲了上去。它那懶散的身體，瞬間變成一枚導彈。

　　海迪的嘴巴上方有對長而彎曲的牙，當它的頭碰到老鼠身體時，立刻把這對牙刺入獵物的身體之中。它把自己的身體繞著老鼠圍了兩圈，在這兩圈蛇身上方，可以看到粉紅色的腿和一條無毛的尾巴懸在空中。而在兩圈蛇身中間，可以看到那隻老鼠的白色腹部仍在呼吸。

　　海迪看起來好像打算讓老鼠「窒息」，不過科學家懷疑這並非蟒蛇殺死小動物的方式。它們的獵物死得非常快，所以更可能是蛇的纏繞把大量血液擠進老鼠大腦而殺死它。老鼠並不是昏過去，而是被過

多的血液殺死。而海迪的老鼠在不到一分鐘的時間內已僵直死亡。

　　接著海迪鬆開繞圈的身體溜走，彷彿忘記這隻死亡的小動物，它甚至還懶洋洋地躺在老鼠後面。不過當它再次與死老鼠面對面時，它又張開嘴巴。現在海迪用嘴巴兩側的小牙抓住老鼠的頭，不過並未立刻吞下老鼠，只是把頭靠在上面。唾液從它嘴裡的腺體滲出，潤滑老鼠的身體，讓它的下巴更容易在老鼠肩膀和前腿上滑過。接著它把下巴向兩側伸展，擴大進食的通道。海迪用彎曲的體側將老鼠推向自己的食道。幾分鐘扭曲後，海迪抬起頭，再次朝著籠子的玻璃門看。它等於在為我這位人類觀眾提供一次告別老鼠的機會，因為老鼠的後腿和尾巴，緩慢地滑進它的食道，從我的視線消失。

• • • • • •

　　除非發生前面說過的科塔爾症候群，否則我們每個人都知道自己還活著。多虧我們頭上這顆經過社會調整過的大腦，讓我們對其他人類同胞的生命有了靈敏的直覺。不過我們很難辨別其他物種的生命如何，因為我們無法與它們交談，也無法看出其他動物臉上是否閃爍著笑容。然而從嬰兒時期開始，我們就會使用心理的思維捷徑來感知其他動物的生命，就像一種體內快速識別的功能。兒童在很小的時候就知道動物像人類一樣是活著的，但兒童需要更長的時間才能知道植物也是活著的。隨著孩子一天天長大，他們並不會失去這些直覺，且還發展出了用「語言」來表達周遭環境的能力。如果問他們為什麼知道蛇或蕨類植物活著，他們就會指出生命的一些共同表徵，也就是有某些事物似乎為所有生物共有。兒童就像是尚未成年的生物學家。換句

話說，生物學家也像是已經長得太大的孩子。

我在事先安排好的一系列旅程裡見到海迪，也就是我造訪這些「探索生命表徵的大孩子們」的一系列旅程。我造訪不同的生物學家，也會獲得不同的生命表徵。不過其中有幾個特殊標記一再重複出現，包括新陳代謝、訊息收集、體內恆定、繁殖、演化等。在不同物種間，每個標記都可能呈現難以想像的多樣形式。但即使在最極端的變化下，也都有其一致之處。

例如我雖然無法像海迪一樣吞下老鼠，但我確實需要食物才能生存。蜂鳥需要喝花蜜，長頸鹿必須掃遍樹梢的葉子，紅杉不吃其他生物，也還是必須進食，它的食物是空氣和陽光。

接著這些食物會轉變為生物的能量和肉體。海迪將大部分的囓齒動物變成身上的肌肉、腸道、大腦和骨骼，紅杉則將自己的食物變成樹木和樹皮。這種轉變被稱為「新陳代謝」（metabolism），希臘文為 *metabolē*，即「變化」之意。

推薦我來看海迪的人是比誰都更瞭解蟒蛇代謝的人：阿拉巴馬州立大學的生物學家西科爾（Stephen Secor）。我在他的實驗室裡見到他，我們從校園驅車駛過小鎮東側，經過了錫安希望浸信會教堂和著名的月亮眨眼小屋招牌，直到我們抵達尼爾森和他妻子安柏的家。當西科爾將休旅車開進車道時，尼爾森正走向他改建過的地下室，手上還拖著一台藍色的移動式冰桶。他是一個身形高躯的禿頭男人，身上有整片刺青條紋從綠色 T 恤的袖子裡延伸出來，移動式冰桶裡則放滿了死老鼠。

西科爾和我跟著尼爾森進入屋內。尼爾森在地下室的水泥地板鋪上黑色方塊海綿墊。車庫裡有一半是舉重設備和掛滿牆上的各種標

牌，例如「美國海軍陸戰隊」（*U.S.M.C.*）和「賽車手托尼‧史都華粉絲專屬」（*TONY STEWART FANS ONLY*）。車庫的另一半則堆滿層疊的玻璃纖維籠子，看起來就像一堆橫擺的冰箱。每個籠子前面都有一扇玻璃門，透過玻璃可以看到籠子裡有大蛇。

尼爾森和西科爾從籠裡取出蛇，讓它繞過自己的肩膀和脖子。「我的甜心好嗎？」西科爾問了一條名為蒙蒂的蟒蛇。「蒙蒂是乖蛇蛇，對吧？」他說。

「哦，是的，」尼爾森答，他的口吻好像指的是他樓上的博美犬玩偶。不過尼爾森從不會疏忽警惕，即使他讓這些蛇的舌頭在自己的眉毛間遊動，他也隨時注意這些蛇的動作。尼爾森帶點興奮地說：「一旦你鬆懈了，這裡的任何一條蛇都可能殺了你。」

西科爾比尼爾森矮幾公分，但他仍有辦法應付這些強壯的動物。因為他從小在馬場長大，以為自己將來一定會當獸醫，他在大學裡的其中一項工作是協助手術後的馬匹康復。

馬有個不好的習慣，它們在麻醉還沒完全失效前就會起身回跳，容易造成跌倒和斷腿的意外傷害。因此在馬能夠安全起身之前，西科爾必須阻止它們跳起來。他會用雙腿纏住馬的脖子，並用雙手緊箍著馬頭。麻醉醒來的馬一開始還很虛弱，無法跟他對抗。等完全清醒後，力量就變得足夠強大，足以甩掉他。

「當馬把我甩掉時，就代表它已有足夠的力量可以站起來。」西科爾向我解釋。而就在西科爾常得與馬摔角的那段日子裡，他決定放棄當獸醫，改讀研究所並開始研究蛇類。

尼爾森白天的工作是當地一家汽車零件工廠的產品經理，下班後他就成了一位捕蛇人。他從小就在阿拉巴馬州的樹林裡捉蛇，當他長

大買了自己的房子，就開始在室內飼養這些蛇。他學會如何幫蟒蛇洗澡，也學會如何混合醋和小蘇打、向冰桶注入二氧化碳，來進行一種無痛殺死老鼠的快速方法。他還學會了如何幫助蛻皮中的蛇，讓它們的皮膚可以順利蛻下。他在 IG 上發布蟒和蚺等蛇類圖片，也常把它們帶到教堂聖經班，教導孩子們不要怕蛇。他說：「這些就是我晚上的工作。」他滿意地看著自己這座蜿蜒的蛇類國度。

他的妻子安柏走進車庫來關心餵食情況。她頂著一頭金髮、戴著水鑽耳環，她告訴我剛開始成為捕蛇人的妻子時，她並不開心，但當尼爾森養的一條蛇生病時，她改變了自己的看法。身為護士的安柏，協助尼爾森保持蛇的鼻孔通暢，以利呼吸。隨著蛇逐漸康復後，每當她在客廳看電視時，蛇便會自在地在她的腿上盤繞。她說：「我想它可能引發了我的母性本能吧。」

有位共同的朋友向尼爾森介紹了西科爾。他們相約見面時，剛好西科爾養的蛇有些已長得太大，不再適合進行研究，他正為這些蛇尋找一個好家庭。尼爾森在地下室裝了新的架子，安柏將西科爾原先為蛇命名的那些毫無感情編號（AL1 與 AQ6 之類），改成「海迪」與「桑森」之類的親切稱呼。

她喜歡西科爾養的所有蛇類，除了其中被她取名為路西華[1]的那條。她說：「你應該知道這個名字代表什麼意思？」

當西科爾和尼爾森讓蛇在自己的脖子上滑行時，他們會評價每條蛇的個性。例如蒙蒂對孩子們很好，或是哪些蛇在黑暗的角落裡最快

1　譯注：路西華（Lucifer），源於《聖經・以賽亞書》，原意為「明亮之星」。早期聖經學者將其指為魔鬼的名字，而被後世沿用。

樂。還有一些蛇已經知道怎麼滑開門閂，或是喜歡爬上吊扇。白化症蟒蛇黛麗拉已經好幾個月沒進食了。尼爾森說：「它每年都有段時間像是被下咒一樣，不過復原時就會大吃一頓。」

接著尼爾森繼續餵蛇，今天的菜單是老鼠，其他日子則是兔子。「兔子的餵食比較輕鬆，」尼爾森說：「我只要給它們兔子，工作就完成了。」有時候他會想辦法為最大條的蛇買到剛斷奶的豬仔。蟒蛇在野外可以輕易吃掉占身體一半重量的獵物，也有過吃鹿和短吻鱷的紀錄。

蟒蛇吃下鹿和鱷魚產生了燃料，這些燃料和人體製造出的燃料一樣，同時也是在安第斯山頂生長的地衣，以及在太平洋深處爬行的螃蟹的燃料。這些生物需要的燃料是由碳、氫、氧、氮和磷組成的分子，稱為 ATP。蛇和其他動物利用食物中的糖和呼吸進來的氧氣，在細胞內部製造 ATP。植物則利用光合作用製造糖，然後將養分用來建立 ATP。某些細菌在陽光下也會產生 ATP，所以它們會在陽光閃耀的海洋表面上漂浮。在地底下還有其他種類的細菌，可以利用儲存在鐵原子中的能量來製造 ATP。

海迪是透過破壞原子鍵來利用 ATP 分子中儲存的能量。當它在籠裡蹓躂時，它用掉 ATP 分子而使肌肉纖維相互移動。它也會分解 ATP 分子，為心臟每次跳動提供動力。還有它的腎臟也需要 ATP，才有能力將毒素從血液中排出。它所有燃料預算中最大的一筆，就是「保持細胞完好」所需的 ATP。

例如細胞需要大量供應的帶電鉀原子來進行許多必要的生理反應。不過由於細胞內含有大量鉀時，細胞周圍便會有強大的吸引力想將這些帶電原子拉出。如果任意讓鉀流失，細胞就會死亡。因此細胞

的相應做法是在細胞表面使用分子幫浦，將更多鉀拉回細胞內部。就像抽水機必須接上發電機的情況，這種鉀幫浦也需要 ATP 來提供動力。每吸入兩個鉀原子，便會消耗掉一個 ATP 分子。且由於這些鉀幫浦必須日夜運轉，因此會消耗大量的 ATP。

海迪身體裡的幫浦和其他動物體內的一樣，只能持續幾天後就會開始磨損。當這些幫浦開始有缺陷，它的細胞就必須將它們剝離，然後建立新的幫浦來取代它們。這項任務會消耗掉更多的 ATP。

海迪的 DNA 裡記載了建造新幫浦的說明。這種 DNA 分子的正確說法應該稱為「去氧核糖核酸」（Deoxyribonucleic acid），是由兩條互相纏繞的長鏈所組成。它們就像是一道具有幾十億階的微型旋轉梯。蟒蛇的 DNA 旋轉梯有十四億階，而人類則有三十億階以上，洋蔥的基因梯則高達一百六十億階。每級台階都由兩個部分組成，這些組成從每條鏈上延伸出來。延伸出來的部分被稱為鹼基，以四個字的字母拼寫出分子的指示訊息：腺嘌呤、胞嘧啶、鳥嘌呤、胸腺嘧啶；或簡稱為 A、C、G 和 T。

鉀幫浦是由三種蛋白質組成。每個蛋白質都由自己的 DNA 片段（一段基因）編碼。為了建立新的鉀離子幫浦，蛇的細胞把酶和其他分子帶到鉀離子通道基因的起點，並逐一讀取鹼基。它們會產生較短的單鏈讀取結果，稱為傳訊 RNA（mRNA）。接下來由讀取其基礎訊息的細胞工廠進行處理，如此 RNA 序列便可導引細胞建構特定的蛋白質。在這種創建下的每個階段，都讓細胞必須用掉更多 ATP。

海迪不僅會製造新蛋白質來替代舊蛋白質，它的身體也在成長。它三年前孵化出來時只有〇·六公尺長，到現在它的體型已長到三倍大。只要它每隔幾週進食一次，這輩子都會持續成長，而它也會消耗

更多燃料。一個細胞光是為了複製一份新的 DNA，就必須用掉幾十億個 ATP 分子。

海迪甚至必須燃燒部分燃料來獲得新燃料，它用掉許多 ATP 來使自己的肌肉撲向老鼠並讓老鼠昏厥而死。它還必須製造消化食物的酶，這些酶也要使用 ATP 才有能力分解獵物。因此所有生物都面臨相同的難題：為了維持新陳代謝，就要付出新陳代謝的代價。不過像海迪這樣的蛇類把這個難題推到了極致。蟒蛇、蚺、響尾蛇和許多其他種類的蛇，生活在「盛宴與飢荒」的循環裡。它們會連續幾週不進食，然後再吞下整隻動物，接著在接下來幾天裡從獵物身上盡可能得到更多 ATP。

一九九〇年代初期，西科爾開始喜歡上這種「生命的煉金術」。當時的科學家對於蛇如何消化獵物所知甚少，沒人能測量蛇在整個過程裡消耗了多少能量，因此西科爾決定自己找出答案，他先從在加州莫哈韋沙漠中抓到的沙漠響尾蛇開始進行研究。他把這些蛇帶到位於洛杉磯的加州大學，他是那裡的博士後研究員。他餵這些蛇吃老鼠，然後把蛇放進一個盒子裡。

這個盒子的目的在測量蛇的新陳代謝率，亦即蛇每小時會消耗多少能量。西科爾依據已知事實：每當蛇消耗 ATP 時，都需要再進行補充。而為了製造新的 ATP，動物需要消耗氧氣。蛇所需的 ATP 越多，對應需要的氧氣就越多。由於西科爾的盒子是密封的，因此每當蛇吸入氧氣時，都會降低周圍空氣的含氧濃度。西科爾會定時在盒子的側面打開旋塞閥孔，插入超大號的注射筒，抽出空氣。注射筒中的氧氣含量，便能讓西科爾瞭解蛇體內的 ATP 到底消耗了多少。

他告訴我：「經過兩天的實驗後，我發現自己得到的這些數據並

不合理。」

　　人類吃完飯後，必須消耗燃料來消化食物，所以會把自己的新陳代謝率提高多達百分之五十，大多數其他哺乳動物也是如此，而西科爾的響尾蛇躍升了大約七倍。西科爾透過這場實驗，打破了動物消化新陳代謝率的紀錄。然而當他把沙漠響尾蛇換成蟒蛇，放入盒中後，很快又打破了這項紀錄。如果他餵蟒蛇吃下約占蛇四分之一體重的老鼠，蟒蛇的新陳代謝率就會上升為十倍。西科爾繼續餵食這些蟒蛇，直到它們吃完所有加起來和自己體重相等的老鼠後，蟒蛇的代謝率竟然增加了四十五倍。如果以馬來做比較，當一匹馬從靜止狀態轉為全速奔跑時，其新陳代謝約增加了三十五倍，不過馬並無法長時間高速奔馳而不疲累。而蟒蛇在消化一頓食物時，可以像賽馬一樣高速燃燒燃料長達兩週。

　　現在西科爾面臨了一個更大的謎團：到底這些蛇如何迅速加速新陳代謝，它們所利用的這些能量究竟拿來做什麼？答案可能要從胃開始看，也就是先讓鹽酸（胃酸的主要成分）分解食物。像人類這樣經常進食的動物，每天都必須在胃裡釋放一些鹽酸。然而空腹的蟒蛇並非如此，它們胃中的液體像水一樣呈現中性。在我造訪海迪的那天，它吞下第一隻老鼠後，它的胃會收到「請釋放大量新鮮酸液」的訊號。因此當老鼠的頭部到達食道末端時，它的胃已準備好開始溶解食物。

　　然而這股酸潮的氾濫只是海迪抓住老鼠後所經歷的其中一個變化。它全身的器官都會開始生長，以應付突然面臨的食物衝擊。西科爾發現一旦蛇吞下獵物後，小腸會經歷其他動物所沒有的變化。小腸的重量在一夜之間增加一倍，小腸上指狀突起物（腸絨毛）的長度則增加為六倍。一旦部分消化的老鼠到達腸道時，就已準備好要吸收葡

萄糖、胺基酸和其他營養物質，並將這些養分輸送到血液中。肝臟和腎臟的重量也必須增加一倍，才能完成儲存營養和排出廢物的工作。蛇的心臟也會增大百分之四十，以便有能力將多餘的糖分和其他營養物質推到身體各處。

不過這樣的發現只會讓西科爾感到更困惑。對於蛇到底如何改變自己的身體，他並沒有很好的答案。蛇類具有與其他脊椎動物相同的基本解剖結構和生化原理。它們的肝臟、胃和心臟的運作方式與人類的運作方式非常相似。不論從神經元到殺死病原體的免疫細胞來看，蛇的細胞都具有與人類體內相同類型的許多構造。它們身上也有許多基因與人類的基因幾乎相同，也就是具有製造出相同激素、神經傳遞物質和酶的編碼。西科爾懷疑蛇之所以能夠如此徹底地轉變自己，並不是由於異常的基因，而是由於異常的身體使用方式。雖然蛇類的基因樂團用了跟人類相同的樂器，但演奏的是不同的樂譜。

當細胞必須執行某項工作時（例如對抗病毒或製造一點骨骼時），會開始讀取某些基因，根據其序列製造蛋白質。其中有些基因編碼的蛋白質，會帶有類似「主開關」的作用：它們可以把其他基因的開關打開。還有些基因編碼甚至是更重要的主開關，例如調節蛋白可能要觸發幾百個基因，以便讓這些基因產生大量的各種蛋白質，這些蛋白質便可合作執行各種複雜的新工作。因此西科爾有一個假設，也就是蛇正在以特殊方式使用其調節蛋白。為了檢驗這種假設，他必須開始追蹤蛇體內的基因活動。不過當西科爾在二〇〇〇年代初開始四處尋求幫助時，遺傳學家告訴他這樣做會徒勞無功。

「我問他們如果想這樣做的話要怎麼辦？」西科爾回憶對方的回答是：「你做不到，因為這要花上很多年。你必須把每個基因組都拉

出來，然後才能研究拉到的是什麼？」

　　二○一○年，西科爾終於找到一個沒有將他拒於門外的人。他遇到遺傳學家卡斯特（Todd Castoe）正開始對爬蟲類動物的 DNA 進行基因定序。當時還在科羅拉多大學醫學院工作的卡斯特，正在學習如何使用新技術讀取基因並檢測其活性。西科爾和卡斯特組成團隊，負責對緬甸蟒的整個基因組進行定序。因此他們現在等於擁有了可以為自己導引的目錄和地圖。

　　現在當蟒蛇改變身體來進行消化時，他們可以追蹤基因的活動了。研究人員可從蛇的身上收集組織樣本，然後從它們所含的傳訊 RNA 中撈出資料。他們還可以查看基因定序的目錄，把傳訊 RNA 與細胞裡產生的基因進行比對。因此，西科爾和他的學生會先餵食蟒蛇，然後將蛇解剖。有些蛇是過了十二個小時、有些則等了一天、還有些蛇過了幾天才解剖。他們把樣品送到位於阿靈頓的德州大學，卡斯特的團隊在這裡分離出蛇的傳訊 RNA。

　　研究人員預計蛇在進食消化上，體內可能必須打開二十或三十個基因組，但事實上，蛇類表現出更大的轉變。在吞下老鼠後的十二個小時內，它們打開了身體各器官中的幾千個基因。透過卡斯特向西科爾發送的電子郵件，西科爾對如此大量的數據不知所措。然而隨著時間流逝，他們開始能解讀。蛇並非打開任意區塊的基因，因為有許多基因只是隨著一般動物身上的熟悉途徑一起工作。某些基因參與生長，其他基因可能對壓力做出反應，還有一些會對 DNA 的損傷做修補。

　　讓一個人類小孩經年累月慢慢成長的相同基因，可以讓蛇在一夜間把膽增為一倍大。蛇類很可能是把相同的蛋白質發揮到極致，或找

到其他方式來加速正常的生長過程。增大的器官雖然能讓蛇完全消化動物，不過西科爾和卡斯特的研究證明蛇類在這種過程裡，身體必須承受很大的傷害。它們的細胞生長過快，產生了變形蛋白質而帶來各種問題，例如帶電分子可能會在細胞周圍遊離而破壞其 DNA。蛇必須修復此類損壞，而這類任務也需要耗費大量的 ATP。

在海迪的細胞裡，這些基因將在它消化食物時持續活躍一至二週。細胞在此過程所發生的化學反應，會把氫加到它吸進來的氧原子上而產生水。它不會因排泄流失水分，而是將水分重新吸收到大腸中，把水循環回體內以維持細胞的水分。

根據西科爾的研究，他估計海迪光是為了消化老鼠，就必須燃燒掉老鼠體內大約三分之一的能量，大約是人類消化一頓飯所需能量的三倍。因為如此快速燃燒掉許多燃料，海迪的體溫隨之升高。從紅外線儀器上觀察，它的血液溫度看起來就像活老鼠一樣高。不過這些能量並非完全浪費掉，因為它的新陳代謝仍然保留了三分之二的老鼠能量。海迪的血液會充滿脂肪酸，濃度高到足以殺死人類。在它整個身體裡，細胞會吸收從獵物中獲取的鈣、胺基酸和糖。它的身體會用來增加一些肌肉、骨骼，並儲存一些新脂肪。

這些能量足夠活到下次尼爾森再給它一隻老鼠，海迪也會在這段期間逐漸還原所有因消化而展開的身體器官。這種奇怪的、像是借來的遺傳網路也將關閉。它的器官會縮回消化之前的大小，腸裡的細胞會收回絨毛。當它進入另一個禁食期時，就會排出老鼠剩下的東西，例如一撮無法消化的毛髮。蛇類的這種極端週期的邏輯很簡單，但和人類自身經驗相去甚遠，即使對受過訓練的科學家來說也感到非常奇怪。西科爾有時會拍攝蛇類開始禁食的腸子照片，然後把照片拿給病

理學家看，他會假意問他們：「這些蛇到底怎麼了？」

「這些蛇生病，應該快死了。寄生蟲已破壞了腸道。」病理學家看完多半如此回答。

西科爾堅持地說：「不，它們很健康。」

西科爾從未打算說服病理學家，告訴他們只是看到了新陳代謝的另一種形式。西科爾說：「這些病理學家通常只會搖搖頭，然後送我出門。」

當西科爾和我準備離開尼爾森家時，海迪仍在成長，鬆散盤繞的蛇體閃耀著發亮的生命物質。我幾乎看不出它吞下的老鼠形狀——那種正在往消化破壞方向慢慢滑行的凸起形狀——所以實在很難讓人相信它是新陳代謝界的奔馳賽馬。再過幾天，當它吸收完所有營養後，海迪的新陳代謝率將再次下降。它仍然需要燃燒一點燃料來維持心跳，以便把帶電原子流入和流出細胞，使自己成長。雖然它的基礎代謝率永遠不會降至零，但會非常接近。

.

.

會做決策的個體
Decisive Matter

雷（Subash Ray）拉開抽屜，拿出一張髒汙的紙。看起來像是他把咖啡灑在便條紙上放幾天不管，然後把紙丟進抽屜而非垃圾桶。不過，現在雷要為我表演魔術。

雷說：「我們要把春天帶進生命裡。」

雷的圓臉上戴著方框眼鏡，身上穿著牛仔褲和POLO衫，衣服上繡了一隻小黑鷹。他講話輕聲細語，以至於當他對我說明自己的工作時，我不得不請他再重說一次。我來紐華克市拜訪雷和他同事，他在這裡的紐澤西理工學院取得博士學位，研究的就是這些汙漬及它們將來會變成什麼樣子。

雷把手伸到很高的架子上，抓起一罐乾燥的藻類提取物，也就是洋菜。他把它放在實驗室的椅子上，就像他正在超市裡，椅子是他推的購物車一樣。接著他放上那張像儲存在寶石盒裡小心保管的髒汙紙張，然後找了一個燒杯和一個廚房用的攪拌器。

這張椅子裝滿後，雷把它推到實驗室的另一個房間裡。我和雷的主管、生物學家加尼爾（Simon Garnier）跟著一起進去。加尼爾是一位留著紅鬍子的法國人，喜歡穿連帽衫和玩歐洲手球。他解釋歐洲手球「就像陸地上的水球」，不過對一個毫無頭緒的美國人來說，這種解釋沒啥意義。

　　雷把東西拿到水槽，在那邊裝滿一個電熱水壺，然後打開開關。並把燒杯放在實驗檯上，等水變熱之後再把燒杯倒滿水。然後把一些洋菜倒進去攪拌，發出敲擊燒杯的噹噹聲。接著他把攪拌好的混合物倒入一個空的培養皿。

　　當洋菜混合液在培養皿中冷卻成牢固的膠床後，雷拿起一把鑷子，將沾了汙漬的紙從玻璃盒取出，放到培養皿上。他把它壓在洋菜膠上，滴了一點水。

　　現在雷把椅子從水槽邊移開，推到一個沒有窗戶的房間。這個房間悶熱潮濕，因為許多生物都喜歡在潮濕環境下生長。房間靠牆的桌上放著很大的白色盒子，雷旋轉了其中一個盒子前面的旋鈕，並像門一樣往上打開。在盒子內部可以看到一對金屬導軌，上面裝了三個向下照的攝影鏡頭，裡面還裝有燈光。雷把帶有汙漬和黏糊糊的培養皿，移到其中一台攝影機的下方。

　　加尼爾坐在筆電前輸入指令。不久後，盒子內部亮起白色光芒，接著相機拍照。當盒子再次變暗時，我們離開了房間。照相機的設置會每隔五分鐘為培養皿拍攝一張新照片。

　　當天晚上，加尼爾帶我去和他的一些生物學家同事共進晚餐。我們沿著雷蒙德林蔭大道漫步。整條街上充滿了各種人類生活和建築，包括小小的美甲沙龍和大型倉庫等。空蕩蕩的裝飾藝術建築供出租，公車站則擠滿候車的乘客。我們散步抵達一家精品餐廳，圍坐在一張木桌旁，大聲討論著每位生物學家專研的各種生物。他們談到了蠕蟲的神經系統，大小就像逗號一樣；也談論了斑馬魚的透明身體。在此同時，加尼爾實驗室裡的照相機則整夜閃爍著。

　　第二天早上，我回到位於中央國王大廈的實驗室，然後大家再次

進入潮濕的照相室。我們看著培養皿裡的汙漬消失了，取而代之的是檸檬色的斑點。斑點溢過了紙的邊緣，散布在整個培養皿裡，並長到一美元硬幣的大小。加尼爾微笑地看著這些變化。

「好吧，它們還活著，」加尼爾說：「雖然移動不遠，但確實還活著。」

當我仔細觀察斑點時，可見到它們其實長得很像細長樹枝狀的灌木叢。就在一夜之間，汙漬變成觸手般的網路，從培養皿中央放射出來。這些觸手不斷分裂，甚至當我低頭看它們時仍在分裂，不過過程很慢，因此我這顆注意力不足的大腦無法察覺這種細微變化。

雷帶來的這種生物是「多頭絨泡菌」（*Physarum polycephalum*），也被稱為多頭黏菌。你在紐華克的街道上可能找不到黏菌，但在只需多走幾公里就能抵達的郊區，那些樹木繁茂的保護區如鷹岩或大沼澤地裡，只要是在溫度適當且潮濕的夏日，就能在這裡的腐爛枯木上，看到黏菌的金色網狀或蘑菇帽狀結構。在地球上各式森林裡幾乎任何地方，都可以找到絨泡黏菌或其他幾百種黏菌之一。它們奇異的外表激發了各種以噁心物命名的俗稱，例如「狼奶」或「狗吐了」等。

經過夏季的生長後，絨泡菌會產生孢子好為度過冬季做好準備。孢子能在寒冷環境下存活，黏菌的剩餘部分則變成死去的黑殼。等到來年春季，孢子又會開始重新生長。如果夏季發生了意外災難（乾旱或樹木倒塌，使森林地面暴露在強烈陽光下），絨泡菌便將採取緊急措施，讓整個身體變乾，成為一種乾燥易碎的形式，稱為菌核。菌核剝落成碎片並被風吹走，如果有碎片落在潮濕的地面上，它就會恢復生命。黏菌研究人員只需將一小撮活的絨泡菌放在一張濾紙上，待其乾燥後即可製成菌核。這些菌核可存放幾週甚至幾個月以上。只要他

們把菌核放入加了洋菜膠的培養皿中滴上水，這些菌核便能再度萌發
生命。

這種甦醒的速度太過緩慢，肉眼無法察覺。幸好加尼爾的照相機
會在夜間持續拍攝，為雷的黏菌製作出一部精彩的停格動畫影片。影
片裡，這些汙漬變成金色，從紙的一側邊緣膨脹開來，並在洋菜膠上
擴展。當天稍晚，紙張對面的黏菌觸角也開始擴散了。而現在黏菌已
在培養皿裡充分擴散了。

這種運動方式並不是重力作用的被動形式，因為黏菌並非像水滴
擴散，它所展現出來的是生命的標記：亦即利用自己儲存的燃料、自
己的蛋白質、自己的基因中的編碼邏輯（就像所有生物體內相同的組
合方式）來決定下一步該做什麼。彷彿有人告訴它該怎麼做似的，讓
黏菌也具備了獵食的能力。

與加尼爾合作的研究生和博士後研究人員是一個各司其職的團
隊。有些研究人員去了奈米比亞，把發報項圈戴在狒狒身上，追蹤移
動並記錄它們的咕噥聲。因為他們正在研究狒狒如何溝通彼此的位置
訊息，用聲音使其他狒狒群聚在一起。而在巴拿馬也有一位學生正在
研究行軍蟻的百萬大軍，如何利用它們的身體創造一個行動蟻窩，還
包括蟻后可以居住的房間。這種「決策」的概念讓人想起人類大腦：
龐大、複雜、產生關於未來的各種思考等。人類的大腦比螞蟻大腦大
了幾萬倍，但螞蟻可用身體與同伴共同建造房屋。黏菌雖沒有大腦，
卻能將生命決策提煉成最精純的本質。加尼爾對我說：「黏菌讓我最
喜歡的，就像是回到了智慧的起點一樣。」

黏菌會在森林裡尋找細菌和真菌的孢子。它的指狀管穿過原木和
土壤，直到發現獵物為止。當它爬到獵物身上時，便會滲出消滅細胞

的酶，接著喝掉獵物的殘骸，加尼爾說：「就像一個移動的胃。」

當雷把回復生命力的黏菌拿給我看時，它正開始尋找新食物，但培養皿裡並沒有它能找到的食物。為了讓我看看黏菌如何發現它們的下一餐，雷又準備了新的培養皿，這個培養皿裡是有食物的。他在洋菜膠上放了三小塊燕麥片，就像三角形的三個角一樣。

雷說：「只要可以拿來煮粥的東西，都可以拿來培養黏菌。」我看一下四周，發現實驗室架子上有一整排桂格燕麥片罐子，上面的人像圖案低頭微笑地看著這群科學家。

加尼爾說，就黏菌而言「它們喜歡傳統食物」。更正確地說，它們最喜歡吃以老式細菌方式生長的細菌，何況世界上沒有哪種早餐麥片是完全無菌的。

雷在盤子中央放了一小撮絨泡菌。雖然它看不見燕麥片，但它可以聞到從燕麥片擴散出來、透過洋菜膠散布的糖和其他分子的味道。當黏菌的管子從中心開始分散時，管子表面上的蛋白質吸收了這些訊號，然後它會使用一組「簡單規則」尋找食物。

當每個觸手移動時，會比較路徑中不同點的分子濃度。如果濃度下降，黏液便停止在該方向上繼續伸出觸手。如果濃度上升，它便繼續探索該方向。因此這種策略可以讓黏菌在盲目的情況下，成功找到所有燕麥片。在雷把絨泡菌放到盤中幾小時後，它的觸手已完全包裹了三個燕麥片，並把它們變成了金色。

黏菌讓科學家看到在沒有大腦發布命令的情況下，生命的決策能力可以靠簡單的生物化學方式產生。他們發現黏菌賴以繁衍的一整套優雅規則，為了向我展示黏菌這種令人印象深刻的能力，雷為我重做了一項實驗。這是由加尼爾以前的學生於二〇一二年首次進行的實驗：

他為黏菌打造一條死巷。

這種死巷蓋起來很簡單。雷先用剪刀把醋酸鹽膠片（acetate、底片的原料）切成像這樣「|_|」的尖銳形狀。然後把醋酸鹽膠片放在一個盤子上。黏菌只能在潮濕的表面上行進，這意謂著乾燥的醋酸鹽膠片就像一堵高牆般無法通行。

接著雷在這條長長的死巷開口處放了一小匙絨泡菌，而在死巷底圍牆背後滴了一滴糖。醋酸鹽膠片死巷的牆壁就擋在糖與菌之間。但是糖的味道可能會在死巷下潛行，在洋菜膠中擴散其香味，誘惑著絨泡菌，將它吸引到死巷中。

隔天我們回來查看這隻黏菌時，它已逃脫了。後來我播放整夜過程的影片來看，感覺自己就像是警衛正在追蹤犯人越獄的過程。黏菌沿著糖的氣味進入死巷，撞到醋酸鹽膠片側面牆壁上。但它並未放棄，觸手開始向任意側發芽延伸。最後它的左側分支到達了死巷底的牆壁，然後就開始往回轉，離開了這條死巷。接著這些觸角四處碰轉，最後沿著死巷外側找到了牆後的糖。

黏菌使用一種無腦的記憶來控制這種逃逸。它們會不斷發出探測觸手，檢測不到食物信號增強的觸手就會收回。而當它們往後退回時，觸手會留下黏稠的外表。因此絨泡菌可以感知自己移動過的踪跡，並讓新的觸手避開它們。這種「體外記憶」使黏菌能超越糖的吸引。它並不是把多頭的觸手拿來對抗醋酸鹽膠片牆，而是從死巷中移出並探索新的食物路徑。人類需要大腦來幫助記憶，但絨泡菌沒有這樣的器官，相反地，它等於儲存了自己在外部世界裡的經驗紀錄。

黏菌還能解決更複雜的問題。例如有位名叫中垣俊之的科學家，發現黏菌可以找到穿越迷宮的「最短路徑」。他用塑膠薄板切出通道，

將這些塑膠片放置在洋菜膠床上搭建出一個迷宮。他和同事在迷宮起點放了一塊覆蓋著黏菌的燕麥片，並在迷宮終點放了更多的燕麥片以方便黏菌尋找味道。黏菌開始在迷宮中散布，沿著所有可能的路徑延伸觸手。一旦在迷宮終點發現燕麥片時，便立即開始進食兩端的食物，同時也收回其他端點的觸手狀分枝。最後這些黏菌便形成單一線性的一條直通管，繪製出穿越迷宮的最短路徑。中垣還設計了另一種迷宮，讓黏菌可以透過四種可能路徑抵達食物。最後他發現黏菌總是會集中在最短的路徑上。

有些科學家為黏菌提供其他的難題，都比它們在森林地面上生活的相關問題來得更難。在自然界中，黏菌並不需要在迷宮兩端尋找食物。相反地，它們可能比較常會遇到一大堆散落在原木上的食物。如果黏菌可以一次吃完所有食物，它們的生長就會更快。但是要努力找到所有食物，必須支付本身觸手狀分枝的新陳代謝成本。如果延伸出太多太遠的觸手，消耗的能量便可能超過從食物中獲取的能量。

事實證明，黏菌非常善於找到有效解決問題的方法：它們可以很快找出獲取不同處食物的最短路徑。中垣和其他黏菌專家進一步實驗，觀察黏菌如何處理這些複雜的選擇。他們在更大的盤子撒上燕麥，然後觀察絨泡菌的解決方案。結果這種黏菌並不是建立單一曲折的管狀路徑，而是建立出一個以最短距離連接燕麥的「網路」。在其中一個實驗裡，科學家製作了一張美國地圖，把燕麥片放在代表地圖裡最大的一些城市上。結果黏菌路徑形成的外觀，竟然類似於美國的州際公路系統。他們也對東京地鐵和加拿大的交通網路進行類似實驗。對於數學家來說，答案非常令人不安，因為黏菌在幾天內就解決了這種問題，而人類為此可忙了幾個世紀之久。

　另一個幾十年來一直困擾著數學家的難題是「背包問題」（Knapsack Problem）。請想像一下你正在準備徒步旅行，必須決定在背包裡攜帶的物品。你可以從很多對旅行有用的不同項目裡進行選擇。不過你必須考慮到放入物品的重量，因為你只背得動有限的物品。也許你會在背包裡塞進一副紙牌，這樣就可以在下雨天的山裡玩牌打發時間。然而你不可能因為害怕無聊，就在背包裡裝進十八公斤重的皂石雕刻西洋棋盒。數學家將這種背包物品的選擇，精簡成一種純粹的抽象形式，也就是你可以打包一組物品，每一項物品都有一個實用價值和一個重量值。現在，你必須找到在特定重量下具有最大實用價值的物品組合。

　現實生活裡有許多企業都面臨著背包問題的現實版本。航空公司希望找出如何裝載飛機貨物的方式，以便能以最少的燃料運送最有價值的貨物。金融公司也必須尋求最佳途徑，以便將資金分散在具有不同潛在回報的投資中。然而並沒有簡單的方程式可以解決這種背包問題。現在，研究人員已在各種報告裡提出可以讓我們接近最佳解決方案的策略。

　法國土魯斯第三大學的科學家杜蘇圖爾（Audrey Dussutour）和她的同事發現，如果把黏菌尋找食物的方法進行改良，就能完善解決背包問題。絨泡菌為了盡快生長，需要攝入蛋白質和碳水化合物。事實證明對黏菌來說，最好的混合食物是兩份蛋白質配上一份碳水化合物。杜蘇圖爾為絨泡菌提供了兩種混合食品供其選擇，兩者都是不符理想的比例，一種是九份蛋白質配一份碳水化合物，另一種則是一份蛋白質配三份碳水化合物。如果絨泡菌抵達到了第一份混合食物並吃下，它將無法獲得足夠的碳水化合物，而第二份混合食物將使它缺乏

足夠的蛋白質。

結果絨泡菌成功地把杜蘇圖爾提供的兩項錯誤選擇，變成一個好的選擇。它的觸手同時找到兩者，最後它的網路結合成為連接兩個食物供應處的高速公路。不過這兩種選擇混在一起，並無法使黏菌獲得最理想的飲食效果。杜蘇圖爾發現在富含蛋白質供應的那一側，黏菌生長的更快。當杜蘇圖爾分析實驗結果時，發現黏菌最終的飲食結果，相當接近理想的蛋白質與碳水化合物「二比一」的比例。因此在其他實驗裡，她嘗試了更多樣的食物比例組合，而黏菌總是能想出如何平衡食物比例的方法。換句話說，它們學會了如何在背包裡塞入合適的物品。

隨著黏菌研究人員進行更多實驗後，他們更瞭解絨泡菌群如何在森林中生長。它們會吸收所有觸碰到的一切訊息，每當遇到細菌和孢子豐富的地方時，便可將自己轉移到這些大餐上。如果觸手碰到陽光照射處，便會拉回到樹蔭下。因此它可以像數學家一樣精確調整自己的網路，以最低能量成本獲取大量食物。這種策略的效果很好，在合適的條件下，黏菌可以長到像地毯一般的大小。

當我問加尼爾這些黏菌到底如何解決問題時，他聳了聳肩說：「歡迎來到美麗的黏菌世界，大家知道的都不多。」

但他的一位研究生哈克（Abid Haque）很樂意向我展示他和加尼爾認為可能是解答的地方：在它們金色管狀物中。

來紐華克做研究前，哈克一直在印度理工學院學習成為一名機械工程師。結果遇上一個暑期研究項目把他吸引到絨泡菌的國度裡，現在他正在加尼爾的實驗室攻讀博士學位。我們見面的那天他穿著一件黑色 T 恤，上面的圖案像是一幅維多利亞時期雕塑風格的黏菌圖案：

金銀花絲般的孢子籠，蝌蚪狀的性細胞及看上去像彈性樹木的絨泡菌網。

哈克小心翼翼地把一英寸長的黏菌觸手撕開，拿到昏暗的顯微鏡室。他安靜地旋轉顯微鏡上的旋鈕幾秒後說：「哦，這個相當不錯。」

當我低頭看顯微鏡時，眼睛花了點時間適應，大腦則花了更長時間才搞清楚我應該看到的東西。接著在一轉眼間，我看到了一條綠色河流。流水帶著顆粒傳播，有些顆粒較暗，有些則較亮。我觀察的同時，這條河流慢了下來，顆粒像到站後停下來。靜止片刻後，河流開始逆轉，將這些顆粒推向另一側。

比較亮一點的顆粒中包含酶，被黏菌用來分解食物與執行其他任務。而比較暗的顆粒則是細胞核，小囊裡保存著基因。人類的細胞也有細胞核，通常每個細胞只有一個細胞核。當細胞分裂時，便會形成一個新核，以便讓每個新細胞都有自己的一組 DNA。黏菌同樣也會產生新的細胞核，但它們不會費心把細胞分成兩部分。它們的做法是每個黏菌（不論是在培養皿上延伸的或是在整個森林地面上散布的）都是一個單一的巨大細胞。

「最令人難以置信的是，這只是一個細胞。」加尼爾說。

絨泡菌在希臘語中是「小風箱」的意思。這個名字的靈感可能是早期博物學家觀察黏菌的金色網狀構造時，用肉眼所能看到的脈動情形。早期的黏菌科學家無法確定它們膨脹的原因。直到二十世紀後，生物學家才首次有機會瞭解黏菌的分子構造。

黏菌的每個管子都包裹在絲狀的微觀骨架中，不過它並不像艾菲爾鐵塔那種剛性桁架結構。黏菌會不斷建立新骨架並拆除掉舊的部分。就像肌肉一樣，這些絲線也具有鉤狀結構，可把自己綁到其他絲

線上，讓這些黏菌管收縮。如果鉤狀物掉落，絲線便會滑脫，黏菌管壁便會鬆弛。

這種持續擠壓與鬆弛，讓整個絲線網狀結構像心臟一樣跳動。這種跳動把顆粒推成波浪狀，波浪便會在整個網狀結構上波動，互相碰撞而形成更複雜的網路。

哈克和加尼爾想知道這些波動是否可以作為單細胞黏菌的「訊息」中繼物，藉此讓整個細胞瞭解周圍環境，再把這些發現合併到以波動為基礎的龐大計算中，讓黏菌決定下一步要做什麼。

為了破譯這種波動語言，哈克先從一個簡單實驗開始。他剪下幾英寸長的黏菌管，把它們放在培養皿裡，讓波浪雙向傳播相同的距離。接著哈克把食物放在兩端，一端富含燕麥片，另一端的燕麥片較少，因此不是理想的食物。黏菌感測到這兩種食物並向兩個方向延伸。當它碰觸到這兩種食物時，波浪發生了變化。

哈克和同事發現管中的波浪會更傾向移動到好食物而非不良食物上。隨著這些波浪變化，黏菌本身也發生變化。餵食好食物那一端的骨架線脫落，形成膨脹的一端。而如同某些研究人員所推論的，以不良食物為食的另一端黏菌管，其末端管壁變硬。整個結果便是黏菌從劣質食物中爬離，轉頭吞食較好的食物。

「這就像是當你到達了一個很好的地點時，你把肌肉融化掉，」加尼爾對我說。「不過沒關係，因為你正待在一個好地方。」

加尼爾認為一旦黏菌到達一個好地方，融化結構就像一種智慧的判斷。對他來說，智慧並不是智商測試的成績或學習荷蘭語的能力。它代表的是生命的一種標記：亦即對於不斷變化的環境形成反應的能力，如此來繼續維持生命。

　　「跟任何生物體相比，黏菌的表現比起隨機行為來得更優秀。」加尼爾說。人類有個填滿各種東西的大腦，所以表現會比隨機應變來得更好。但對於較簡單的生命形式而言，需要的可能就是在蜂窩狀網路中來回波動的微粒。加尼爾說：「黏菌是將這種原則推向極致的生物。」

維持生命條件的恆定
Preserving Constant the Conditions of Life

在紐約州阿第倫達克山脈一個下雪的早晨裡，我跟著生物學家赫爾佐格（Carl Herzog）和麗茲科（Katelyn Ritzko）一起爬到山上的一個廢棄石墨礦區，他們在一條寒冷溪流旁的礦井邊停下來。

赫爾佐格和麗茲科開始穿戴進入礦坑內的設備，我也盡量按照他們的做法。先逐腳脫下登山靴，然後讓穿襪子的腳踏進涉水褲裡，並避免絆倒。我們戴上有頭燈的安全帽，脫掉法蘭絨和羊毛外套。因為現在必須把身上防雪和冬季防風衣物換成對抗冷水和鋒利岩石的防禦裝備。赫爾佐格詳細列出我們在礦山內部可能遇到的風險。「絆倒和滑倒是最大的威脅，」他說：「還有千萬不要觸碰坑頂。」

在赫爾佐格提醒的同時，麗茲科把她的鉛筆和筆記本放在涉水褲的口袋中，並檢查各種設備裡的電池。

「準備好出發了嗎？」赫爾佐格問她。

她回了一聲：「塔利—厚！」[1] 於是我們踏入寒冷的溪流，進入礦坑。

當我們踏水前進時，雪地的反光開始變得模糊，礦山牆壁傾斜呈

1　編注：塔利—厚（Tally-ho），原為獵人用語，表示看到獵物的提醒。之後也被軍隊、科學研究單位使用，表發現目標物之意。

鋸齒狀。經過一夜大雨和早晨下雪，水從懸垂的山坡上不斷流下。當水流沿山壁流入礦坑時，就會形成冰凍的鐘乳石和石筍。而當我們進一步深入礦坑時，坑裡變得暗淡，地上的水流結了厚厚的冰，看起來就像窗戶一樣透明。

麗茲科從小溪流中爬出來，靠著右邊的牆再沿著狹窄鬆散的岩石步道前進。不過赫爾佐格想近距離觀察洞穴左側，因此他爬上透明的冰，每一步走來都觸目驚心。

「就算我踩穿了冰，我身上的涉水裝已穿到胸口，所以不必太擔心，」他邊走邊說著：「不過這樣竟然可以讓人產生如此大的焦慮感。」

赫爾佐格用手電筒掃過牆壁，什麼也沒發現。於是他小心翼翼地離開結冰的地面加入我們，大家一起走進黑暗中。

我不得不提醒自己並非走在自然形成的洞穴，而是走在一個巨大的人造洞穴裡。十九世紀中期，喬治湖周圍的伐木工人注意到原木滑道中有一種深色礦物，後來發現是石墨沉積物。因此這些伐木工人迅速把自己變成礦工，挖進山坡裡，拖出石墨來製成鉛筆和可當金屬熔爐的坩堝。我們正進入的礦山靠近喬治湖畔的海牙鎮，礦區已發展成由崎嶇不平的隧道、緊密的通道和許多邊室所組成的坑道網路。這些礦工挖坑道時，有時會把高大的木材搬進來支撐坑頂，因而在地底下建立了尚未完全死透的樹林。

紐約石墨熱潮持續幾十年後便退燒。二十世紀初期，這些礦工從支撐礦山的木材裡抽出一部分出售，接著便完全放棄開採。經過一個多世紀後，現在我只能看到當時留下的一些遺跡。在坑內四周的木材森林中，有一些散落在礦坑中的小岩石堆。地上有繩子從一條深長的

隧道延伸過來，看來像是為黑暗中迷路者找路用的導繩。

當人們拋棄礦區後，各種元素慢慢收回了土地的所有權。水讓地上的鑿痕變成光滑的石頭表面，並用被稱為「洞穴培根」的沉積水紋裝飾了坑頂，使其有如絲帶般的紋路。以前沒被礦工們拉出的木材，紛紛碎落掉進坑內小溪中。赫爾佐格指出了部分倒塌的天花板和牆壁，堆積了許多新落下的岩石而擋住通道。

「希望我們在裡面時，不會發生這種情況。」赫爾佐格說，他警告我不要碰這些木頭：「只要輕摸一下，很可能就會讓它們掉下來。」

赫爾佐格和麗茲科的手電筒光束在牆壁和坑頂上下移動，照進每個凹處，深入裂痕之中。雖然這個寒冷的岩石迷宮似乎讓此地看來毫無生氣，但經過一個小時的洞穴探勘，麗茲科的手電筒光束停了下來。我越過一塊鬆散的岩石，走到她站著的地方，然後跟著她一起看。大約在眼睛的高度，我看到像是一顆毛茸茸的梨子，在石頭表面擺來擺去。

「這是北方長耳蝙蝠。」麗茲科輕聲說。

蝙蝠的臉緊貼著冰冷的坑壁。我可以辨認出從它頭上伸出的楔形耳朵，及像錨一樣張開的小腳。

我小聲問：「它們要如何維持倒掛在上面？」

麗茲科說：「它們的腳踝具有鎖定機制，所以掛在那裡幾乎不會消耗能量。」

我還想知道：「它真的在呼吸嗎？」

「它在呼吸，」麗茲科輕聲說道：「只是一切都變得很慢。」

我們現在觀察到的蝙蝠是在大約四到五個月前飛入礦坑。它找到掛在岩壁上的這個地方，且整個冬天一口食物也沒吃。然而再過幾週，

蝙蝠便會飛出洞外，享受幾個月的春季和悶熱的夏天。即使在最熱的日子裡，它也不會讓自己被烤焦。它有可能感染病菌必須抵抗，也可能遇到一個糟糕的狩獵之夜，找不到任何食物，但還不至於餓死。當它追趕獵物時，它的心臟可以積存血液而不會把太多血液推入頭部造成腦壓過高。秋天時，它會回到另一個像這樣的礦坑，準備度過下一個冬天。當我和麗茲科檢查懸掛在我們面前的北方長耳蝙蝠時，我驚訝得知，就在如此劇烈的天氣循環和難以預測的危機中，這種蝙蝠的壽命還能長達十八年，甚至還有活更久的。蝙蝠和它冬眠的礦區完全不同，毫無生氣的礦坑正逐漸坍塌。在幾十年內，季節造成的侵蝕力量也可能會讓礦坑完全從地表消失。然而在腐爛礦井中的這種小蝙蝠，仍會維持著驚人的恆定狀態。

法國生物學家貝爾納（Claude Bernard）於一八六五年寫道：「所有重要的生命機制，無論差異多大，都只有一個目的：保持身體環境恆定的生命條件。」貝爾納指出人類的內部環境主要是水分，當人體水分供應不足時，我們會感到口渴而補充水分。一九二六年，哈佛大學的生理學家坎農（Walter Cannon）更新了貝爾納的概念，並為此概念取了一個較為現代的名稱：「體內恆定」（homeostasis）。

體內恆定並非論斤秤兩的物理性事物，也不是像形成 DNA 或蛋白質分子之類的特定原子組成。相反地，這是一種可以在生物界找到的原則，也可同時在各種層面上適用。例如對蝙蝠來說，這項原則存在於它們的細胞、器官，甚至飛行中。

儘管很少人可以看到山洞中冬眠的蝙蝠，但大家經常會在溫暖的夜晚看到蝙蝠，在昏暗燈光下追逐蜉蝣或飛蚊等昆蟲。即使天色變暗，蝙蝠也能飛行，甚至在看不見的黑暗中，一夜飛行幾百公里。它們可

以保持飛行便是因為空氣形式的恆定。

蝙蝠在飛行時拍打著巨大的膜狀手。當它們向下拍動時，周圍的空氣會形成圍繞翅膀循環的渦流。每次翅膀向上時，都會像旋轉的甜甜圈一樣甩出一些空氣。這些漩渦的物理分析相當複雜，以至於科學家尚未完全瞭解其基本原理。但結果很明顯：翅膀上方的壓力隨著下方壓力的增加而下降，因而產生向上的升力。

蝙蝠透過調節拍動翅膀的時機，張開或閉合細長開爪的手指，收縮一些膜翼形肌肉並放鬆其他手指，並透過後方隱約可見的漩渦氣流，精確地抵消重力，甚至可以原地懸停。如果懸停的蝙蝠傾斜翅膀，便能將部分升力轉變為推力，讓自己的身體射向前方。北方蝙蝠和其他以昆蟲為食的蝙蝠在空中追趕昆蟲時會發出叫聲，傾聽獵物反彈的回聲來引導追捕方向。因此有許多蝙蝠獵捕的昆蟲，發展出能夠聽到蝙蝠回聲定位的能力，昆蟲會嘗試突然轉彎以逃脫。然而蝙蝠可以折疊手指，跟著做出急轉彎的動作來繼續追趕。

蝙蝠的飛行等於隨時冒著掉落的風險，一旦空氣漩渦從身上剝落，它們就會像石頭一樣掉下來。因此蝙蝠依靠空氣的動態平衡來維持自己的空中飛行。這種飛行恆定的其中一個祕訣，便是在蝙蝠無毛的翅膀上散布許多細小毛髮。當氣流在蝙蝠周圍移動時，毛髮便會隨之搖擺，這些毛髮顫動會被轉換成電流信號傳遞到蝙蝠大腦，蝙蝠便能感受到空氣漩渦即將消失的警告信號，於是立刻調整翅膀的形狀和曲線，以使空氣漩渦始終緊貼身體。

蝙蝠也要經常承受不經意吹來的強風，且每天晚上成群蝙蝠從山洞衝出時，還經常會相互碰撞。由於蝙蝠身型非常小（北方長耳蝙蝠的體重大約是一個空信封的重量），這些干擾很容易讓它們失去平衡，

讓它們失速並墜落。

　　那蝙蝠為何不會一直從天上掉下來呢？生物學家斯沃茲（Sharon Swartz）很想知道答案，她在布朗大學建立了一個實驗室，可以每秒高速拍攝一百張照片，讓她和學生拍攝飛行中的蝙蝠。他們在實驗裡加了一個可以對飛過的蝙蝠發射空氣的管子。當空氣擊中蝙蝠的翅膀時，會讓它們的身體擺動大約四分之一圈。

　　斯沃茲發現在不到十分之一秒的時間內，蝙蝠就能恢復正常的飛行狀態。仔細觀看連拍串成的影片後，她發現了蝙蝠玩的把戲。如果吹氣讓蝙蝠向左滾動，它就會伸出右翼，強迫身體轉回來。當蝙蝠回復平穩時，兩個翅膀的旋轉力彼此完美抵消，立刻恢復為平衡狀態。

　　工程師們應該很熟悉這種方式，因為這和汽車定速控制系統的原理類似。當駕駛為車輛打開定速開關時，車輛並非簡單地固定引擎每秒轉數，而是在感知速度時不斷進行調整。如果汽車正在下坡，速度增加，感應器便會讓汽車減速。但它並不只是繼續減速，一旦汽車降到設定速度以下時，它就會再次緩慢加速。工程師稱這種系統為「負回饋迴路」（negative feedback loop），亦即一旦受到干擾，該迴路便會自動拉回到設定點。

　　負回饋的表現不只在維持蝙蝠的飛行狀態，還會為蝙蝠維持體內的化學平衡。如同蛇或其他生物，蝙蝠的飛行也需要燃燒能量。蝙蝠從吃的昆蟲中獲取燃料，然後將其轉化為糖和其他營養物質。蝙蝠並不會在每餐後讓糖的供應無限量增加而燒完燃料，它會讓血液中糖的濃度保持在狹窄範圍內。如果血糖濃度升高，便會觸發胰島素讓多餘的能量儲存在細胞中。而當血糖濃度降低時，也有激素可以讓糖釋放出來。

還有其他的負回饋能讓蝙蝠體內的鹽、鉀、酸度保持恆定。蝙蝠就和人類或其他脊椎動物一樣，具備一個由跳動的心臟所驅動的循環系統，需要穩定的血壓以進行工作。為了保持其設定點，蝙蝠使用負回饋來放鬆與收縮血管。因此當蝙蝠飛行時，便能維持體溫的穩定。如果蝙蝠過熱，循環系統可以把多餘血液流入皮膚，讓多餘的熱量擴散到空氣中。而當蝙蝠體溫過低便會燃燒脂肪，讓自己的新陳代謝進行調節。

蝙蝠的演化大約在六千萬年前，當時地球還是一個相當溫暖的星球，連南極都充滿了森林。現在地球上大部分地區的溫度都比當時來得低，因此現存的一千三百種蝙蝠中，大多數都生活在熱帶地區。不過其中有些種類，例如我們談到的北方長耳蝙蝠，已適應了靠近極地的生活。在這些地方的蝙蝠必須忍受漫長的冬季，沒有昆蟲可以捕捉，沒有花蜜可以啜飲，也沒有水果可以享用。更糟的是，在每個冬天的寒冷氣溫下，蝙蝠都需要額外的能量來保持身體溫暖。

因此這些蝙蝠演化出一種非凡的策略，可以在這些嚴苛的環境下成長茁壯。熊、地松鼠及某些種類的蝙蝠，也都使用了同樣的策略：冬眠。換句話說，蝙蝠可以重置其體內恆定來符合新的設定點。

經過夏季的忙碌狩獵後，這些北方長耳蝙蝠開始探訪洞穴和礦坑，尋找異性伴侶。每到傍晚，它們會再次飛入黑暗中尋找更多食物，以便將能量儲存在體內，好度過冬天。六克重的北方長耳蝙蝠身上可能會增加兩克的脂肪。請想像一下，它們等於只用半茶匙奶油來度過五個月的飢荒。接著，蝙蝠最後一次選擇洞穴或礦坑，並以冬眠的形式在裡面度過整個冬天。它們會把自己的腳夾在牆上倒掛，然後減緩呼吸。一個小時內，它們的體溫驟降，身體變得像周圍的礦坑空氣一樣

寒冷。

當我和麗茲科檢查眼前的北方長耳蝙蝠時，她在自己的筆記本上寫下幾則注記。完成後，她將手電筒燈光移向洞穴下方，發現了更多蝙蝠。我走到赫爾佐格旁邊看，他也在尋找自己研究的蝙蝠。因為這個礦坑不僅是北方長耳蝙蝠的家，還有其他種類的蝙蝠，例如小棕蝠、大棕蝠、小腳蝙蝠，甚至是稀有的三色蝙蝠。

對我來說，它們看上去都很相似，赫爾佐格對我解釋它們之間的細微差異，包括耳朵的形狀及用腳抓住石頭的方式。解釋幾次後，他讓我自己去辨認蝙蝠，結果我一猜就錯。

赫爾佐格當然會原諒我。他說只要一陣子沒看蝙蝠，他也會搞混：「坦白說，這是一項容易遺忘的技能。」

我們現在已找到許多蝙蝠，因此可以看出一些模式。例如這個礦坑裡充滿了不同的設定點，某些物種在坑口附近較為常見，這裡有外界的空氣流通，較冷也較乾燥。而在礦坑裡停滯的空氣是涼爽而非寒冷，潮濕到足以讓我的眼鏡起霧。我們發現一隻小棕蝠選擇了這個地點。由於水滴凝結在它的皮毛上，讓它看起來就像一隻銀色的蝙蝠。

當這些蝙蝠在幾個月前開始冬眠時，冬眠機制讓它們擺脫了保持溫血所必須的辛苦狩獵工作。此刻與其保持較高的體溫，不如讓自己適應周圍的空氣。如果它們是在外面的樹上懸掛的話，冬眠策略無疑將會是自殺的行為，因為冬季的嚴寒會凍結它們的身體，破壞體內細胞。而懸掛在洞穴裡，懸垂的岩石和土壤可以隔開寒冷，它們在洞裡承受的是寒冷但恆溫。事實上，它們等於利用了礦坑本身的恆定來幫助自己。

這裡的蝙蝠也不需要飛行燃料，因為它們放棄狩獵，直到春天來

臨。那些在秋天交配過的雌性尚未懷孕，它們會把精子儲存起來，到了春天才讓卵子受精。接著它們便能捕捉新鮮的食物來滋養飢餓的胚胎。

　　儘管如此，在這裡以冬眠方式過冬的蝙蝠身體裡仍富有生命力。它們持續吸入少量氧氣以燃燒 ATP 分子，也仍需呼出二氧化碳，以防止血液變得過酸。而每次呼氣都會吐出一點水分，翅膀也會蒸發更多水分。不過它們一天中流失的水，並不會讓它們處於危險之中。大約要過兩、三週的時間，它們才會感到體內恆定帶來的壓力。

　　當蝙蝠感覺到這種缺水壓力時，就會從冬眠中短暫休息一下，在幾分鐘內加熱回到夏天的體溫。一旦身體變暖，它們就會在冬眠處周圍飛行與喝水。補給完畢後，再度回到寒冷的棲息地繼續休眠幾週。

　　每次蝙蝠被身體喚醒時，都會消耗掉越來越多的能量。到了春天，如果一切順利，它們會從冬眠狀態恢復過來，體內的能量處於匱乏的狀態。然而就眼前的情況來看，實在很難想像蝙蝠還有機會重獲新生。它們怪異地僵直著，有單獨掛著的，有一對對掛著，也有一群掛著十一隻蝙蝠。

　　在我無知的眼裡，這邊看起來就像一個擁擠的蝙蝠動物園。但事實上，跟幾年前的蝙蝠數量相比較，我現在造訪的幾乎算是一個幽靈鎮。生物學家在十六年前，即二〇〇四年對此礦區進行調查時，一共數到了一千一百零二隻小棕蝠。而在二〇〇六年左右，情況開始有了變化。當生物學家造訪奧巴尼附近的冬眠蝙蝠時，發現在入口附近散布著許多蝙蝠屍體。有些被浣熊撿走，有些則掉入積雪堆裡，有些蝙蝠的鼻子裡長滿了真菌。不久後，紐約州附近的其他蝙蝠族群數量開始下滑，接著各州的蝙蝠數量也同樣急劇下降。死去的蝙蝠都被一

種叫「嗜冷真菌」（*Pseudogymnoascus destructans*）的歐洲真菌感染，它致命的白色菌絲使這種病被命名為「白鼻症候群」（White Nose Syndrome）。

這場病奪走了赫爾佐格研究的小生命們。他告訴我：「拯救蝙蝠立刻變成首要任務，其他的研究都排在後面。」有些種類的蝙蝠數量在幾年內暴跌了百分之九十，有些種類甚至下降了百分之九十九。赫爾佐格說：「如果這種疾病是在其他地方傳播，便沒機會像我們這樣立刻察覺並加以研究。」不過他比較像在哀嘆而非吹牛：「巧合，不知算不算是正確用詞。」

赫爾佐格和他的同事開始著手研究這種真菌如何造成破壞。雖然像是科學上的新發現，不過研究證明這是原生於歐洲的真菌，在歐洲只會造成蝙蝠的輕微感染。不知何故，這種真菌被帶到距離奧巴尼不遠的山洞或礦坑中散播開來。結果這種看似無害的真菌，在北美變成了致命殺手。

它到底如何殺死北美蝙蝠，最初是個謎團。解剖蝙蝠屍體的病理學家，並未看到一般致命的真菌感染會造成的那種壓倒性的損害情形。「大家等於是用模糊的鏡頭在進行觀察。」赫爾佐格說。

最後真相逐漸清楚，白鼻症候群是一種恆定型的疾病。夏末初秋時，蝙蝠到處探訪洞穴和礦坑，被嗜冷真菌的孢子感染。嗜冷真菌會保持休眠狀態，直到蝙蝠冬眠，體溫降到攝氏二十度以下時，真菌開始生長，穿透蝙蝠體內組織。

生病的蝙蝠比健康的蝙蝠更常脫離冬眠狀態，它們可能從翅膀上的瘡口流失更多水分。為保持體內平衡，不得不多喝水。蝙蝠也可能透過加熱身體來抵抗真菌，讓免疫系統醒過來與嗜冷真菌進行短暫的

對抗。

為了在冬天生存，蝙蝠需要保持體內恆定，但卻因為過度失恆而無法恢復。它們把冬季儲存的能量消耗光，在春天來之前就餓死了。有些絕望的蝙蝠試圖在冬天尋找食物，在大白天脫離冬眠並從洞中飛出，因此許多蝙蝠被老鷹獵捕了。

為了數到更多的蝙蝠，我們跋涉在及臀高的溪水中，爬上鬆散的岩石和沙礫，朝著坑口的一小片光亮前進。最後我們走進明亮的白天裡，暴風雪已往東方離去。麗茲科和赫爾佐格比較了記下的數字，當他們回到奧巴尼的辦公室時就會正式登錄這些數字。

大棕蝠最多，一共有五十四隻。這個數字已三十年沒變。由於某種原因，大棕蝠是紐約州少數不受嗜冷真菌影響的物種，也許是因為它們偏愛的洞穴太冷，讓真菌無法生長。從另一方面看，小棕蝠喜歡棲息在溫暖的地方，赫爾佐格說：「它們喜歡的微氣候[2]最差。」結果造成它們是受災最嚴重的其中一種物種，在二〇二〇年的調查中只找到六隻。

不過它們似乎正在避免被徹底遺忘的命運。赫爾佐格和他的同事正在探索少數倖存的小棕蝠攜帶了保護基因的可能性。這些倖存者在冬季的行為可能有所不同，也許喜歡棲息在更冷的地方，因此能夠抵抗真菌的感染。

就目前的狀況而言，赫爾佐格和麗茲科幾乎只能作為這場災難的

2　譯注：微氣候（microclimate）指在一個細小的局部範圍內，與周邊大環境氣候有所差異的現象。例如在大自然裡，微氣候經常出現於水邊，因為該處氣溫會較周邊大環境低。

見證人。想藉由清除洞穴與礦坑中的真菌來拯救蝙蝠是不可能的,即使人們可以創建一些沒有真菌的避難洞穴,蝙蝠自己也可能在夏末交配的過程裡感染真菌。科學家現在所能做的就是觀察蝙蝠的體內恆定,是否真的導致它們走向滅絕,或蝙蝠是否可以找到新的平衡設定點。

「我們完全想不到任何可做的補救措施,」赫爾佐格說:「目前為止,蝙蝠必須靠自己解決這個問題。」

複製／貼上
Copy/Paste

　　早春某日，我開車去康乃狄克州的新倫敦市看一棵樹，這棵樹正準備要生出更多的小樹。就在城市北端，我穿過威廉斯街上的一扇門，走進範圍有二十英畝大小的新英格蘭地區本土樹林和灌木叢中。這裡的正式名稱是「康乃狄克大學植物園」，不過當地人都簡稱它為植物園。植物學家絲派塞（Rachel Spicer）在植物園大門口等我，她背包上吊了一個鑽子晃來晃去。每當她在樹林中漫步時，她都會隨身帶著這個鑽子，以免萬一遇到想要在樹上鑽洞的情況。她說：「這是我在這個世界上最愛做的一件事。」

　　我們沿著月桂樹步道行走，經過一位忙著準備考試的樹木外科醫師。他凝視著華盛頓山楂的樹冠，看一下手機上的植物辨識軟體，然後看著我們，無奈地搖搖頭。我們沿著枯木小徑往下走，沿途經過了美洲山毛櫸和東亞唐棣。

　　「我有時覺得自己命中注定要研究樹木。」絲派塞說。她的父親從小教她如何辨識麻薩諸塞州森林裡的不同樹種，然後她唸了植物研究所，研究新英格蘭的紅楓槭和奧勒岡州的花旗松。二〇一〇年成為康乃狄克州立大學的助理教授後，她著手建立了一個實驗室。她在這裡研究樹木，在培養皿中觀察白楊木，檢查樹木細胞裡有哪些基因被打開或關閉。這種工作雖然令人著迷，但常會讓絲派塞不自覺地變成

一個實驗狂。因此當我詢問是否有機會跟她見面時，她終於有了暫時脫身的藉口。她立刻帶著鏟子背包，穿過威廉斯街，和我一起度過一個充滿樹木的下午。

我們沿著花園的斜坡走到一片低窪沼澤地，在紅楓槭前停了下來，這種樹就像微微彎曲的電線桿一樣站立著。由於幾十年來與鄰近樹木爭奪光線的緣故，它的樹冠變得高而狹窄。一些亂伸的樹枝從紅楓槭樹幹下方延伸、彎曲並轉向地面。這些樹枝已光禿禿地裸露了六個月，因此很難判斷樹是否還活著。我想像在前一年夏天的情況，並試圖用充滿葉綠素來想像紅楓槭生動的樣子，它會捕捉照到葉子的陽光，驅動分子機器製造出燃料。然後我在腦海裡翻到日曆上的秋天。秋天時，葉子中的葉綠素分解了，這棵樹從綠色變成了紅色。

「這不僅是因為葉子變老且天氣變冷，才造成葉綠素分解。」絲派塞說：「**葉綠素**是被刻意分解的，因為它們很珍貴。」

絲派塞解釋，每個葉綠素分子都包含四個氮原子。如果植物園裡的紅楓槭在秋天只是把葉子掉光，那春天來臨時，它就要付出巨大的努力，才能從土壤中收集到足夠的氮，然後再辛苦地把氮從根部輸入樹枝。紅楓槭用的是更好的方法，樹葉在秋天經過仔細的分解過程，把葉綠素分解為分子，讓它們沿著小通道從葉子移到樹枝上。這些樹枝裡的分子在冬季裡被仔細保存，以便在春天來臨時迅速移到新葉中，重新組裝成為新的葉綠素。

這是一種相當聰明的策略，但過程有點棘手。夏天時，紅楓槭葉中的葉綠素厚層具有兩種作用：製作養分與防曬。它可以保護葉子裡的蛋白質和基因，避免陽光的高能量光子造成傷害。一旦秋天來臨，葉子便開始分解葉綠素，於是葉子便可能遭受陽光攻擊。

　　不過紅楓槭卻以最美麗的方式保護自己。它在葉子裡產生一種稱為花青素的紅色色素。這種秋天的色素可以在必須儲存葉綠素的這幾週內保護葉片免受陽光傷害。過了這段時間，紅楓槭才開始準備過冬，把葉子落到地上。

　　此刻在早春的植物園中，這棵樹的樹枝在我看來似乎沒有生命。不過這棵樹的未來正在由內而外展開，絲派塞抓住一根低伸的大樹枝，把它彎得夠低，近距離向我展示。

　　她指著沿樹枝長的這些淡紅色膨脹芽孢。在秋天樹葉掉落後，樹枝便產生芽鱗，每個鱗片上都覆蓋著一層堅硬的外壁，裡面充滿花青素，可用來抵禦冬天的陽光。它們建立了這些防禦機制來保護內部微小的新細胞，這些細胞充滿潛力，能成為樹木在春天創造出來的任何結構。絲派塞用指甲劃開鱗片，讓我看到裡面微小的彎曲條紋，其中一些最後可能讓這棵紅楓槭有永續生命的機會。

　　「這裡面可以看到形成花朵的前期型態。」絲派塞說。

　　從植物園開車回家時，我看著高速公路兩側的槭樹。過去幾年裡，我在每年三月經過時，對它們並沒有太多想法。但現在我已可以敏銳意識到飄浮在它們樹冠上的淡淡紅色，隱藏著成千上萬的花朵芽鱗，讓它看起來變成像是一團血紅煙霧。這裡的每一棵紅楓槭都以相同的方式出現，它們都有自己的祖先，人類也有，還有地球上所有其他生物也一樣。

　　作為生命的標記，生殖的行為就像分娩尖叫聲般令人難以錯過。人生人、槭生槭、狗生狗，對所有物種而言，繁殖的核心是相同的：新生物的產生包含其先驅者基因的複製。人類的繁殖過程，從細胞如何在分裂時複製 DNA，卵和精子如何只剩一半，在受精時如何結合，

胚胎在子宮中如何發育等，這是我們最熟悉的版本。但是過於籠統地以人類自己來對其他物種進行推論，確實是種錯誤。

對人類而言，看到另一種哺乳動物如北方長耳蝙蝠時，也可能會有相同想法。畢竟這兩個物種都有子宮，生下的後代也要吸吮乳汁。而對從蛋孵化的蟒蛇來說，近似性便小得多。而對多頭絨球菌之類的黏菌而言，事實則遠非如此。

黏菌繁殖的其中一個方法是製作孢子，孢子可被風或水帶走。如果黏菌孢子落在理想的位置，它們就會裂開，讓細胞爬出來。黏菌專家稱這些細胞為「變形體」（amoebae）。如同人類的卵和精子一樣，每個變形體只有一半的染色體。不過儘管有不足之處，它們還是可以自行生活。它們會在森林地面上爬行，消滅並吃掉遇到的細菌。如果它們碰巧遇到另一個絨球菌細胞，兩者便可在這種地上的受精版本中結合，形成「黏菌版」的胚胎。

黏菌變形體並非雄性細胞與雌性細胞，不過它們確實有自己怪異版的性愛。當兩個變形體相遇時，它們會檢查彼此體表上的蛋白質。根據黏菌繼承蛋白質版本間的差異，彼此都可能是數百種不同交配類型的一個。而只要兩個變形體不屬於同一種交配類型，它們就可以彼此合併。

合併後會產生具有完整染色體組的單細胞「合子」（zygote），然後開始生長。雖然染色體加倍，但它不會從一個細胞變成兩個細胞，而是變成一個更大的細胞。當黏菌擴散成脈動網路時，便會繁殖出成千上萬的染色體。

不過絨泡菌還有別的繁殖方式。例如它可以跳過性生活的部分，直接變成菌核。當這些碎片隨風吹散落在某處生長時，原本單一的網

路就會變成許多新網路。你可以把新的黏菌視為基因相同的後代。或者也可以把新生的網路視為彼此有點間隔的巨型網路。當然黏菌並不在意這些文字遊戲：它只是一直在尋找食物。

　　黏菌這種怪異的性生活方式一般人無法看到，只有致力於研究這種生物的科學家才有辦法理解。從另一方面看，紅楓槭等於是在空中交配。在康乃狄克大學植物園拜訪絲派塞之後的幾週裡，我密切觀察著生活周遭的這類楓樹。在我家後院角落往最遠處看，隱約可以看到一棵紅楓槭，一旁還散布著一些較小的挪威楓和銀槭。沿著鹽沼地空無一人處，或是沿著街道邊緣看往山丘兩側，到處都有無止境的楓樹志願者供觀察。在整個春天裡，我看著各種楓樹一個又一個的花苞分裂出芽，開出了不同版本的花，有些是淡綠色，有些是深紅色。樹木在葉子出現前就開花了，用了去年秋天儲存在樹枝上的成分，開出複雜的花朵。

　　如同許多其他種類的植物，楓樹開出了植物學家稱之為雄花和雌花的花朵。但這些標籤只是輕輕地貼在樹上，因為植物的繁殖與人類大不相同。紅楓槭可能會在一年後開出雄花，第二年改開雌花，再下一年同時開出雄花和雌花。植物學家稱楓樹花可分為雄性和雌性的原因，在於每種植物產生的性細胞都遵循了一些與卵子和精子相同的規則。就像男人產生很小的精子一樣，雄花也產生細小的花粉粒。女人有卵，雌花有胚珠，授粉以後會變成種子。

　　人類男女必須聚在一起發生性關係，但不能動的楓樹則要靠風才能將性細胞聚在一起。雖然它們堅硬的樹幹可以抵禦颶風，但只要微風便可拂去花粉。大多數花粉粒會落在地面或錯誤的樹種上。即使花粉正確落在另一棵紅楓槭上，也可能不幸落在樹皮或樹枝上，只有一

小部分花粉粒有機會落在雌花上。

花把花粉緊貼在絨毛上，從表面到核心形成一條隧道。花粉被拉進去，直接抵達雌花的胚珠。當它們結合時，花粉和胚珠形成一個新的基因組，然後被保存在一個新的種子中。

儘管這些受精過程是看不見的，但我們可以看到結果：雌花掉落，留下了肉質的紅色結構，看起來就像一對黑斑羚羊的角。這種長成物被稱為翅果，其基部擁有一對種子。這對角狀物經過一段時間後慢慢變扁平，呈彎曲葉片的形狀，表面則類似於硬皮紙。因此當它們破裂而從莖上掉落時，比較像是飛走而非直接掉落。

翅果的葉片與機翼具有相似的幾何形狀，其目的相同，都是用來操縱周圍空氣以進行飛翔。蝙蝠的翅膀是用來捕捉獵物並尋找冬眠地點，楓樹卻用翅膀來傳播種子。由於翅果基部的種子夠重，可以快速落下，因而形成沿翅果葉片向上流動的氣流。翅果便像直升機的葉片一樣旋轉，產生升力。其結果便是很長的滑行距離。有時楓樹種子甚至可以在著陸前，從其母樹飛行幾百公尺遠。

每棵楓樹都只花了幾天的時間就放飛所有翅果，植物學家稱此現象為「種子雨」。在營養充足的豐年時期，一場種子雨可能就是從一棵樹上落下將近十萬個翅果，而一英畝的楓木林更可能落下多達八百萬個以上的翅果。

這是一場繁殖的盛宴，也是一場驚人的浪費。一整棵樹的翅果可能有一半不帶種子。其他翅果雖然有種子，但很大一部分會自行摧毀。科學家只能猜測有關這些失敗的可能原因，例如樹木可能把空翅果當作誘餌，讓松鼠和鳥類在它們身上浪費時間，以致帶有種子的翅果有機會逃出魔掌。而某些帶種子翅果自毀的原因，可能是為了要消除具

有不良基因後代的策略。

最後在種子雨中，只有約百分之幾的翅果種子得以發芽。然而即使經過這種去蕪存菁的大滅絕，仍會有大量子代倖存，有時在樹下約每平方公尺的範圍內，都有幾十個可行的種子。它們只需要很少的陽光，甚至不需要多少土壤就能發芽成長。

隨著春天來臨，翅果為大地鋪上一層地毯。我生活在康乃狄克州約半英畝草皮覆蓋的花崗岩地上，那裡有許多裸露的古老火山岩石塊。這些楓樹開始從岩石縫生長出來，伸開只有指甲大小的葉子。我爬上樓梯，從排水槽裡挖出幾把翅果。甚至還發現了種子在這裡生長，好像它們可以開闢出空中森林一樣。

夏季來臨，我和妻子偶爾會驅車進入城鎮周圍的森林健行。有天我們穿過一個楓樹林，那裡的地面被大約一呎高的樹苗聚集成綠色小湖。在它們上方只有幾根楓樹樹幹。少數的成熟楓樹會朝著陽光努力生長，有些會將樹枝伸出形成樹冠。

楓樹生命的慘敗機率就此擺在我們眼前。就生命的表徵看來，楓樹的繁殖過程並不像其他生物那麼簡單。每種生物都會代謝食物，做出各種適應性的決策，使自身保持體內平衡。無法完成的情況便是死亡，每個生物都是繁殖成功的結果，但生物卻不能保證一定繁殖成功，甚至還差得很遠。如果一棵楓樹在整個生命週期裡順利生存下來（某些種類可以活上一百年，有些樹種甚至可以活上三百年），便可能會在種子雨中落下數以百萬計的後代。但其中只有少數有機會長大，甚至到最後能樹冠碰樹冠、見到它們的母樹。這種無意識的種子競賽一直在世代間持續著，一棵楓樹可能成功的將基因傳給了幾株後代，但這些後代卻可能在根部腐爛後全部死光。

　　這些遮蔽我們的楓樹和落下翅果到我們身上的楓樹，彼此具有深遠的家譜。楓樹最早出現於六千萬年前，大約是在一顆小行星墜入地球並消滅大型恐龍後不久。楓樹起源於東亞，日本楓和一葉楓等樹種仍在生長。到了大約三千萬年前，楓樹已將其翅果傳播到了北美。今天在你家後院並排生長的紅楓槭和銀楓，算是遙遠的表親，擁有一千萬年前共同的幸運祖先。目前大家在地球上各處共享的這些楓樹，是在大量失敗領域中成功切入的系譜產物。

　　繁殖的成功與失敗交織在一起，便是創造出一百五十二種楓樹的原因。事實上地球所有物種的多樣性，都歸因於失敗的存在，因為它引入了生命的另一個標記，即「演化」的力量。

藍色巨塔
The Cerulean Tower

　　培養皿像實驗室裡的柱子般高高疊放著。日落後，上層的培養皿就像天空一樣閃爍著藍色，稍往下層的培養皿也是天藍色的，但越往下看，它們的顏色就變得越蒼白。當我的眼睛看到最下方時，這座藍塔的底部已變得透明了。

　　這座如紀念碑般的塑膠塔，位於奧斯本紀念實驗室裡。這是耶魯大學校園內一座如同城堡般的建築，裡面這座藍塔則由研究員奧特（Isabel Ott）堆砌而成。她有一頭短髮，戴的耳環是像杯墊般大小的圓盤，上面裝飾著月相圖案。奧特一年前剛從喬治亞大學畢業，她在那邊研究人類和動物的各種疾病。現在她來到紐黑文為演化生物學家特納（Paul Turner）工作。對奧特而言，這些培養皿並不是在進行「疊疊樂」的實驗室版本。因為這不僅是她一天工作的開始，最後甚至可能會挽救某人的生命。

　　奧特對我解釋這些培養皿的藍色，是由生長在其上的細菌所造成，而這些細菌來自許多絕望病患的肺部。許多志願者向奧特寄來樣品和說明，寫下他們的困境並懇求她的幫助。「他們的年齡跟我相近，」奧特說：「我向他們說，對不起，我正在盡一切的努力。」

　　提供這些細菌給特納和奧特實驗室的人，都有身體基因上的缺陷。在正常情況下，肺部細胞會使用特定基因來製造協助保持氣管通暢的

蛋白質。但是一個名為「囊性纖維化穿膜傳導調節蛋白」（CFTR）的基因突變，使這種蛋白質失效。遺傳到這種突變基因的人，肺部會被厚而黏稠的黏液所阻塞。

這種病被稱為囊腫性纖維化。該疾病最危險的結果，便是肺部成為某些細菌的孵化器。「銅綠假單胞菌」（*Pseudomonas aeruginosa*）是其中最大的危險分子，它通常生活在植物的葉子和土壤上，如果健康的人偶然呼吸到銅綠假單胞菌，他們的免疫系統會迅速將其清除。但由於囊腫性纖維化病患的氣道充血，使得這種細菌得到了庇護，因而有機會停留下來。大約一半患有囊腫性纖維化的人，會在三歲時感染銅綠假單胞菌，而百分之七十的成年患者會發展成慢性感染。抗生素有時會起作用，但多半會失敗。隨著時間流逝，細菌引起肺部的發炎和損傷，使呼吸變得困難。

奧特正在協助進行一項實驗，該實驗可能有機會提供一種攻擊細菌的新方法。她和同事正在囊腫性纖維化志願者提供的樣本中實驗他們的想法。為瞭解攻擊效果如何，這些參與者會定期將黏液咳到試管裡，然後寄給這些科學家。因此現在黏液中的細菌，正在奧特的培養皿中生長。

如果他們的想法被證明是正確的，那麼科學家也許能將細菌從潛在的殺手，**轉變**為無害的滋擾。為了進行這種實驗，他們利用了生命不**斷**「演化」的能力。

地球上的每個生物都是演化的產物，這種過程已發展了大約四十億年。細菌和其他微生物是最早進化的家族體系，大約在二十億年前，它們被一種新的生命形式整合了，這種類似變形蟲的單細胞生物開始捕食微生物。它們的細胞較大，並將 DNA 藏在一個叫做核的

囊袋中。這些新的生命形式被稱為真核生物。

　　就單細胞生物而言，黏菌和許多其他真核生物至今表現得非常好，某些真核生物家族也演化出多細胞體。綠藻大約在十億年前來到陸地上，變成苔蘚和蕨類植物，經過億萬年後開出了花。而動物是在大約七億年前，從海洋中的單細胞真核生物演化而來，某些後代也在稍後上岸。一開始是馬陸、原始蠍子和其他無脊椎動物，然後是蠑螈類的生物。某些四足動物褪去四肢而變成蛇，某些生物改變了腿而開始飛翔，變成鳥和蝙蝠。還有某個靈長類動物分支，大約在六百萬年前直立起來，最後從非洲熱帶稀樹草原散布到整個地球上。這個靈長類分支會把時光倒過來看，並首次瞭解到深奧演化史的粗略輪廓。

　　生命在今日依舊繼續演化。它逃脫不了演化的原理，就像水無法逃脫變濕一樣。當楓樹用翅果對地球噴灑時，便是在傳播自己基因的複製品。不過每棵新的樹苗都不是父母的完美複製品。它會繼承染色體的修改樣本、基因包含的新變異、帶電的原子和輻射撞入基因而被改變的序列等。當酶在複製 DNA 時，有時也會意外地在該有 C 的地方加了一個 G，有時則可能意外地連續複製了成千上萬個鹼基。

　　細胞具有特殊的酶來修正這些錯誤，但有些錯誤會被漏掉。卵子和精子在誕生成你時，也可能會產生父母原先沒有的突變。各種新的突變與舊的突變一起被傳承下來，形成了世代相傳的遺傳多樣性。

　　許多突變並不會產生任何作用。但有一些突變極具破壞性，因而導致致命的疾病或畸型。還有一些突變是有益的，有助於生物的生存和繁殖。隨著突變的傳承，某些突變會變得越來越普遍，而另一些突變則可能減少。各種因緣際會都可能控制這些突變的命運，但如果突變對一個有機體能擁有多少後代具有強大影響時，它便能更快地創造

自己的命運。隨著有益突變在血統中累積，便能讓有機體產生新的適應能力。

演化背後的基本邏輯非常簡單。事實上由於如此簡單，達爾文在十九世紀中期，也就是在科學家認識基因的幾十年前就已經搞清楚了，更不用說弄清楚基因是由什麼東西組成。達爾文觀察到的事實，已足夠讓他瞭解動物和植物在每一代都有變異，且其中一些變異可以被繼承。他認為他稱之為「天擇」的過程，將有助於對生存和生育後代有利的突變。

達爾文可以看到生物物種演化的結果。但他認為生命不斷地發展，其發展方式就像是必須經過千萬年的山岳變動，是在人類無法感知的範疇下進行。

「我們看不到這些緩慢的變化，直到時間之手標記出漫長的時間流逝。然而我們對過去地質時代的看法並不完善，所以我們只能看到現在生命的形式與過去有何差異。」達爾文如此說。

達爾文的說法並不正確，不過這點情有可原，因為當時的研究人員對於微生物這種最能清楚展現演化脈動的生命形式，一無所知。最早著手揭示這項祕密的人是微生物學家蘭斯基（Richard Lenski），他從一九八八年二月十五日上午在加州爾灣市開始對細菌進行了一項長達數十年的實驗。

細菌一天就能分裂很多次，這意謂著單一微生物可在一夜間創造出數十億個後代。某些後代會帶有新的突變，影響微生物的生長和繁殖速度。如果十億隻鳥類需要一整個大陸來棲息，十億個微生物只需要一個實驗燒瓶即可。

蘭斯基想出了這項實驗，他希望實驗結果讓他有足以衡量的演化

改變。他先從單一的大腸桿菌開始，這是人體的腸道細菌和實驗室裡的主要研究對象。他從第一個燒瓶裡的大腸桿菌開始建立後代，再將其後代分為十二個燒瓶。

每個燒瓶僅含有足夠讓細菌持續幾個小時的糖分。在供應缺乏後，這些細菌必須自己想辦法存活到第二天早上。然後蘭斯基和學生再從每個燒瓶裡抽取一點存活的細菌，將它們噴入新的燒瓶中。這些努力存活下來的細菌可以獲得糖，然後再次繁殖。

為了追蹤這些細菌的生活史，蘭斯基建立了一套紀錄，他愛稱之為「冷凍化石紀錄」。每經過五百代，他的團隊就從每個燒瓶中抽出一些液體放入冰箱。然後他會讓細菌復活過來，看看它們的後代如何適應。當蘭斯基在一九九一年將燒瓶和冰櫃帶往密西根州立大學的新工作地點時，他的十二個殖民地已經歷了幾千代且顯然進化了。

這十二個燒瓶中的後代全部有了突變，讓自己有辦法在新環境中苗壯成長，迅速攝取食物，並在這種日常禁食的生活中存活下來。它們成長到可以分裂的時間已縮短，由於自然淘汰會偏向更多的突變，因此它們不斷改善，直到生長速度比祖先快了百分之七十五。這些微生物也一路膨脹，演化成原始祖先的兩倍大，不過這點蘭斯基和學生們尚未釐清原因。接著在後來幾年裡，蘭斯基和他的學生們發現了在這十二個分支中，每個分支都出現了許多突變。不同的突變是造成某些細菌變化不同的原因。不過自然淘汰卻能將這十二個分支，推向相同的演化方向。

這麼多年來，幾十名研究生待過蘭斯基實驗室。他們因為這些細菌研究，也都成了實驗演化論者，並在全美各地建立實驗室。前面提到研究銅綠假單胞菌的特納就是其中一位，還有一位名叫庫珀（Vaughn

Cooper）。在二〇一九年新罕布夏州的一次科學會議上，我看到了身形瘦弱卻充滿熱情的庫珀演講，題目是關於高中生如何也能見識到正在進行當中的演化。他和匹茲堡大學的同事設計了一組工具包，讓高中生用來進行為期一週的實驗。

庫珀描述已有成千上萬的學生在實驗中取得成果。當然我認為一個五十多歲的作家，一定也能跟上他們的腳步。

庫珀答應寄給我一組工具包。某天早上，我的門外出現一個紙箱，我立刻拿進房裡拆開紙箱，看看裡面有什麼。我看到了培養皿、密封試管、澄清液瓶和一袋黑白小珠子。培養皿上有鬼魅般的條紋和擦痕，散發出令人不悅的甜味，很像你在野餐桌上放了一壺已被遺忘幾天的蘋果酒時所聞到的氣味。培養皿裡放入的是另一種假單胞菌：螢光假單胞菌（*Pseudomonas fluorescens*），這種菌同樣生長在植物和土壤中，不過它們並不會侵襲囊腫性纖維化患者的肺部，對高中生來說安全無害。但它與銅綠假單胞菌密切相關，具有許多相同的基因，例如用於控制類似生物膜製作的基因。

我用膠帶把盒子緊緊封好，然後放進冰箱，希望細菌的氣味不會影響到附近的食物。現在我需要老師指導，我住在耶魯大學附近（我在耶魯教寫作課），而特納和奧特也很樂意幫助我進行這項實驗。

有一天我把盒子帶到特納的挑高天花板實驗室，那裡正有一群研究生分別在使用試管離心機、把微生物撒在平板上、為蓋子貼上標籤等。我把盒子放在奧特清理過的空間，她讓我穿戴上灰色手套和白色實驗服。當我們從盒子裡拿出培養皿時，氣味也跟著跑出來。

「假單胞菌，」奧特發出哼聲，就像遇到了老敵人。「如果我開蓋時站錯地方，它就會讓我開始偏頭痛。我得去沙發上坐個幾分鐘，

然後喝杯茶，大腦才能恢復運作。」

來實驗室前，我先參加了關於實驗室基本安全的線上課程，學習沖洗眼睛，清理溢出物等。不過現在和奧特一起工作的感覺，就像去了趟衛生新手訓練營。她指示我用酒精擦拭實驗台，然後點燃本生燈。接著她把手環繞著火焰，好像手上捧著一個球。

她對我宣布：「這是你的無菌區。」

只要我在自己的無菌區內工作，就可以擺脫所有可能破壞實驗的無形生物。例如細菌和真菌的孢子在四周飄浮著，當它們要落入我的試管和培養皿裡，與我的假單胞菌進行生長比賽前，它們就會先被燒毀。

我用字母和數字標記了一組塑膠試管，接著在每個吸管中擠壓滴管，在滴入液裡加入蛋白質和其他可使假單胞菌開心的化合物碎片。當我不小心把滴管尖端碰到實驗台時，奧特立刻叫我停下來，換上新滴管。從我消毒檯面到現在二十分鐘之內，很可能已有掉落在表面的微生物，如果不小心碰到，它們就會在我的試管裡暴動。

奧特說：「如果有實驗偏執狂衡量標準的話，我一定在最極端那一邊。」

裝好所有試管後，奧特讓我拿起一把鑷子浸入酒精中，再把它靠近本生燈。酒精燃燒成藍色，然後消失。我將這把無菌的鑷子滑進小珠子袋裡，一次取出一顆小珠，放進試管中。

現在該向管中添加細菌了。奧特遞給我一個接種環，這是一根長而硬的金屬絲，末端有個幾乎看不見的圓圈。我在火中燒一下，然後打開其中一個細菌培養皿的蓋子，挖起一小匙。現在我的圓形尖端上已帶有幾百萬個基因相同的成員，也就是螢光假單胞菌 SBW25 菌株，

科學家最早是從一個英國農場的甜菜裡分離出這種菌株。

我把細菌放入試管中。接著再次燒灼圓環並重複這項過程，把菌放進更多試管裡。奧特把它們全部放在一個托盤上，然後把整個托盤放到大約冰箱大小的培養箱平台。她打開開關後，平台開始旋轉，慢慢晃動試管中的液體。

到了第二天，由於裡面有隔夜生長的新細菌，試管已從透明變成渾濁。在二十四小時內，單個假單胞菌細胞可以產生幾十億個後代。而小珠子的景象更令人振奮，假單胞菌已用黏液覆蓋它們。

對微生物學家而言，這種黏液是一場建築奇蹟。當假單胞菌落在表面時，細胞膜上的蛋白質會記錄這個事件。因此它們會改變形狀，而這種變形會導致它們改變在微生物內部游動的蛋白質，讓分子**翻轉**的滾動浪潮出現，最終導致微生物打開一組基因。它再藉由這組基因製造蛋白質，然後運送到細胞膜上噴出，讓這些蛋白質編織成又稠又黏的物質。

微生物會把自己插入這種黏液中，固定在表面上。接著它便能以經過的蛋白質碎片為食。當它成長和分裂時，它的子細胞釋放出自己的黏液，散布成集體的黏液。每一種假單胞菌都會建立生物膜，作為在物體表面定殖的方式，例如在一片葉子上、一片土壤上、一隻蚱蜢的腸裡，或一個患有囊腫性纖維化的病患肺部。

我將黏糊糊的珠子移入裝有新鮮珠子的試管中。第二天，新鮮的珠子也變得黏稠，接著我又將這些黏稠珠子再移到新的試管中。在這種過程裡，我等於扮演了自然淘汰者的角色。

假單胞菌每次分裂時，會有大約千分之一的機會出現錯誤，因而在子細胞中留下突變。每個細胞一天就能產生十億個後代，因此我的

試管產生了幾百萬個突變體。有些突變會破壞細菌的生理機制，使其無法成長或分裂。有些突變則是無害的。在把珠子從一個試管搬移到另一個試管的過程裡，我更喜歡那些在珠子上較能形成生物膜的突變體。當奧特和我對舊試管進行消毒時，任何仍留在營養液中的細菌都注定要被摧毀。

在首次到訪一週後，我又來到實驗室，看看這些生命是否在我的照料下有所發展。

奧特拿起了一對培養皿，她把其中一個往前移，然後說：「基本上，這個很正常，」接著她拿另一個培養皿，「這是你的男孩。」

「如果你戴手套，我可以幫你和演化後的突變體拍個合照。」

我拿起培養皿，對著蘋果手機微笑。接著我用一隻手拿著前一個正常男孩，也就是一個普通的螢光假單胞菌培養皿。從庫珀寄給我細菌開始，我們讓這些微生物自己繁殖了一週而不必跳上珠子。因此在培養皿上，它們長成小塊的菌落，就像他們的祖先在一週前的情形一樣。

我用另一隻手握著我的男孩，也就是我收集的演化突變體。在它們隨珠子移動一週的過程裡，有些細菌維持小丘般的菌落生長，但另一些細菌卻很奇怪地生長。奧特從一個奇怪的殖民地裡挖出細菌，放到另一個新的培養皿上。大約有幾十個大的、邊緣模糊的斑點，看起來就像一朵花上有著幽靈般的花瓣。

奧特將培養皿寄回匹茲堡，讓庫珀和他的同事可以親自檢查。他們先拍了照片，然後拆開一些細菌來讀取 DNA，尋找使它們奇怪生長的變因。庫珀後來告訴我：「這是一個新的變種。」

螢光假單胞菌的基因組有六百七十萬個核苷酸的長度。如果列印

出來，大約和整套《哈利波特》（*Harry Potter*）的全部字母長度一樣。在所有 DNA 中，庫珀和他的同事發現了在我細菌中的兩種新錯誤。其中一個 C 變成 T，很可能會讓細菌製造出來的蛋白質失效。通常這種蛋白質可以協助在每個微生物周圍編織出棉花糖一樣的糖分。根據他在假單胞菌上進行的其他實驗做比較，庫珀懷疑我的突變體進化得更黏，更能彼此互相黏附或黏在小珠子上。由於某些神祕的原因，這種突變也使它們在整個培養皿裡散布時長成看起來如花朵般的菌落。

庫珀和他的研究生手上有各種變化更多的版本，他們把黏稠的小珠子在管子間移來移去已有幾個月了，因此也在自己的研究裡觀察到了各種突變體。其中有些細菌演化所長成的菌落，看起來像是一滴墨水。還有的看起來像一片金橘。有些是柑橘的顏色，有些顏色像血液。這些顏色和形狀也可能只是突變的副作用，使細菌能在其生物膜中生長得更好。這種生物膜可能具有類似於叢林生態的複雜性，也就是在這種環境演化時，可以用許多不同的突變來補充不同的生態優勢。

當我進行我的「高中生」實驗時，奧特正在旁邊執行自己的實驗。我可以看到她正在處理大量的試管、燒瓶和培養皿。不過我正忙著用鑷子小心抓住這些黏稠的珠子，以免它們在整個實驗室裡跳來跳去，所以我無法問太多關於她實驗進度的問題。當我成功飼養出這個突變體後，才有機會請奧特告訴我更多藍色巨塔的事。

在銅綠假單胞菌進入囊腫性纖維化病患體內時，它便開始演化。然而人體的環境與葉子或池塘完全不同，當細菌初次進入宿主時，它們無法適應這個新家，因此分裂得很慢。一旦發生突變時，有些突變可讓細菌在人的肺裡生長良好，甚至生長得更快。突變接著突變不斷累積後，它們讓自己的生物膜非常適合在呼吸道生存。而當醫生對病

患使用抗生素時，可能又出現新的突變，協助它們產生抗藥性。對細菌而言，人的肺部就像實驗用的燒瓶一樣。

奧特正在進行一項研究，尋找方法來控制這種演化。研究人員並非試圖殺死細菌，而是想讓它們變得「無害」。他們可以利用我剛剛進行的實驗方式來做到這點，例如改變細菌的環境，推動自然淘汰往新的方向發展。

奧特培養皿中的藍色是由細菌產生的一種色素，稱為綠膿素，這是銅綠假單胞菌感染的標記。事實上，當醫生在十九世紀末首次從患者體內分離出細菌時，他們將這種微生物稱為「藍膿菌」。

幾十年後，科學家開始瞭解綠膿素的實際作用。此外，它似乎還能抵禦免疫細胞，否則免疫細胞一定會攻擊這些細菌。不過它們也會引起發炎，讓患有囊腫性纖維化病人的肺部造成巨大傷害。只要這些細菌能夠停止製造綠膿素，它們的威脅就會瞬間變小。特納實驗室的研究人員陳家明（Benjamin Chan），發現了一種可能將銅綠假單胞菌往這種方向發展的工具：病毒。

這種感染細菌的病毒稱為噬菌體（bacteriophages，簡稱為phages）。每個噬菌體菌株都具有分子鉤，可以抓住細菌表面上特定種類的蛋白質。一旦吸附後，它們就可以入侵細菌並在其中製造新病毒。

細菌已經演化出多種防禦病毒的手段，例如當它們遇到新敵人的威脅時，可以演化出新的防禦手段。保護自己預防病毒侵害的最簡單方法，就是丟失病毒捕獲的特定蛋白質。亦即當病毒利用鑰匙打開大門進入細菌，細菌就用擺脫大門的方法對抗。不過細菌將蛋白質放在表面是有原因的，有些蛋白質用來吸收營養，有些可能用來向細菌同

伴發送訊號，還有一些則作為感應器來感知細菌四周的環境。幸好丟掉這些蛋白質的代價，可能遠小於防禦病毒的代價。

在尋找新的噬菌體時，陳家明發現了幾十種可以感染銅綠假單胞菌的噬菌體。當他和同事對細菌釋放其中一種病毒時，在自然淘汰的演化下，細菌往停止製造該病毒所吸附蛋白質的突變體發展。但這種突變具有另一種相當重要的副作用，它同時也讓細菌產生的綠膿素減少。很可能是因為這種突變影響細菌 DNA 的某個遺傳開關，亦即控制了表面蛋白質與綠膿素的生成。

陳家明和他同事想知道是否可以利用噬菌體來幫助囊腫性纖維化病患。噬菌體通常對人體無害，因為它無法進入人類的細胞。他認為人體裡居住著數兆個噬菌體，這些噬菌體會各自攻擊特定的細菌。因此在人的肺部釋放這種新的噬菌體，很可能會驅使細菌為抵抗而演化，放棄它們的藍色危險性。

在一項臨床試驗中，醫生將陳家明的噬菌體噴灑到囊腫性纖維化患者的氣管中。當噬菌體開始攻擊其銅綠假單胞菌菌落時，志願者們必須定時將痰咳入管中。這些管子都會寄給奧特，奧特從中分離出銅綠假單胞菌，並將它們散布在培養皿上。

奧特疊放的培養皿等於是這些實驗的編年史。在巨塔上方的培養皿，來自病患尚未吸入噬菌體時。由於銅綠假單胞菌會產生非常多的藍色色素，以至於日落後的培養皿看起來像天空一樣藍。而在堆疊最底部的是含有細菌暴露在噬菌體攻擊下數天後的培養皿。藍塔越靠下方，培養皿的顏色就越淺。最後這些培養皿變得清澈，雖然被細菌盤據，但這些細菌已完全失去了製造任何綠膿素的能力。

奧特說：「藍色越少，發炎就越少，這是一件好事。」

　　奧特和她同事需要仔細檢查細菌，並進行多次實驗後，才能確定噬菌體是否就是馴化這些細菌的一種安全有效的治療方法。政府監管單位會對這種將病毒注入病患體內的作法如何看待，誰也說不準。然而只要繼續堅持下去，這種活著的藥早晚會有成功的一天，因為細菌不斷演化的事實擺在眼前。

●●●●●

　　生物學拓寬我們的生命視野，讓我們能夠超越自身生存經驗，回顧幾十億年來的生命史，窺探細胞等級的微觀範圍等。然而每位生物學家都面臨了嚴峻的折衷權衡，因為沒有人能瞭解所有生物的所有內容。要想成為其中一種生物的專家，就必須投入整個職涯。如果我向奧特詢問關於病菌的故事，她可以說上幾個鐘頭沒問題，但如果我考她有關蟒蛇的問題，她可能就只能說上幾句。雖然我跟西科爾聊了幾個小時的蟒蛇，還喝到一些塔斯卡盧薩當地最好的微釀啤酒，但我並不會去找他研究楓樹的生殖學。

　　然而楓樹、蛇、假單胞菌、黏菌和蝙蝠等，都以它們的生命標記結合在一起，它們都會繁殖和演化。它們都會做出某些決策，將食物轉化為能量，並保持體內平衡。在生物學興起前，人們對其中的一些生命標記有所瞭解。例如人知道樹木所產生的種子將會變成更多的樹木，也知道蝙蝠以某種方式設法度過寒冷的冬天與炎熱的夏天。現在人對於「這些生物為什麼會這樣」瞭解得更多了。世人發現從根本上來看，某個物種所面臨的實際情況，對所有物種也都是實際發生的情況。研究人員經常想要探究這些不同的群體，到底一起創造了什麼東

西？如果所有生物都有某些共同特徵，是否就能告訴我們「生命的定義」是什麼？「什麼是生命」這個問題，似乎是生物學家應該回答的第一個問題，也是最重要的一個問題。不過目前仍然沒有答案，也許最後一樣不會有答案。

第三部分
一系列黑暗問題
A Series of Dark Questions

神奇的繁殖
This Astonishing Multiplication

　　海浪沖上沙灘，每次海浪的間隔都會為沙灘帶來新鮮的沙子。幾個世紀的海浪所築起的沙丘，就像陸地上的海浪一樣一波波地上升。在這些沙丘的背風面，環繞著井然有序的生物景觀：修剪整齊的花園、花壇和橘子園等。這座龐大的莊園被稱為「蘇格維利特」（Sorgvliet），屬於荷蘭本丁克伯爵（Count William Bentinck）的避暑別墅。十八世紀，它被認為是歐洲最令人愉悅的花園。如今，蘇格維利特莊園的昔日榮耀幾乎沒有保留下來。迷宮包圍的大型人造山消失了；而原先把樹枝切出門廊和窗戶的輪廓，讓房子看起來像「綠葉之屋」的部分也完全消失了。

　　對生物學家來說，蘇格維利特仍是一個神聖的地方。這裡的榮耀不在於過往光輝的莊園，而在潛伏於魚塘和運河中的一種小生物。它在一七四〇年的夏天曝光，當時歐洲各地學者都充滿信心地宣布這項發現對生命的意義，但它也同時揭示了當時學者對於生命的無知程度。

　　這種生物是由一位名叫特朗布雷（Abraham Trembley），一個四處漂泊的年輕小伙子所發現。特朗布雷來到蘇格維利特莊園擔任伯爵兩個小兒子的家庭教師，過了不久，他就負起男孩們的扶養工作。因為他們的母親跑到德國與情人生活，而父親大部分時間都在待在海牙，

費心處理國家事務及即將離婚的協議。如同男孩們在蘇格維利特莊園的孤立一樣，特朗布雷本人亦如此。他在瑞士出生，在準備加入教會前，曾接受數學和神學方面的訓練。然而政治上的紛爭，迫使他離開自己的國家。當他抵達荷蘭時，也就是在伯爵給他這份穩定工作前，他已當過幾年的私人家教。

　　特朗布雷是一位既虔誠又富好奇心的老師，他決定自己在蘇格維利特莊園的使命便是要教導孩子觀察全能上帝所創造出的各種大自然作品。特朗布雷並沒有花太多時間在正式課程或亞里斯多德的著作上。他是在科學革命年代，也就是帶來許多生命新理論年代下成長，因此他想用自己的雙眼，看看科學將如何解釋整個大自然界。

　　不過特朗布雷後來說：「大自然必須由大自然來解釋，而不是由我們的觀點來解釋。」

　　在蘇格維利特莊園裡，大自然非常樂於主動提供幫助。特朗布雷和男孩們會邊散步邊觀察地面上的動植物。他們撈出池塘中的浮萍、在水溝裡挖出昆蟲，然後把戰利品帶回特朗布雷的書房，檢查動植物的細部解剖。有時用放大鏡觀察，其他則多半使用伯爵為他們訂購的特製顯微鏡，鏡頭固定在顯微鏡關節臂的末端。

　　特朗布雷仔細畫出他和男孩們在這個微型世界裡看到的各種東西。就當時科學界所研究的物種來看，有許多種類都是由他們最先發現。特朗布雷把觀察到的東西，寫信寄給歐洲其他學者，包括毛毛蟲、蜜蜂和蚜蟲等生物的奇特複雜性。這些收到信的學者，很快就發現住在荷蘭海岸邊的這位老師就像他們的一分子。

　　蘇格維利特莊園的這些動物，很快就吸引特朗布雷捲入困擾著歐洲數十年關於「生命本質」的相關辯論。辯論的一方是十七世紀哲學

家笛卡爾（Rene Descartes）的追隨者，笛卡爾抨擊了關於自然界具有「目的性」的傳統觀念，例如重力把物體運送到地球中央的概念，好像物體能知道地球中央到底在哪裡一樣。笛卡爾所提供的是物質「運動中」的概念。起初他只用無生命的物體（利如擺錘和行星）來解釋這種概念，但後來笛卡爾也開始將生物視為運動中的物質。認為生物是由相互協作的部分組成，就像時鐘的組成部分，透過彈簧和擺錘來啟動。動物的身體各部分，同樣也因神經內部的微小爆發而運動。笛卡爾期待總有一天物理學家可以解釋生命的運作，就像一顆石頭會掉到地面，或月球會繞地球運行的原理般完善的解釋。

笛卡爾的「機械論」啟發了一代又一代的追隨者，他們把這種以機械作用為中心的生命概念，從動物擴展到人類。他們認為除了理性的靈魂外，人類身體很像一部機器。笛卡爾派的醫生認為自己如同鐘錶修理工，「就像大自然一樣，醫學也必須是機械化的。」這是德國醫生霍夫曼（Friedrich Hoffmann）在一六九五年所宣稱的。

但笛卡爾也引起了幾代人的反對。有些人感到震驚是因為笛卡爾似乎不需要靠上帝來解釋這個世界，其他人則基於自己對自然的理解，無法認同他的說法。這些反笛卡爾主義者越是仔細看待生命，都證明了無論是在解剖學還是行為學上，生命越發複雜。而這種複雜性背後都具有更大的目的：讓生物得以生存和繁殖。

機械哲學無法涵蓋生命的複雜性或解釋生命的目的。反笛卡爾主義者堅信這種「生命的目的」可以在無機物質和生物間產生決定性的差異。內科醫生斯塔爾（Georg Ernst Stahl）認為科學的任務是在理解差異，並深入瞭解使生命與眾不同的事物。斯塔爾在一七〇八年說：「因此，若要總結這一切，就必須知道生命是什麼？」

斯塔爾為自己的問題提供答案，他所給出的定義也在隨後幾個世紀裡被許多研究人員遵循。斯塔爾說生命不是「解剖學、化學、體液的混合等這些關於身體的事物，而應該在它們之間的相互依存」。

斯塔爾認為生命的相互依存有其目的，亦即讓生物忍受敵意世界的攻擊及抵抗腐朽的力量，必須靠一種「內在力量」，也就是斯塔爾所說的「靈魂」，以維持生命的相互依存。

生命最明顯的標記便是繁殖，斯塔爾的門徒和笛卡爾派人士對此提供不同的描述。某些學者認為生物的各個部分已存在於卵子或精子中，他們相信樹上發芽的種子也包含這棵未來樹木所需的未來種子，而後者又包含了自己未來的種子。其他學者看不出在這種「無限的盒子」裡如何存在生命，因此他們提出爭辯，認為生物各部分並不存在於生物本身形成之前。所以動植物的複雜解剖研究，必須在其神祕的發展過程中逐步揭露才行。

特朗布雷在一七四〇年開始與其他博物學家書信交流，他們也對他分享了關於生命如何繁殖的各種驚人發現。在日內瓦的邦內特（Charles Bonnet），寫了他觀察到雌性蚜蟲的後代並沒有先交配的行為。邦內特和他的老師法國博物學家德列奧米爾（René Antoine Ferchault de Réaumur），從巴黎和日內瓦把他們的驚人發現傳達給特朗布雷，因此特朗布雷決定親自調查這種悖論。他和男孩們在蘇格維利特莊園養育蚜蟲，結果發現邦內特和德列奧米爾的描述是正確的。

如果雌性蚜蟲可以在不交配的情形下繁殖後代，那麼它們的卵就必須含有蚜蟲的前身。這種可能性也暗示了動物可能比上帝的創造機制擁有更多的自主權。特朗布雷很想知道學者們聲稱的自然法則，是否可能在事實上只是妄自推論。他的觀察使他在工作上更加謙虛，且

他也滿足於觀察模式，而非宣稱自己發現了上帝的法則。

這種謙卑讓特朗布雷注意到被忽視的東西。一七四〇年六月某日，他正在檢查從水溝裡收集的浮萍時，注意到一個細小的綠色樹枝貼在浮萍側面，樹枝上有像蜘蛛絲般的頭冠。當他仔細檢查更多浮萍時，發現了更多的綠色樹枝。

特朗布雷並不認識這種東西，不過其他自然學家在四十年前就已觀察到這種奇怪的生命形式，並將其歸類為植物。當特朗布雷向參觀者展示這種樹枝時，他們也認為這是一種植物，有些參觀者還認為他看到的是草或蒲公英種子。

不過特朗布雷注意到一件奇怪的事，它們的頭冠動了。它們不只是在罐子裡的水流中搖擺著，頭冠的螺蜒似乎有意識地移動著。

特朗布雷回憶：「越是看著這些觸手運動，我就越覺得運動似乎是來自內部因素。」

他抓起其中一個裝有這些奇怪東西的罐子稍微搖一下，驚訝地發現綠色小樹枝突然縮回這些細線。一旦他讓罐子安頓下來，這些線就再次蜿蜒伸出。特朗布雷形容，它們的行為「在我腦海中激起了動物的形象」。

有一天，特朗布雷發現這些像戴著頭冠的動物，都黏在罐子的一面，這是以前從未見過的情況。它們自行移動，從浮萍裡拔出自己，像水裡的小蟲般在罐子周邊爬行。這些動物的移動有其目的，隨著時間流逝，它們慢慢進入了罐子裡較明亮的地方。如果特朗布雷旋轉罐子讓它們陷入黑暗，它們就會再度移回到光線下。且這種生物也會吃東西。特朗布雷看見它們抓住蠕蟲，把獵物塞進位於頭冠中央的嘴裡。他也觀察到它們會吃水蚤，甚至會吃小魚。

這些動物比特朗布雷所見過、讀過的任何東西都更奇特。他想透過各種實驗來瞭解這種生物。他先把其中一隻切成兩半，結果這隻竟然沒死，兩個碎片各自再生成成熟的個體，且一樣具有軀幹、頭部和觸手，甚至也能再度移動。特朗布雷向德列奧米爾坦白：「我完全不知道該怎麼思考。」

德列奧米爾也不知道，因為特朗布雷寫的關於這些生物的信件變得越來越夢幻。當德列奧米爾告訴其他人特朗布雷在研究的動物時，他們拒絕接受世界上可能存在著這樣的生物，於是德列奧米爾寫信要求給他一些這種動物來觀察。

特朗布雷用玻璃管裝了五十隻，然後用蠟封起來。當德列奧米爾在法國收到這些玻璃管時，這些生物全部死了，封蠟讓它們窒息而死。特朗布雷改用軟木塞管再次嘗試。一七四一年三月，德列奧米爾終於收到這批活體生物，他開始親自檢查。當他把這種生物切成兩半後，這些生物果然依特朗布雷所說進行了「再生」。德列奧米爾承認：「一再重新看過幾百遍後，這的確是我無法說服自己接受的事實。」

如果特朗布雷的動物是一台精巧的機器，把它一分為二應該會阻止零件的運作。而如果動物是從某種預先形成的種子中培育出來，那就不可能使整個生物再生成兩個新的生物。如果每個生物都被賦予了不可分割的獨特靈魂，那麼把一個生物切成兩半而產生了新的靈魂，是否就不在上帝預料和計畫下？

「靈魂可以被分割嗎？」德列奧米爾非常懷疑。

德列奧米爾向特朗布雷建議必須為這種生物取名時，他提議使用拉丁文裡的「章魚」（*polyps*）來稱呼我們後來稱為「水螅」（*Hydra*）的這種動物（現在水螅的名稱 *Hydra*，拉丁文原意為九頭蛇。如果從

基因來看，水螅應該跟水母或珊瑚的血緣較為接近）。當德列奧米爾
向法國皇家科學院展示特朗布雷的水螅時，立刻在同事間激起一陣敬
畏，跟他當初見到水螅的感受一樣。這項生物的官方報告，看起來有
點像是馬戲團小丑的表演內容而非科學論文：「儘管鳳凰從灰燼中重
生的故事如此美妙，但我們的發現更為奇特。」

在德列奧米爾的支持下，水螅開始在歐洲出名。博物學家也開始
寫信給特朗布雷，要求他也寄這種生物給他們。特朗布雷抱怨道：「我
被這些寄來寄去的要求忙翻了。」當他把第一批水螅送到倫敦時，有
兩百個人聚集在皇家學會，輪流透過顯微鏡對這種生物進行觀察。英
國博物學家貝克（Henry Baker）拿了在皇家學會觀察的水螅，讓水螅
做各種「特技表演」，然後出了一本名為《嘗試走入水螅的自然史》
（*An Attempt Towards a Natural History of the Polype*）的書。當特朗布雷繼
續在蘇格維利特莊園裡默默地進行實驗時，貝克的書滿足了大眾的好
奇心。

他也為大家釐清那些有關水螅的二手故事：「它們如此非比尋常，
與一般的自然生命過程和我們認知的**動物生命**觀點相反；許多人視水
螅為可笑的異想天開，或是不可能的荒誕。」因此貝克在書中提供了
有關水螅如何移動、捕捉獵物與進食的第一手資料文字敘述。儘管如
此，他也知道那些懷疑論者仍會嘲笑「水螅是動物」的奇妙想法，因
為水螅實在「不符合一般認知的生命假說」。

這種再生情況真的無法符合一般認知，因此貝克提問：「如果說
動物的靈魂或生命，屬於一種不可分割的本質，是完整且充滿身體的
整個組成。那為何這種生物可以承受四、五十次的切割，仍能繼續存
活並具繁榮生氣？」

　　貝克沒有給出答案，但他認為這種懷疑論接近於無神論。他說：「我想，這是有點自以為是地限制了自然的運行，或可以想像成上帝除了按照我們熟知的某些生命規則以外什麼也沒做。」

　　當貝克歌頌水螅時，特朗布雷發現了更多水螅的非凡之處。它的身體是被黏黏的物質束縛在一起，看起來就像蛋白，頑強抵抗著特朗布雷想把水螅拉開來看的努力。特朗布雷想知道這是否是一種生命相關的東西，因為這種膠水般的物質，不僅將他手裡的動物圍住，還賦予它移動的力量。這是第一次有人得知這種賦予生命的物質，也就是後來我們所稱的原生質。

　　在其他的實驗裡，特朗布雷把一個水螅分割成幾十片。被切成碎片的水螅，又像小怪物一樣長回來。他還把兩隻水螅接在一起，發現它們竟然可以像「一隻動物」一樣舒適地生活。有次他把水螅放在手掌上的一滴水裡，然後用另一隻手把一根豬鬃毛刺入水螅軀幹底部，把水螅的內部頂出來，讓水螅的身體內外顛倒，就像在冬日裡急忙脫掉的一隻手套。

　　水螅的體內變成了體表，卻能繼續存活下來。當特朗布雷告訴大家這項驚人的舉動時，許多博物學家都拒絕相信。因此他邀請一群著名的專家聚集在蘇格維利特莊園，讓他們擔任見證人，看著他把水螅內外翻轉。

　　一七四四年，特朗布雷終於出版關於一切實驗的兩卷專書。但這並非開啟了他作為動物學家的新職涯，反而標示了他在科學研究方面的結束，因為兩個男孩已經長大了，不再需要他的照顧。特朗布雷在蘇格維利特莊園的期間，伯爵把他介紹給熟識的一個強大人脈網路，他們認可了特朗布雷的敏銳與智慧。因此他加入祕密外交使

節團前往法國，協助解決奧地利王位繼承戰爭（The War of Austrian Succession）。這項任務完成後，特朗布雷被聘用負責監督一位年輕英國公爵的教育，他和這位學生一起旅行了許多年。這兩個職位為特朗布雷贏得豐厚的退休金，他用這些退休金返回日內瓦買了豪宅，撫養自己的五個孩子，並寫了一系列有關教育的書。

特朗布雷最重要的學生就是他自己。在僅僅四年的時間裡，他讓自己學會如何對動物進行嚴格的實驗。當初他學會如何從水螅獲得各種知識時，等於發明了「實驗動物學」（Experimental Zoology）這門學科。在他完成各種實驗並離開蘇格維利特莊園很久後，這些關於水螅的發現，一再困擾著博物學家和哲學家的思想。這些生物（其中有些還被稱為昆蟲）證明了「生命」可能與過去的任何想法完全不同。

「一種可憐的昆蟲剛剛向世界展示了自己，改變了迄今為止我們所認為大自然的不變秩序，」博物學家巴贊（Gilles Bazin）說：「哲學家感到恐懼，詩人也說死亡本身變得越來越模糊。」

Life's Edge

應激
Irritations

　　當特朗布雷和男孩們在水溝裡濺濕衣服之際，有位年輕醫生正在德國小鎮哥廷根建立一種更為傳統式的名聲。馮哈勒（Albrecht von Haller）於一七三六年搬到此地，他是受正在建立一所新大學的當地男爵邀請而來。男爵想聘請歐洲最好的解剖學家來為新學校助長聲勢，當時二十八歲的馮哈勒便是顯而易見的絕佳人選。男爵非常想邀請他，因此為他蓋了一座豪宅、一整座植物園和一間供他禮拜的喀爾文教派教堂。但這還不是男爵打算給馮哈勒的全部禮物，馮哈勒後來寫道：「邀請我到哥廷根的目的，無非是要建造一座解剖講堂，並對其呈上屍體。」

　　馮哈勒和特朗布雷一樣是離鄉背井的瑞士人。他出生在伯恩附近，一家人都以神經緊張、神祕和古怪著稱。馮哈勒五歲時，會坐在廚房爐灶上對家裡的僕人講授聖經知識。九歲時，他已能流利閱讀希臘文，並寫下超過一千位名人的生平列傳。他也對身體內部產生好奇，會切開動物身體進行觀察，滿足自己的好奇心。當他離開瑞士前往醫學院學習時（先去德國，再到荷蘭）開始有了切開人體的機會。

　　馮哈勒的醫學院同學發現他很煩，而他認為這些反對意見是人身攻擊。一位傳記作者寫道：「他是那種對別人犯錯無法默默承受的人。」當一位極具名望的教授宣布他發現一條新的唾液管時，少年馮

哈勒立刻進行實驗親自觀察。他把蠟注入屍體中，發現這條導管並不存在，因此證明教授是被普通血管給騙了，而這等於是直接羞辱了教授。

醫學院畢業後，馮哈勒前往倫敦和巴黎繼續他的學業。當他親眼看到修復膀胱手術的可怕後，立刻決定以後絕不對活人進行手術，因此他在屍體上花費更多時間。越是接近屍體，他的發現就越多。馮哈勒後來說：「要想全面瞭解人體的各個區域是相當困難與罕見的，就像要對廣大地區的河流、山谷和丘陵進行完整描述一樣。」

學業結束後，馮哈勒回到伯恩擔任家庭醫生，主要面對的就只是不小心受傷流血的母親和孩子們。這些微不足道的醫學實踐讓他有了許多空閒時間，而把大部分時間都花在阿爾卑斯山上漫遊，因此馮哈勒在二十多歲時便以他對高山植物的學問而聞名。當年在倫敦時，他也曾對英國詩歌產生濃厚的興趣，所以他寫了一首浪漫的長詩〈阿爾卑斯山〉（Die Alpen），向這座高山致敬。這首詩讓馮哈勒成為當時最常被閱讀到的德國詩人，還因此讓阿爾卑斯山成了十八世紀的旅遊勝地。

當他不處理流血、不寫作也不健行時，他就找機會練習解剖，對象主要是罪犯和窮人的屍體。他發現了新的肌肉、各種肢體的接合點以及新的血管。一七三五年，馮哈勒首次對連體雙胞胎進行仔細解剖。這對嬰兒在出生後不久便過世，他們有各自的大腦但共享心臟。馮哈勒得出的結論是「靈魂」無法透過血液傳播，如果可以，兩個嬰兒的靈魂必定混雜在一起。馮哈勒看到的不只是畸型的嬰兒，而是把這對精密融合的雙胞胎解剖結構，當作是對於上帝設計和全能的進一步證明。

　　馮哈勒在伯恩建立的聲譽，讓他受邀加入哥廷根這所新大學。儘管在短短幾年當中，他的兩位妻子和兩個孩子相繼去世，他仍然瘋狂地投入工作，並且出版有關植物學和解剖學的著作。在他的解剖講台上，馮哈勒監督著一群解剖學家，並幫忙為屍體中的發現進行素描的藝術家。

　　屍體讓馮哈勒得以更瞭解活人，他喜歡將自己正在發展的這門科學稱為行動解剖學。講堂的一樓是馮哈勒對人類屍體進行實驗的地方，二樓則進行了更可怕的研究：他和學生在那裡研究活的狗、兔子和其他動物。因為只觀察橫隔膜如何貼在死者胸部肋骨上是不夠的，馮哈勒想要看到活動中的橫隔膜。

　　特朗布雷在水螅身上進行可怕的實驗時，並不會有人對切成兩半的微小生物感到擔憂。然而馮哈勒卻因為他讓動物受苦的方式而在哥廷根當地臭名遠播，他抱怨說：「我需要一堆狗和兔子，但在這個小鎮上取得相當困難，這裡的人對一切都感到驚訝且瞠目結舌。」

　　馮哈勒對動物造成的痛苦也造成了他的精神負擔。他曾如此描述自己的研究：「這是一種殘忍的行為，我對此非常不情願。唯有為人類的利益作出貢獻的願望才能克服它，而這種動機又能使性情最仁慈的人毫無顧忌地每天吃著無害動物的肉。」

　　最初馮哈勒的實驗設計旨在一次瞭解一個器官。但漸漸地，他開始發現橫隔膜、心臟及身體的所有其他部分都是整個人體系統的一部分，因此馮哈勒的思想開始轉向關於生命更基本的問題。對馮哈勒來說，沒有什麼比生物如何運動更為重要。當我們散步或眨眼時，可以看到生活表面的某些動作。但馮哈勒知道在我們的身體裡面，也隱藏著不間斷的運動，例如我們的心臟跳動、膽囊分泌膽汁、腸子蠕動等。

　　馮哈勒相信運動只有幾種形式，某些運動來自意志，某些運動是人體自動回應感受，馮哈勒認為神經必然以某種方式引起這種運動。根據當時的學者對神經的瞭解，馮哈勒認為神經還必須感知運動的身體部位發生了什麼事才對。

　　為瞭解這種想法是否屬實，馮哈勒和他的學生們用刀、火和腐性化學蝕物質，探查了幾百隻活體動物的身體內部。各種尖叫和掙扎向他們揭示了身體哪些部位可以回應感受。毫無意外地，皮膚非常敏感，但是肺、心臟和肌腱卻不是如此，馮哈勒竭盡全力探查這些部位也沒有得到回應。

　　馮哈勒還瞭解到身體運動並不一定都需要神經。他從動物身上摘下的心臟，有時即使神經系統被切斷還是能持續跳動很長一段時間。在心臟終於停止跳動後，馮哈勒有時甚至可以透過用刀刺或使用化學物質，讓心臟恢復跳動。

　　第二種運動在十八世紀被稱為「應激」（irritable），讓馮哈勒更感興趣。他著手進行另一組實驗以對應到整個身體。他和學生探查各種器官和組織，看它們是否會回應刺激而劇烈收縮。有些組織器官沒有回應，有些回應沒那麼強烈，但每條肌肉都被證明會劇烈收縮。馮哈勒總結說，心臟是「所有器官中最易『應激』的器官」。

　　馮哈勒想知道為何會引起感覺和應激。十八世紀，醫生普遍認為神經包含一種叫「動物精神」的神祕物質。從某種程度上來說，是因為這些動物精神產生化學方面的爆發，而讓肌肉運動。然而應激很明顯並非依賴神經，因此驅動它的力量必須來自其他地方。馮哈勒判斷這個地方應該藏在肌纖維，且是獨立於動物精神之外產生的。馮哈勒對應激的考慮越多，印象就變得越深刻。他還認為這就是生命的標記，

可以為死亡提供明確的定義：死亡的一刻便是心臟失去應激的時刻。應激在馮哈勒看起來，就像是重力一樣深遠的一種力量，不過也像是個謎。因為即使是輕柔地戳肌肉，也可能觸發極大的回應，完全無法以傳統物理學解釋。

馮哈勒在一七五二年發表一系列有關實驗的演講，並於次年出版成書。就在特朗布雷研究水螅後不久，馮哈勒的研究問世，同樣也具啟發性。就像當時人們都想親眼看到水螅再生的情況，現在整個歐洲的解剖學家也都想親自進行馮哈勒的實驗。一七五五年，一位來佛羅倫斯訪問的人寫道：「我在每個角落都看到一跛一跛的狗，每隻狗身上都進行過肌腱敏感性的實驗。」

有些實驗證實了馮哈勒的實驗，但也有一些失敗了。評論家抨擊他所聲稱的「身體獨立於靈魂之外，創造了自己的力量」。據馮哈勒的一位學生觀察：「馮哈勒到處樹敵。」但任何批評者都無法否認馮哈勒的科學成果，龐大的認同人數壓制了這些反對派。一位法國醫生聳了聳肩問：「你要怎麼反對一千兩百個實驗證明？」

馮哈勒在發表實驗結果後不久便離開哥廷根，也就是放棄了豪宅、教堂、花園和解剖講堂。四十五歲的馮哈勒回到瑞士，希望獲得政治上的權力，但他誤判情勢，只找到一份經營鹽廠的工作。幸好這項工作讓他有充裕的時間撰寫醫學和植物學方面的文章，並出版了針對九千本書所寫的書評。馮哈勒已經沒機會拆解另一具屍體，也沒機會剝掉任何狗或兔子的皮膚。此時他最接近實驗的時刻，就是對自己進行的觀察。

當馮哈勒返回瑞士的那一刻起，已完全失去那種年輕時翻越高山的能量。他現在是發燒、消化不良、失眠和痛風的病人，這些感官開

始對他復仇。好奇的馮哈勒開始從自己內部觀察這些現象。例如痛風發作時，他會彎曲大腳趾肌腱並記錄自己的感覺。他不僅不會感到疼痛，甚至要把腳趾彎曲到讓皮膚開始伸展時才感到不適。他後來寫道，「到了這一點時，疼痛會變得難以忍受。」對馮哈勒而言，這種難以忍受的痛苦就是一種證據，證明皮膚可以感受，但關節並沒感覺，也就是關節並不包含神經。

等到馮哈勒六十多歲時，他開始承受慢性膀胱感染的困擾，迫使他用鴉片止痛。他對這種藥物非常熟悉。在哥廷根時，他在植物園裡種植罌粟花，從中提取鴉片，然後餵食動物來觀察效果。馮哈勒觀察到鴉片會讓動物變得較不敏感。當一隻吸毒的狗靠近蠟燭時，瞳孔中並沒有痛苦的反應。但當馮哈勒檢查動物的應激現象時，發現鴉片的作用弱得多，頂多只讓腸子減少應激，但心臟卻仍持續跳動。馮哈勒將這些結果視為更多的證據，證明感覺和應激是兩件完全不同的事。

馮哈勒發表這項發現後，有位名叫懷特（Robert Whytt）的蘇格蘭醫生宣布懷特錯了。懷特曾經進行過實驗，發現鴉片確實會減緩動物的脈搏。懷特說馮哈勒的「對真理的坦率和熱愛」應該「使他在發現錯誤後立即承認錯誤」。不過這當然不是馮哈勒會做的事，他直斥懷特做的是劣等的科學工作。

後來馮哈勒的病情加劇。晚上睡得更少，也開始因關節炎而造成關節疼痛。儘管他對鴉片的功效很熟悉，但他並不想吃鴉片。他曾聽過其他國家的傳言說濫用這種毒品會導致「嚴重的精神軟弱」。因此，對於這位理性時代的指標人物而言，沒有什麼會比「失去理性」來得更可怕。

馮哈勒在寄給老朋友英國醫生普林格（John Pringle）的信裡，表

達了他對鴉片的焦慮。身為英國著名醫生（普林格後來成為英國國王喬治三世的御用醫生），普林格以醫療權威化解了馮哈勒的憂心。他在一七七三年寫信向馮哈勒保證：「鴉片的劑量並不是用幾滴或幾粒來衡量，而是用能使你整夜不痛或停止頻尿的狀況來決定。」

於是鴉片讓馮哈勒的身體立刻變得輕鬆起來，他向普林格回報說：「舒緩的微風，讓洶湧的大海變得平靜了。」除了寫詩，馮哈勒還以科學家的經驗記錄病情，追蹤自己的脈搏並記錄排尿和睡眠品質。他在每次服藥前後都會檢查脈搏，記錄每次排尿，並注意放屁的頻率。隨著時間的流逝，他開始對鴉片成癮，因此鴉片的效力降低。馮哈勒逐漸將劑量增加到五十滴，然後六十、七十，最後到了一百三十滴。現在鴉片讓馮哈勒進入了幸福時光，他說這是他「最快樂也最想活動的時候」。

「當鴉片的影響消退時，原先已然虛弱的體力幾乎完全耗盡了，」他還寫道：「我還注意到透過皮膚排出的鴉片氣味令人反感，這種氣味讓鼻子有如燒灼的不適感。」

到了一七七七年，馮哈勒只能呆在家裡，不僅肥胖且眼睛也有部分失明。但他仍然會迎接蒞臨他家的訪客，包括約瑟夫二世（Emperor Joesph Ⅱ）在內。他問馮哈勒是否仍在寫詩？「確實如此，」馮哈勒回答：「那是我在青春時留下的罪。」

由於鴉片供應穩定，他仍然可以寫作，其中包括關於他使用這種藥物的經歷報告。最後他仍在尋找證據，證明自己是對的，懷特是錯的。馮哈勒發現隨著鴉片緩解疼痛後，他的脈搏開始上升；而當藥物消退，脈搏便下降。馮哈勒等於是用「上癮」這件事，來挑戰應激和感覺的本質。在馮哈勒發表關於鴉片的報告後不久，他去世了。

有許多傳記作家喜歡講述馮哈勒在生命最後一刻的故事。這則來自一九一五年傳記書裡所記載的顯然並不真實，卻非常貼切：馮哈勒把一隻手的手指放在另一隻手逐漸減小的脈搏上，然後平靜地說：「它不再跳動了，我死了。」

學派
The Sect

　　馮哈勒和特朗布雷最關心的都是觀察生命。他們不太願意對自己觀察到的事物做詳盡解釋。馮哈勒相信他永遠無法理解應激，因為真正的本質是隱藏在「刀和顯微鏡的研究之外」。一旦超越界限，馮哈勒便不想冒險。他還說：「試圖在黑暗中找出道路來引導他人的這種虛榮心，對我來說，是最低等的自大與無知。」對他來說，上帝對肌肉所投入的應激，就像祂在地球和月球所放入的引力一樣神祕。

　　但其他博物學家卻勇於解釋生命。當時最著名的博物學家布豐伯爵（Georges-Louis Leclerc, Comte de Buffon），認為生命與無生命的物質在化學上有所不同，生命是由他所說的「有機分子」的物質組成。布豐根本不知道分子是由什麼構成，更別提分辨分子是否不同的能力。不過他仍然堅信所有生物（無論水螅或人）都以相同的方式繁殖：它們將有機分子組裝成自身的複製品。

　　水螅和人之所以活著，是因為它們由這些有機分子組成，且忠實地以自身的新組合來進行繁殖。而水螅和人不同的原因，在於每個生命物種都有一個獨特的、布豐喜歡稱之為「內在模具」（internal mold）的東西。這種內在模具會吸收特定種類的有機分子，不吸收其他有機分子，因此可以各自形成獨特的生物。

　　馮哈勒和特朗布雷並不喜歡看到別人用他們的作品充實自己的理

論。當特朗布雷讀到布豐的主張時，感到非常震驚。「我想只能把他的體系視為危險的假設，」他寫信給本丁克伯爵時說到：「他的事實是自己建立出來的，也證明過頭了。」

馮哈勒同樣震驚於這些把「應激」大肆宣揚的理論家，「『應激』正在形成一種理論派系，」他怒氣沖沖地說：「這完全不是我的錯。」

十八世紀末，這個派系裡包括了許多「生機論者」（Vitalist）。[1] 在整個十八世紀裡，笛卡爾的機械論已發展成一門強大的科學。發明家建造出汽船、空氣壓縮機、動力紡織機和其他使工業革命成為可能的各種設備。而將大自然視為物質運動的天文學家，也有了自己的新發現，例如發現了天王星等行星。不過生機論者往後退卻，認為生命與行星或汽船的本質不同。他們宣稱生物本身所包含的生命力，讓生物得以自行運動而達到目的，這種生命力也讓物質產生「能夠實現共同目的」的複雜結構。對他們而言，馮哈勒的「應激」和特朗布雷的「再生」，都是由生命力完成這些共同目的的有力證據，而機械論的自然觀永遠無法解釋這些事。

馮哈勒死後，生機論者的影響力進一步升高。一七八一年，德國博物學家布盧門巴赫（Johann Blumenbach）宣布所有生物體內「都存在著一種特殊的、與生俱來的有效驅動力，且終生運作。最先出現確定的形態，然後加以保護，一旦受到傷害時，還能進行複製」。某些人認為這種驅動力會從前一代傳到下一代，且隨時間經過而產生變化，誕生不同的形式。

英國醫生伊拉斯謨斯・達爾文（Erasmus Darwin，以下簡稱老達爾

1　譯注：主張生命無法以生物或化學來解釋，而是由基本的生命力所賦予。

文）是第一位與大眾分享新的「個人觀點」的人（他的觀點後來也被稱為演化）。現在老達爾文之所以為世人所知，是因為他正是查爾斯・達爾文的祖父。不過在十八世紀的他，本身就是一位著名的大人物。他出過兩大卷書，對當時已知的每種疾病進行分類。而他在業餘上的嗜好也讓他在科學上取得重大進展，因為他也是最早提出植物如何利用陽光和空氣生長的人。老達爾文相信他所有的思想都以統一的生命觀點融合在一起，因此他想讓整個世界都能瞭解這種觀點。不過，他也知道大部分的人不願意閱讀一本密密麻麻的專業書籍。

老達爾文利用自己創造出來的「科學詩」文體，把植物學的精妙之處，變成廣受歡迎的詩歌。在華茲渥斯、拜倫和雪萊的創作年代裡，[2] 反而是老達爾文，才是一七九〇年代英國真正最著名的詩人，柯立芝也稱他為「最有初心的人」。

在老達爾文於一八〇二年去世前不久，寫下一首名為〈自然神廟〉（The Temple of Nature）的詩，從生命的開始追溯到今日的生命。

> 無邊海浪下的有機生命
>
> 在海洋的珍珠洞穴中誕生與滋養；
>
> 最初的形式微乎其微，用球形玻璃也看不到，
>
> 在泥上匍匐前進著，穿梭於水團中；
>
> 如此，隨著後代子孫綻放，

2　譯注：一八〇〇年，華茲渥斯（William Wordsworth）與柯立芝（Samuel Coleridge）共同出版了《抒情歌謠集》（*Lyrical Ballads*），成為英國浪漫主義文學的奠基之作。拜倫（George Gordon Byron）和雪萊（Percy Bysshe Shelley）兩位詩人則將英國的浪漫主義文學推向高峰。

獲取新的力量，承擔更大的責任；

於焉不斷萌生了植物群體

並在有鰭、有腳、有翅膀的領域裡悠遊。

這首詩在老達爾文去世一年後出現，震驚了具虔誠信仰的讀者們。老達爾文拒絕相信是上帝以當前形式恩賜物種呼吸。評論界對於〈自然神廟〉這首詩的討論相當粗暴。一位不知名的評論家嘲笑老達爾文的理念是「虛幻和難以理解的哲學」，駭人聽聞到他幾乎把羽毛筆扔了：「大家充滿恐懼，都不敢再寫下去了。」

另一方面，對於自由主義者和浪漫派詩人而言，老達爾文的詩像是為點燃文學之火而生。一八一六年夏天，雪萊和十八歲的情人瑪麗（Mary Wollstonecraft Godwin，不久就成為他的妻子，以下稱瑪麗雪萊）造訪在瑞士的拜倫。當時的夏日裡陰冷多雨，三人在室內待了幾天。為了打發時間，他們說好彼此寫出一個鬼故事。

「妳想到故事了嗎？我每天早上都被問到這個問題，於是每天早上我都被迫以令人沮喪的否定來回答。」瑪麗雪萊說。

瑪麗雪萊後來回憶，有一天晚上的話題變成了「生命原理的本質」。她聽著雪萊和拜倫討論了老達爾文關於有機物質產生簡單生命的主張。他們想知道這是否意謂著屍體可以重新動起來。瑪麗雪萊寫道：「也許某個生物的組成部分可以被製造、融合在一起，被賦予生命力。」

當天深夜聚會結束後。瑪麗雪萊在入睡前，腦海裡充滿奇怪的影像。她彷彿看到有個男人跪在縫綴過的屍體旁。正如她在書中所描述的，這個人用了「強大的引擎」讓屍體栩栩如生地動起來，且是以一

種「讓人不舒服的、充滿活力的動作」。這名男子隨後上床睡覺，希望屍體中短暫出現的「生命微光」會自動消失，但他不久就被吵醒。瑪麗雪萊寫道：「這可怕的東西就站在他的床邊，打開床帷，用黃色、水汪汪但帶著疑惑的眼睛看著他。」

她立刻起身說：「我找到了！令我感到恐懼的事，一定也會讓其他人感到恐懼。」最後瑪麗雪萊把這個故事變成一部完整的小說，並在一八一八年匿名出版這本書，書名就叫《科學怪人》（*Frankenstein*）。

在她書中的英雄，年輕的科學家法蘭克斯坦（Victor Frankenstein）執迷於一個問題：「我經常問自己，生命原理從何而來？」他說著生機論者的觀點，並以畢廈作為榜樣，戮力研究死亡以瞭解生命。他說：「解剖室和屠宰場為我提供了許多素材。」

不久後，科學怪人解決了這個謎題。他宣稱：「經過日夜艱辛的工作和疲勞後，我成功發現了人類和生命的成因；不，更重要的是，我變得有能力為無生命物質賦予生命。」瑪麗雪萊在書中隱而不談得以生成科學怪人背後的神祕原因，但她在書裡暗示了與電力有關。十九世紀初，很明顯地，電可以與生命有所關聯，例如電擊能讓死青蛙的腿抽搐。不過電力依舊非常神祕，以至於可被小說家拿來當作起死回生的力量。

老達爾文用抒情的詩歌體來描寫生命力，將其描述為一朵生命之花的綻放。而瑪麗雪萊則在對科學的痴迷中看到某種奇怪的東西，讓科學家想要找到並加以利用。書中主角法蘭克斯坦說：「發現自己手中擁有如此強大的力量時，我猶豫了很長一段時間，思考應該如何使用它，」後來他決定透過組裝人類屍體來創造出一種生物。「我收集了周圍與生命相關的零件，以便將火花注入腳下這具無生命的物體

中。」他創造出來的東西雖然可能被稱為生物，但實質上卻像是一種怪物。

• • • • • •

除了用電進行實驗外，科學怪人還使用了「化學儀器」。瑪麗雪萊並未確切描述法蘭克斯坦所進行的化學實驗類型，但只要在書中提到科學，就會為這本書帶來強烈的現代感。因為在十九世紀初，化學家剛剛掃除了煉金術的神祕，以元素和原子取而代之。

要欣賞這種時代變化的革命性成就，可以先從水開始講起。十六世紀，煉金術士試圖透過水的性質（透明性、溶解物質的能力等）來定義水，但最終陷入一場混亂。他們的研究對象涵括了不同種類的水，然而這些水只有少數共同點，此外就沒別的了。例如硝強水（Aqua fortis）可溶解大多數金屬，王水（Aqua regia）還能溶解金和鉑這類貴金屬。

十八世紀末，法國化學家拉瓦節（Antoine Lavoisier）證明水是由兩個氫原子和一個氧原子所組成的分子。事實也證明硝強水根本不是水，而是氮、氫和氧的混合物，現在被稱為硝酸，而王水則是硝酸和鹽酸的混合物。

生物可被分解為元素，但在無生命的物質中，很難找到把這些無機元素結合成有機分子的方法。許多化學家逐漸看到有機物和無機物間存在著重大的鴻溝。一八二七年的一本化學教科書裡宣稱：「在自然界中，這些元素似乎遵循著與死亡完全不同的規律。」

後來有位化學家維勒（Friedrich Wöhler）打算修正化學教科書上

的錯誤，他用了自己的尿液來證明。維勒以一種叫做「氰」的有毒酸進行實驗，將其與氨混合。最後得到了由碳、氮、氫和氧製成的奇特白色晶體。晶體中元素的比例，非常接近在尿液中被稱為「尿素」的分子。

人類腎臟會製造尿素，以便將多餘的氮從血液中抽離並從體內排出。十八世紀的化學家在讓尿液蒸發並形成晶體時，首度發現了這種化合物。維勒為了理解自己製造出來的這種人造晶體，收集了自己的尿液並從中分離出尿素，然後把來自自己的「天然尿素晶體」與他從氨和氰中製作出來的「人造尿素晶體」進行比較。結果在化學分析上，兩者的反應方式相同。

「我無法再像以前一樣用人體忍尿的方式忍住這種『化學尿』，」他宣稱：「因為我已可以不用人或狗的腎臟，獲得製造尿素的條件。」

維勒雖然沒有創造出《科學怪人》一書裡的怪物，但他已不需依靠生命力就能成功地創造一種有機分子。當他在一八二八年發表實驗結果時，許多化學家拒絕承認維勒的成就。他們認為，從零開始生產尿素並不是那麼重要，因為這只是生活中的一種廢物，他們要繼續找出能夠創造「生命有機分子」的生命力。

當然也有一些研究人員跟進了維勒的實驗。例如德國化學家科爾貝（Hermann Kolbe）研究了醋酸，醋酸只能在發酵的水果醋裡找到。科爾貝在實驗室裡先用煤產生二硫化碳分子，然後經過一連串的實驗過程，發現了如何製造醋酸的方法。一八五四年，科爾貝回顧維勒的實驗，尊稱他為科學先知。科爾貝宣稱：「他把分離有機物與無機物的天然藩籬拆除了。」生命仰賴於平凡普通的化學，卻以某種方式產生不平凡的結果。

Life's Edge

.

這團軟泥還活著
This Mud Was Actually Alive

　　一八七三年八月十四日晚上，坎貝爾勛爵（Lord George Campbell）從船上凝視著泛起火光的海洋，每一道波浪都閃爍著光芒。坎貝爾登上英國軍艦「挑戰者號」（HMS Challenger），低頭看著船的龍骨劃開大西洋海水，他看到了一條藍綠色的發光帶，後面升起黃色的火花。當他走到船頭看時，從海中射出的光芒，亮到幾乎可以用來閱讀。

　　坎貝爾後來說，那就像是天上的銀河「掉落在海上，而我們在當中航行」。但事實證明，這整條銀河並非由恆星組成，而是由生物所構成。

　　坎貝爾是一名英國海軍中尉，他在「挑戰者號」上進行了為期三年的科學航行。這艘船原本是為戰爭建造，後來改裝為研究用途。英國海軍在上面裝了一百六十公里長的繩索及拖網、挖泥機和測深裝置。他們拿掉船上的大砲，將船艙改成實驗室。船上人員的任務是研究世界海洋的化學和生物學。幾千年來的水手都看過這種海上火光，但現在「挑戰者號」船員將要對其進行科學研究。他們在維德角群島附近發現火光，立即扔出了細網狀的挖泥機，以便查看可能撈到什麼。結果他們挖到了各式各樣的夜行性海洋生物，並帶到船上的實驗室進行分析。

　　當船繼續航行時，看見了更多光芒。這些光芒有時是由微藻類所

產生，當船攪動它們周圍的海水時，它們就會自行發光。有時船員也發現光芒來自於管水母，管水母是一種長達十八公尺的膠狀生物群聚體。船上的博物學家莫斯利（Henry Moseley）用手指把縮在桶中的一個管水母標本繞出自己的名字。他說：「這個名字在幾秒鐘之內就會被點亮。」

「挑戰者號」不僅在海洋表面發現了生命之火，還在幾千公尺的深海裡發現了生命之光。這艘船配備了新的技術，可以測量海的深度，因為當時深海世界對人類來說幾乎完全神祕。由於「挑戰者號」的引擎可讓船在風浪中維持不動，船員會定期將綁上繩子的黃銅管丟進海裡。這些管子會落到三公里深的海底，可用來測量該處的溫度（通常不會低於冰點），有時也會順帶拉上一些深海泥土以供研究。船員們也經常在海床上方拖著另一種可以打開開口的挖泥機，看看有機會挖到什麼。當挖泥機拉回到甲板上時，船員們便會從這些深海泥裡挑出寶藏。有時會發現古老的火山岩，有時會發現隕石顆粒，這些顆粒從太空墜落海底而留在海床上。有時他們也會發現一些發光的生物，包括發光的魚、珊瑚、海星等。「挑戰者號」的船員寫了許多關於海上冒險的長信，要花幾個月的時間才能寄到英國。但當信件抵達，國內外報紙就會對這些內容大肆報導。對維多利亞時代的讀者來說，這些故事讀起來就像是現代人在聽阿波羅登月計畫的故事一樣。

對「挑戰者號」船員而言，最令人興奮的時刻，就是當挖泥機在船的甲板灑上一層看上去平凡無奇的白泥漿時。他們並非簡單地用水沖到船外，而是小心翼翼地將這些白泥鏟進過濾器中，並將過濾後留下的物質保存在密封瓶裡。因為船員們正在白泥裡尋找一種叫「巴希比爾斯」（Bathybius）的原始物質，許多生物學家相信這種物質幾乎

覆蓋了整個世界的海底。它並非動物或真菌，而是最原始的果凍狀物質，亦即構成生物細胞的東西。在早期的探險航行中，有些博物學家發現了這種神祕生命形式的跡象，但「挑戰者號」已完全準備好要全面研究「巴希比爾斯」。

沒有人會比赫胥黎（Thomas Huxley）更期待「挑戰者號」找到「巴希比爾斯」，因為它是由這位科學家所命名。

在「挑戰者號」出航時，赫胥黎已成為世界上最傑出的科學家。他從骯髒、貧窮和偶爾飢餓的童年時代起，就已放眼這樣的學術高度。儘管經歷了艱辛的奮鬥過程，赫胥黎的才華仍舊得以閃耀。他從小自學德語、數學、工程學和生物學，夢想著要進行一次航海探險，尋找奇特的新生命形式。後來赫胥黎獲得獎學金就讀醫學院，也很快就證明了自己是解剖學大師。在他十幾歲時，有次在仔細檢視頭髮後，發現了包圍每根頭髮內鞘裡面隱藏的細胞套筒層，後來這種結構便因此被科學界命名為「赫胥黎層」。

然而，巨額債務迫使赫胥黎離開醫學院，在二十一歲時加入皇家海軍擔任助理外科醫生。令他高興的是他被分配到軍艦「響尾蛇號」（HMS *Rattlesnake*），這是一艘即將開往澳洲和新幾內亞海岸間的老式護衛艦，用意在尋找更安全的航道。船長斯坦利（Owen Stanley）想要一位具備專業知識，或至少具有好奇心的醫生，研究他們在途中遇到的動植物。赫胥黎後來回憶說：「說不出我有多開心能接受這樣的任務。」

「響尾蛇號」在一八四六年十二月啟航離開英國。當船航行到南大西洋時，赫胥黎注意到附近有隻僧帽水母在漂流，風讓這隻動物明亮的藍色囊狀物像船帆一樣鼓著。由於水母身上有致命的刺，因此赫

胥黎小心翼翼地從水裡撈起僧帽水母，帶到船上的圖表室。他把水母放在桌上，仔細檢查水母脆弱有毒的身體，直到熱帶高溫讓水母的屍體腐敗為止。水母的解剖結構讓他眼花撩亂，因為跟人類或任何其他脊椎動物都大不相同。有少數博物學家以前曾研究過僧帽水母，但赫胥黎意識到那些人完全搞錯了解剖方向。

當「響尾蛇號」駛向澳洲時，他捕獲了更多水母標本並進行仔細研究。他的好奇心也擴展到其他種類的凝膠狀生物，包括海月水母和帆水母。當他檢查這些生物的柔軟身體時，發現了驚人的相似之處，例如它們都使用相同的細叉來發射毒刺等。赫胥黎無法解釋為何這些生物在這樣的外表差異下，還能具有共同點。他很快便意識到即使是一八四〇年代最傑出的解剖學家，可能也無法真正理解。他所能做的就是盡可能準確地描述這些生物，然後將他的解剖紀錄寄給倫敦的朋友們，希望他們有辦法解讀。

一八五〇年，赫胥黎二十五歲，當他回到英國時，這些信件已為他贏得了驚人的聲譽。幾年內，他成為皇家礦業學院的教授，也是大眾科學教育最有力的倡導者。他把科學推廣到英國的學校裡，認為學生不應該把所有的時間都花在學習拉丁語和希臘語上。他也為雜誌撰寫文章，並為所謂的「勞動大眾」進行演講。赫胥黎還抽出時間，繼續研究他在「響尾蛇號」以來的各種收藏。結束當年的探險之旅後，他已具有足夠名氣，可以從英國的船艦博物學界獲取新樣本。赫胥黎從海洋表面掠過的奇特生命形式裡展開了他的科學生涯，而在一八五〇年代後期，他的注意力慢慢轉向海底的黑暗深處。

當時有一支船隊正開始調查海床，準備鋪設第一條從英國連到歐洲再連接到美國的電報電纜。如同其他生物學家，赫胥黎也想知道海

床上是否住著任何生命。於是他請船員幫他將挖起來的一些泥漿保存起來，用酒精密封在罐子裡，以免萬一裡面有任何生物組織在航行途中腐爛。

其中一艘名為「獨眼巨人號」（*HMS Cyclops*）的探測船把泥漿寄給赫胥黎。這艘船在一八五七年六月離開愛爾蘭的瓦倫西亞島，駛往加拿大的紐芬蘭，途中經過了被稱為電報高原的巨大海床。船長戴曼（Joseph Dayman）預料這是一整片花崗岩帶。結果工作人員在探測時挖起的卻是「一種柔軟的粉狀物質，為了更方便稱呼，我將其稱為『軟泥』（ooze）」。

當這些軟泥罐抵達倫敦時，赫胥黎開始進行過篩。他從中發現了一些奇怪的鈕釦狀微小物體。每個都是由圍繞著中心孔的同心圈圍繞而成。赫胥黎不確定它們是否是脫落自生活在軟泥中的動物身上，或是從海洋較高處的生物身上落到電報高原上。儘管如此，它們還是值得取個名字，因此赫胥黎稱它們為「球石」（coccolith）。他向海軍提交了一份簡短的報告，然後將這些軟泥放在架子上，一放就是十年。對赫胥黎來說，這將會是一個忙碌的十年，因為他即將協助引入一種新的生命理論。

· · · · ·

一八五〇年，當他從「響尾蛇號」探險隊返回家鄉後，認識了最重要的一位新朋友便是達爾文。當時四十一歲的達爾文主要以他在「小獵犬號」環遊世界的探險而聞名。大部分的人都知道這件事，因此達爾文從那以後就一直因知名度而被眾人簇擁。達爾文和赫胥黎成

長自英國的不同地方：赫胥黎小時候家裡很窮，達爾文則來自富裕家庭，從來都不需要賺錢謀生。不過他們立即意識到彼此都對生命充滿著困惑的迷戀，迫切希望找到使一切都有意義的生命原理。

一八五六年，達爾文邀請赫胥黎去他的鄉間別墅一起度週末。他在這裡讓赫胥黎加入一個大祕密中：如同他的祖父老達爾文，此時的達爾文已確信生命一直在不斷演化。不過達爾文並非像祖父一樣寫出關於這種想法的詩，相反地他開發了詳細的理論，並向赫胥黎解釋。儘管達爾文還不瞭解遺傳的運作原理，但他可以看出遺傳為自然淘汰開闢了可能性，天擇可以將舊物種變成具有新生命形式的新物種。他還認為每個物種都只是生命樹上的一個分支。

在達爾文邀請之前，赫胥黎一直對演化論抱持懷疑的態度，但現在他意識到達爾文已在前人失敗之處取得成功，他自己也開始對這項研究充滿熱情。當達爾文繭居在鄉村莊園進行研究時，赫胥黎則開始到處演講宣揚他的理論，同時也進行新的研究以連接生命樹的廣大分支。他還大膽宣布就人類這種物種而言，也已像地球上的其他物種一樣演化了。

赫胥黎意識到人類只代表了生命大樹上的一根細枝。現在要由演化生物學家來完整繪製這棵生命之樹，找出動物、植物、真菌和其餘生物的家譜。他們必須沿著演化樹的分支，一直發掘到它的根部，亦即找到所有生物的共同祖先，然後找出祖先本身如何產生。赫胥黎宣稱：「如果演化論的假設是正確的，那麼生命物質必定源於非生命物質。」

赫胥黎認為，尋找這種轉變證據的最佳地點，就是他所研究過的「軟泥」。

　　赫胥黎的懷疑由來已久。這項研究的起源可追溯到一個多世紀以前，也就是特朗布雷的水螅相關研究。特朗布雷在動物身上發現一種像果凍的物質，似乎具有強大的生命力。馮哈勒也在他解剖的動物中發現這種物質，並推測就是這種物質引起「應激」。追隨特朗布雷和馮哈勒的生機論者甚至走得更遠，他們聲稱黏性物質就是生命的物質，存在於每個物種之中。

　　一八〇九年，法國生物學家拉馬克（Jean-Baptiste Lamarck）宣布：哺乳動物、植物和微生物都是由相同的凝膠狀物質所組成，因為這是身體組織的基本形式。拉馬克在當時還探討了生命進化的各種傳言。在他看來，這種果凍狀物質代表了生物史上的第一步，而在隨後諸多步驟裡，這些果凍物質演變成植物、動物和其他各種複雜的生命形式。

　　其他早期的演化論者也同意這種觀點。德國生物學家奧肯（Lorenz Oken）甚至把這種凝膠狀物質取名為「烏斯來姆」（Urschleim），亦即「原始黏液」。奧肯認為原始黏液是在地球早期自發形成的一種巨大、連續性的物質。然後它分解為微小的生物斑點，接著演變為我們所知的複雜生命。奧肯認為即使到了今天，原始黏液仍繼續在所有生物內部經歷創造和破壞的循環。

　　在沒有任何實驗證明的情況下，奧肯以瘋狂浪漫的猜想，為原始黏液封上后冠。他與化學實驗室得出的實驗結論形成鮮明對比。維勒生產尿素的成功，啟發了其他研究人員合成出其他的有機分子。幾個世紀以來，靛藍染料與其他顏色的染料都是從花卉和其他生物來源中提取。現在化學家則想出如何以廉價的化學藥品製造出大量顏色染料的方法，從而開創了一個新產業。而奧肯卻無法說出到底哪一種化學作用，可以為原始黏液賦予生命？

　　然而卻有越來越多理智清楚的生物學家，也都漸漸同意生命是由一種普遍的黏性物質所建立。一八三〇年代，法國動物學家杜雅丁（Félix Dujardin）在單細胞微生物中發現了「活膠」（living jelly），且在他後續對動植物組織的顯微鏡研究裡還得到更多證據，研究證明這些組織都是一群細胞所組成。我們現在知道人體是由數兆個不同類型細胞所組成的複合體，包括肌肉中的細長管狀肌細胞到大腦中糾結的神經元，再到皮膚中的磚狀上皮細胞等。這些細胞雖然有著不同差異，但它們仍然屬於依附某種主體所產生的變體。當十九世紀的生物學家觀察細胞內部時，他們總會發現相同的活膠。歷史學家丹劉晰原（Daniel Liu）寫道：「細胞可藉由泡沫狀的黏液團塊而重新定義。」

　　這些黏液不但會移動且也抖動著。它會從內部推動細胞。德國生物學家馮莫爾（Hugo von Mohl）在一八四六年宣稱：「我不敢輕易冒險懷疑這些動作的原因。」又過了幾年後，這種神祕的泡沫狀黏液獲得了原生質的名稱。科學家懷疑原生質不僅具有重要的細胞運動能力，還可能進行產生有機分子的化學反應。它也可能負責組織細胞內部的構成，包括將一個細胞分裂成兩個，驅動細胞發育成複雜的胚胎。也就是說，原生質似乎無所不能。

　　赫胥黎雖然不是細胞生物學家或化學家，但他仍然密切關注不斷增加的「原生質作為生命基礎」的各種證據。如果說演化就像流過時間的一條河，那麼原生質就是河裡的水，從上一代傳給下一代，並以某種改變產生了新的生命形式。赫胥黎寫道：「如果說所有生物都是從先前存在的生命形式演化而來，那麼地球上只要出現一個單一的原生質粒子便已足夠。」

　　化石為達爾文的演化論提供了重要的支持，證明各物種間的古老

聯繫。在大多數情況下，早期的古生物學者只能發現大型動植物遺骸，例如猛獁的象牙、樹木的樹幹、恐龍的腿骨等。一八六〇年代初，加拿大的研究人員發現了看起來像原生質的化石。他們從當時科學家已知的一些最古老岩層中，發現了一種只有斑點大小、被外殼覆蓋的生物化石。生物學家卡本特（William Carpenter）在顯微鏡下仔細檢查這種生物，將其描述為「明顯同種的膠凍小顆粒」。

卡本特稱新物種為「始生物」（Eozoön）或「黎明動物」（dawn-animal）。當達爾文看到這個消息時，便更新了一八六六年版的《物種源始》，將此一發現當成演化論的新證據。他說：「閱讀了卡本特對這種非凡化石的描述後，不可能對它的有機性質產生任何懷疑。」

地質學家在加拿大和其他地區散布的岩石中，發現大量的始生物薄片。從發現化石的不同岩層來看，始生物似乎已承受了多年擠壓。事實上，卡本特在倫敦的一次地質會議上宣布：「假使在現在的深海軟泥裡發現了像始生物這樣的構造，大家也不必感到驚訝。」

一八六八年，卡本特發表對始生物的研究後不久，赫胥黎做了一件奇怪的事：他從架子上取下了「獨眼巨人號」帶回來的軟泥，開始進行新的觀察。沒有人確知為何他決定打破十年來的靜默。也許他認為始生物仍活在海底，也許他認為軟泥裡含有奧肯預測的原始黏液，當然他也可能只是興奮地試用剛剛購入、功能強大的新型顯微鏡。

不管是什麼原因，赫胥黎正看著他的軟泥，因為現在他有了新的觀察起點。他看到了以前沒仔細注意的東西：「團塊狀的透明膠狀物質。」這種物質在赫胥黎的觀察視野裡形成一個龐大的網路，散布著微小的球狀鈕扣和奇怪的、被他稱為「顆粒堆」的東西。

如果赫胥黎看得夠久，這些團塊就會移動。於是他總結說，這種

凝膠狀物質就是原生質。他所看的一定是一種「簡單、會動的生物」。如果「獨眼巨人號」的深海掘出物，遍布在大西洋海底，那麼整個海洋可能都是被他所謂的「深海『烏斯來姆』」所覆蓋。

赫胥黎認為黏液本身就是一個物種，與之前發現的任何生物形式都不一樣，因此他將其命名為「巴希比爾斯・海克利」（Bathybius haeckelii）。前面的「巴希比爾斯」意謂著深奧的生命，後面的「海克利」則是為了向德國生物學家海克爾（Ernst Haeckel）致敬，因為他是「所有生命都源於簡單、充滿原生質的祖先」理論的主要支持者。赫胥黎告訴海克爾：「我希望你不會介意成為這種生物的教父。」

一八六八年八月，赫胥黎在一次科學會議上，揭開了巴希比爾斯的神祕面紗。當時現場的一位記者說他對這種「大西洋海底上的生命膏狀物」想法感到驚奇。赫胥黎在會議上提出關於巴希比爾斯的本質與歷史，作為生命源頭的詳盡理論證據。隨後幾個月裡，他悠遊於英國各地，就生命的物質基礎進行一系列講座。在一個又一個城市裡，他在各場擁擠大廳和教堂的演講中，為所有聽眾留下深刻的印象。愛丁堡的一位記者寫道：「觀眾似乎停止呼吸了，因為安靜聆聽的感受如此美妙。」

「什麼樣的聯繫力可以把戴在女孩頭上的花，及透過年輕靜脈流動的血液連結在一起？」赫胥黎演講時會問台下的聽眾。答案就是原生質。赫胥黎說：「我們可以真正地說，所有生物的行為從根本上看都是一致的。」

原生質只是一種有機分子的排列，雖然功能尚不清楚，但總有一天普通生物學就足以解釋這點。而且這就像是在說水有「水質」一樣的科學，我們再也不必想像生物具有什麼神祕的生命力。

牧師可能會告訴他們的教眾「塵歸塵、土歸土」。但是原生質揭露了一種不同的循環，生命在循環裡變回了生命。「我可能吃龍蝦，而甲殼動物的生命會經歷同樣美妙的蛻變進入我的體內，」赫胥黎說：「如果我搭船回家遇上海難沉船，那些甲殼類動物可能會、且是非常可能會讓我回饋，以讚揚我們的共同天性，也就是它們吃下我的原生質而轉變成活龍蝦。」

赫胥黎傳遞了在八卦與科學之間的微妙平衡演說，證實是一場壓倒性的勝利。在愛丁堡演講三個月後，演講內容在《雙週評論》（Fortnightly Review）上發表，標題為〈論生命的物質基礎〉。當原生質遠播到蘇格蘭以外的地區後，為了滿足各地需求，《雙週評論》一共發行了七種版本，國外的報紙也重刊了其中大部分的內容。

當赫胥黎在英國各地進行演講時，科學家湯姆森（Charles Thomson）正在蘇格蘭北部的一艘名為「閃電號」（Lightning）的小型軍艦上航行。一八六〇年代，像湯姆森這樣的科學家都想研究海洋。他也想知道深海中到底有多少生命？海床上到底是水下沙漠或水下叢林？英國海軍為他提供了一艘由小型砲艦改裝，名為「閃電號」的船進行探險。湯姆森和他的船員挖掘了一些海床，有時會挖上一整塊奇怪的黏稠大團軟泥。他們謹記赫胥黎所說的巴希比爾斯，在船上的顯微鏡觀察軟泥時，看到了一些動靜，軟泥裡有著奇特的蛋白黏液外觀，就像原生質一樣。

湯姆森宣稱：「事實上，這團軟泥還活著。」

「閃電號」航行六週後，湯姆森將軟泥寄給赫胥黎。他親自檢查後，宣布這是巴希比爾斯的第二個樣本。接著在南大西洋和太平洋地區，還有更多的巴希比爾斯出水亮相。一八七二年八月，美國北極探

險隊在北冰洋裡，發現了巴希比爾斯的更原始版本，他們將其稱為「原型巴希比爾斯」（Protobathybius）。

隨著赫胥黎的原始生物出現在世界各地後，他便把它們視為一種覆蓋全球的地毯性物質。他說：「巴希比爾斯可能形成連續的生命物質殘渣，環繞整個地球表面。」

某些科學家懷疑巴斯比爾斯的存在。生物學家貝爾（Lionel Smith Beale）稱這種物質是「幻想且不可能的」。但貝爾並非因客觀的懷疑而攻擊赫胥黎，他是一位認為「生命與其他一切具有根本上差異」的生機論者，所以當然把巴希比爾斯視為一種威脅。他說：「生命力是特殊而獨特的一種能力、力量與資產，短暫地影響著物質及其內在的力量，但與任何一種被影響的『物質』完全不同，且絲毫沒有關聯。」

不過在大多數情況下，科學家將世界各地巴希比爾斯的發現，視為真實的證據。一八七六年，一本生態學教科書在第一頁放上了巴希比爾斯及原生質團塊的圖片。而在德國，海克爾也對赫胥黎的發現感到高興，不過他的說法讓批評家感到震驚。海克爾說烏斯來姆（原始黏液）「已藉赫胥黎所發現的巴希比爾斯，成為一個完整的事實」。海克爾也分享了赫胥黎對世界的新視野，他宣稱「大量裸露的、活著的原生質，覆蓋了更深的海洋」。

海克爾想知道這些巨大的軟泥來自何處？「原生質可能是自行產生的嗎？」他提出疑問。「我們此刻面臨著一系列謎題，只有期待以後的研究能得到答案。」

湯姆森在「閃電號」上的成功，成了他探索整個世界深海的入場券。在另一艘挑戰者號遠征時，湯姆森成為船上的科學總監。這艘船雖然有船長，但真正的負責人其實是湯姆森。他監督了關於生物學、

地質學和氣象學的各項驚人研究。「挑戰者號」的船員搜集到天堂鳥、海藻和人類骸骨，他們編寫了有關百慕達植物、海洋化學成分、藤壺的報告。最終，他們的研究數據寫滿五十巨冊之多，最後一冊問世那天，湯姆森早已過世。

但所有在船上進行的研究工作裡，「挑戰者號」的船員們總是抽出時間尋找更多的巴希比爾斯。他們有充分的理由期望找到大量證明，也比以往任何人都更渴望能仔細研究。他們還可以直接檢查最新鮮的樣本，不必先妥善存放然後再長途跋涉回到英國的實驗室檢查。

船員在橫跨大西洋的航行途中，花了幾週的時間練習，熟練地挖出了深層泥漿。湯姆森的第二司令官默里（John Murray）仔細從泥漿表面上去除水分，他相信泥漿表層最可能發現新鮮的巴希比爾斯。他把樣品放在船上最先進的顯微鏡下觀察，並花許多時間檢查這些樣本，尋找許多人已發現過的原始原生質網路。

不過他什麼也沒發現。

每次採集樣品時，默里和同事會把一些泥漿用酒精儲存在罐子裡，以便回到英國時可以讓赫胥黎和其他科學家有機會進行研究，也許科學家的運氣會更好。某天當默里檢視這些儲存樣本的罐子時，發現有些泥漿上形成了一種半透明層。他拿下這類罐子進行檢查，看到這些半透明層具有果凍般的黏稠度。於是默里在上面噴了幾滴胭脂紅試劑。科學家利用這種化學物質來測試有機物，如果是就會變成紅色，這些果凍狀物質果然變紅了。

隨船化學家是一位富有的年輕蘇格蘭人布坎南（John Buchanan）。他對默里的發現很感興趣，於是他利用從海底拖出來的水進行蒸發。他解釋進行這個簡單實驗的想法：「如果這種像果凍一

樣的有機體，真的是由一種覆蓋整個海底的有機物所形成，且是由某些著名的自然學家在海底軟泥標本中所見到，也就是被稱為巴斯比爾斯的有機物。那麼當這些海洋底層的水被蒸發到乾掉，也就是殘渣被加熱後，一定會出現這種有機物。」

不過它們確實並未出現。當這些水分蒸發後，布坎南找不到任何有機殘留物。

接著他檢查默里在罐子裡發現的果凍，實驗表明它們也不含有機物。布坎南之前發現的其實是鈣和硫酸鹽，換句話說就是石膏。當「挑戰者號」從香港開往橫濱時，布坎南進行更多實驗而意識到到底發生了什麼事。因為把深海泥放在酒精中，就會促使鈣和硫酸鹽形成果凍狀團塊。而原先每個人都認為只會讓有機物變成紅色的胭脂紅，同樣也會讓硫酸鈣呈現相同的紅色。

經過幾次船上實驗後，布坎南和默里將這種地球上最原始、最基本的生命形式徹底消滅了。在「挑戰者號」繼續航行時，他們以冷淡的實驗文章為巴希比爾斯寫下了訃文。默里總結說：「這些敘述者犯了一個錯誤，就是把它們當成了生物。」

你可能認為湯姆森的回應，應該是想盡量平息他的團隊所犯下的褻瀆行為。畢竟就在七年前，在世界的另一端，湯姆森本人親自觀察到巴希比爾斯。且在「挑戰者號」啟航前，他還曾在一本與海洋相關的暢銷書裡寫過關於這個物種的精彩文章。幸好湯姆森並不執著於原本的信念，布坎南和默里也說服他這些實驗的科學正確性。因此在一八七五年六月九日，湯姆森寫了一封信給赫胥黎，傳達這個壞消息。

「應該讓你知道它現在的情況，」他告訴赫胥黎。「儘管我們盡了最大的努力尋找，但沒人看到巴希比爾斯的蛛絲馬跡。」湯姆森還

寫說，默里和其他團隊成員「否認它的存在」。

當赫胥黎收到這封信時，他沒有掩蓋這個災難性的訊息，反而把信傳給科學期刊《自然》加以發表，並在文章結尾處附上自己的注釋：「如果這整件事有錯，我必須擔負最大的責任。」

當「挑戰者號」於一八七六年五月二十四日返回英國時，巴希比爾斯已被確定不可能存活在世上了。僅剩的幾名捍衛者包括海克爾，他因為看到赫胥黎放棄爭辯這種以他為名的生物而感到沮喪。他曾經說：「巴希比爾斯的真正父母越表明自己想要放棄絕望的孩子，我就越覺得應該要像教父一樣負起自己的責任。」然而，海克爾並沒有提供任何挑戰這種說法的證據，巴希比爾斯也被認為是一個重大的科學錯誤，因此很快就從教科書上消失。它的化石先驅者始生物，同樣也很快就沿著相同道路走到盡頭。事實證明，這只是一種誤導科學家的結晶物，絕非古代原始生命的印記。

結果反而是赫胥黎的敵人為維護巴希比爾斯的生命盡了最大的努力。一八八七年，整個十九世紀最反對達爾文主義的阿蓋爾公爵（Duke of Argyll），再次陷入質疑赫胥黎生命觀的尷尬中。他稱這個事件是「可笑的錯誤和可笑的輕信，造成理論上先入為主的直接結果，巴希比爾斯被接受是因為它符合達爾文的推測」。

赫胥黎對阿蓋爾公爵的評價不高，因為阿蓋爾公爵並沒有做過任何科學上的研究。不過赫胥黎坦承自己犯了錯誤，他補充說：「不論科學界或其他事物，只有什麼都不做的人永遠不會犯錯。」

儘管如此，正如歷史學家雷博克（Philip Rehbock）後來所觀察，阿蓋爾公爵確實指出了一點。雷博克寫道：「巴希比爾斯是個高度實用的概念，這是一種在十九世紀中葉的生物學和地質學思想背景下，

具有意義的詮釋工具。」

在有生命和無生命間的邊界裡，概念上的妄想有其成形並贏得聲譽的方式。儘管赫胥黎犯的是全球範圍式的錯誤，但他的聲譽仍然完好無損。當他在一八九五年去世時，《皇家學會報告》（*Proceedings of the Royal Society of London*）以長達二十三頁的訃聞來讚美他。「他在研究裡觸及到的各種生物，無論原生動物水螅、軟體動物、甲殼動物、魚類、爬蟲類、野獸和人類等，還有那些他無法觸及到的生物等，他都加以闡明，並留下自己的印記。」這份期刊還說在這麼多頁面滿滿的成就裡，他們不必另找空間來提及巴希比爾斯。

大約經過一代的時間後，伯克的放射性生物也被證明是假的，且他的命運還更艱苦。儘管赫胥黎曾被假象矇騙，但他對生命大局的見解仍是正確的。因為演化是真實的，原生質確實凝聚了整個生命。但是這種凝聚的聯繫遠比赫胥黎所想像的更為複雜。

一場水的遊戲
A Play of Water

　　雖然巴希比爾斯已死，但原生質仍然存在。隨著十九世紀結束，關於原生質的內部運作線索也慢慢開始浮現。不過最初的一些線索並非來自海底，而是來自於啤酒。

　　縱觀人類歷史，釀造啤酒就像某種煉金術一樣。人類至少在一萬三千年前就開始釀造啤酒，當時的紐約還覆蓋著冰河，渾身披毛的猛獁象也橫行於西伯利亞。居住在近東地區某處的第一批釀酒師，收集了小麥和大麥等植物，將它們煮沸成一定糖分濃度的液體，稱為麥芽汁。接著他們等待麥芽汁發酵成帶有泡沫、會讓他們喝醉的飲料。發酵過程中到底發生了什麼事，沒有人知道。

　　十九世紀的化學家提供了一種答案，微生物學家則提供了另一種答案。化學家按照維勒的傳統進行實驗，以分子成為新化合物的方式來思考發酵這件事。因為在他們看來，植物糖似乎發生了某種化學反應，變成酒精、其他分子加上二氧化碳氣泡。

　　然而微生物學家將發酵視為一種生物行為。麥芽汁中的殘渣，即長期以來被稱為「酵母」的東西，是由活的單細胞生物所組成。沒有它們，就不會產生發酵的過程。幾千年來的釀酒商人，不知所以地把麥芽汁暴露在空氣中讓啤酒發酵。那些漂浮的酵母孢子自然沉澱在麥芽汁上，從此接管發酵過程。生物對於這個過程相當重要，因為消毒

過的麥芽汁永遠不會變成啤酒。十九世紀末，微生物學家已將釀造技術轉變為一種「工業生物學」（Industrial Biology）。啤酒商可以挑選想使用的酵母種類，以確保可以預測釀出啤酒的風味。每家酒館裡發泡中的每一品脫啤酒，似乎都在證明生物的生命力。當糖與生物接觸時才會變成酒精，否則永遠不會有發酵的過程。

化學家對這種說法並未留下深刻印象。酵母內的微小細胞在小麥中環繞並神奇發酵成酒精的想法，似乎又是另一種荒唐的生命力謬論。

因此一位年輕的德國化學家比希納（Eduard Buchner），在試圖致使這場啤酒大討論的雙方休戰時，獲得了諾貝爾獎。十九世紀末，科學家知道生物可以製造出一類特殊的蛋白質稱為「酶」，這種酶在分解其他分子方面非常出色。一些研究人員指出，酵母中含有一種可以分解糖的酶。所以酵母對於發酵過程必不可少，然而它們並不包含什麼所謂的生命力這種東西。

一八九〇年代，比希納著手尋找這些假想中的酶。他把酵母粉與細砂礫混合，然後用研缽研磨成深色、潮濕的麵團。酵母細胞的膜被撕開，細胞裡的原生質傾瀉而出。

比希納把這種新混合物鋪在平坦表面上，並用液壓機將其壓碎，最後聞到令人愉悅的酵母汁味道。接著，為了殺死設法溜入汁裡的任何其他活細胞，比希納還把砷和其他毒素添加進去。現在汁液已完全沒有任何活物了，只剩下沒有生命的分子。

然而當比希納在酵母汁裡加入糖後，它卻開始冒出二氧化碳氣泡，然後變成了酒精。比希納的實驗表明，發酵並不需要依賴活細胞。甚至不需要任何活的原生質，只要用普通的酶來負責轉化即可。

　　最初，這種看法對生物學家和釀酒師來說都相當離譜。因為許多人認為原生質是任何生命過程所需的同質性物質，無法認同把原生質視為是一團特定分子，每個分子執行特定的反應。因此某位發酵專家預測比希納的理論「只會存在一段很短的時間」。

　　但很快地，其他科學家重複證明了比希納的實驗。他們更進一步推進這種發酵過程，分離出負責發酵的酶，並給它們取了正式的名字為「酵素」（zymase）。法國微生物學家迪克勞斯（Émile Duclaux）宣稱比希納正在「開啟一個新世界」。這是一個生物化學的世界，因為在各種生物體內充滿了這類活性蛋白。

　　一九〇七年，比希納前往斯德哥爾摩接受諾貝爾獎時，他還試圖扮演締造和平的角色，苦勸機械論者和生機論者不必為發酵而戰。生機論者說酵母對發酵至關重要，沒有這些生物的創造，酶就不可能存在。但是酵母並不是利用神祕的生命力來發酵啤酒，而是製造出酶，也就是一種遵循正常化學定律的普通分子。把酵素從細胞裡移走，它便失去生命力，不過仍然可以進行相同的化學反應。

　　「生機論觀點與酶理論之間的分歧已得到調和，」他宣布：「最後沒有人是輸家。」

　　如果比希納認為他可以促成這場長達兩個多世紀的戰爭停戰，那他一定非常失望。因為在他得到諾貝爾獎後的幾年，關於生命本質的爭論才開始大張旗鼓。生命的生物化學觀點（如同以前出現的機械觀點），讓許多科學家都感到不滿意。如果能找到一種分解糖的酶，或另一種分解澱粉的酶，當然都好。但還沒有人能將這類反應組合在一起，成為生命裡不可缺少的重要轉變，例如植物將陽光轉化為根莖和花葉的方式，或受精卵如何變成人類等。隨著顯微鏡的功能越來越強，

生物學家發現原生質就像一座城市一樣繁忙，裡面擠滿了各種隔間、細絲和顆粒。且沒人知道在那些密室裡到底發生什麼事，甚至有多少是真實發生的？因為有些觀察物第一天在顯微鏡下出現，第二天卻消失了。

「原生質裡到底哪些東西還活著？又是哪個東西構成了生命的物質基礎呢？」美國細胞生物學家威爾遜（Edmund Wilson）在一九二三年問道。「這都是令科學家相當尷尬的問題。」

還有些科學家認為這些問題可能會永遠令人尷尬，例如用酶進行的這種簡單化學反應，不太可能會把卵引導成長為胚胎；特朗布雷的水螅所需要的，也不只是靠分子來重建被一分為二的身體。然而這些拒絕純粹機械論生命觀點的科學家，也非完全在力爭「神祕生命力」的存在。只不過讓生命能夠與眾不同的東西，一定不是存在於單一層面上。

較低的層級應能自發演化升級到較高的層級，一種酶一次可能只做一件事（例如將兩個分子融合在一起），但將幾十億種酶結合在一起，執行幾十億種不同的任務，才能生成一個細胞。接著再度提升到更高的新層級，例如讓一個細胞變成一組細胞，一組細胞組成一個個體，這些個體合併為群體，群體再合併成生態系統。

不過一旦跳到更高的新層級時，就必須停下來瞭解。而一旦將細胞分解為酶來瞭解細胞，便會殺死細胞。就像如果我們只觀察雪鞋兔體內的細胞，便無法解釋在加拿大其族群數量每隔幾年都會經歷的盛衰。因為真正的答案其實是在山貓與這些野兔間「狩獵者與獵物」的血腥之舞。

大眾密切關注著這些辯論。新的生化科學提出了關於生命的新力

量，但它似乎也使生命（尤其是人類生命）壓抑成沮喪的科學步調。記憶、情緒，也就是人類本身既有的旺盛生命力，似乎被科學家縮減到變成只是許多盲目擁擠的蛋白質。人們會從生活中獲得更多希望，從生命本身獲得更多力量。因此，生機主義者似乎提供了他們渴望的東西：一種超出化學家控制範圍的生命力。

二十世紀初，生命力發展成一種宗教現象，對某些人來說是人類的精神，對其他人來說則像是神靈的光輝。法國哲學家柏格森（Henri Bergson）宣稱所有生命都共享著生命的脈動，或者稱為「生命活力」，此說贏得廣泛的關注。他在一九一一年出版的著作《創造性演化》（*Creative Evolution*）中寫道：「生命，比起任何事物來說，更傾向於內在事物的行動力。」雖然該著作的立論混沌曲折，卻依舊成為暢銷書。根據當時的報導，在柏格森前往紐約進行一系列演講時，這座城市首次發生交通堵塞。而當他受邀與哥倫比亞大學教授的妻子們一起飲茶時，現場突然出現了一千人左右，只為了能見到他一面。

柏格森和其他新生機論者並未帶給生化學家深刻的印象。在一九二五年的一篇文章中，英國科學家尼德姆（Joseph Needham）宣布：「這些人在生物化學和生理學研究人員當中，根本沒有贏得任何信任。談論生命力，不過像是一場無知的慶典。」十九世紀，許多物理學家聲稱光線中充滿了一種叫「以太」（Ether）的物質，試圖用它來解釋光如何在太空中傳播。這是一種輕質、透明、無摩擦且無法檢測的物質，但充滿整個宇宙。然而當現代物理學出現後，就證明了以太是虛構的。二十世紀初，像尼德姆這樣的生化學家，對於「生命力根本不存在」這件事極具信心，認為這就像是生命的以太般飄渺。

尼德姆同意生命不能只用原子來解釋。因為生命有很多層次，每

個層次都值得關注。不過這也不代表要放棄機械論的基礎。即使單一的酶無法解釋老鷹的生命過程，不過確實也能作為很好的詮釋起點。一九二〇年代，生化學家發現了酶如何進行協同作用。一種酶可能會切斷分子的一部分，然後將分子交給另一種酶以另一種方式進行改變。這些酶的串接鏈逐漸成長為代謝上新的連鎖環節。在此同時，生機論者有發現什麼嗎？他們除了一次又一次指出科學家尚未回答、懸而未決的那些問題外，什麼事也沒做。因此對尼達姆而言，這些生機論者並不會比十九世紀的神學家好到哪去，那些人甚至會說化石紀錄中有空白期，因而否定了演化論。

尼德姆嘆息道：「不過在實驗室裡，這些根本就無法證明。」

・・・・・

尼德姆的話就像是預言一般。隨著二十世紀到來，生機主義在化學和物理領域產生更多的影響。甚至應激，似乎也成為生命特有的基本力量，因而引起一位非凡的匈牙利生理學家聖捷爾吉（Albert Szent-Györgyi）著手研究。在他完成研究之前，幾乎可以依據需求隨時召喚出應激。

聖捷爾吉晚年曾說：「我的內在故事相當簡單，只怕太過枯燥了。」他說的其實就是他的內心致力奉獻於科學研究。至於他的外在生活，聖捷爾吉承認「相當坎坷」。這算是溫和的說法，事實上在他生命裡的某些顛簸，甚至是會導致喪命的狀況。

一次大戰爆發時，聖捷爾吉還是一位醫學生。他加入了匈牙利軍隊服役三年，直到他看見戰事失利，再度戰鬥只是毫無意義的犧牲。

「我能為國家提供最好的服務就是保住自己的生命，」聖捷爾吉寫道：「所以有一天在野外時，我拿槍射穿自己的手臂。」

這種自殘行為讓聖捷爾吉得以在共產主義崛起前，及時趕回匈牙利。他的家人幾乎失去了所有財產，他帶著妻子和孩子逃離這個國家。先到了布拉格，然後再到柏林，他們在一路上經常挨餓。聖捷爾吉設法繼續他的醫學研究，但隨著時間流逝，他逐漸意識到自己的志向事實上並不在治癒別人。聖捷爾吉說：「我想瞭解生命。」

為此他加入了解剖原生質的行列。他研究酶如何在細胞內協同作用，將食物轉化為燃料，後來他在劍橋大學獲得了博士學位。聖捷爾吉發現的反應將證明酶是使人類維持生命所需，亦即新陳代謝循環裡的關鍵要素。在酶的研究裡，聖捷爾吉看到了生命的一致性。他曾說：「人類與他所修剪的草皮間，並沒有根本上的區別。」

他透過一項發現證明了這點，因此獲得諾貝爾獎。這項發現源自於他對馬鈴薯和檸檬的困惑。當我們切馬鈴薯時，馬鈴薯會變成棕色，但切檸檬時並不會。聖捷爾吉認為是氧氣與馬鈴薯中的化合物發生反應，但檸檬中的化合物減緩了這些反應速度。

他花了多年搜索這種化合物，最後確定它存在於許多植物及某些動物細胞中。當聖捷爾吉準備在一九二八年發表有關該分子的論文時，仍然無法清楚瞭解這種東西。如果你問他知道這是什麼嗎？他會聳聳肩說：「上帝知道。」事實上，他曾經詢問《生化雜誌》（*The Biochemical Journal*）的編輯，是否可將這種分子命名為「神知」（Godnose），也就是想承認自己真的不知道。最後編輯逼他把這種化合物稱為「己醣醛酸」（hexuronic acid）。

這種東西後來被稱為維生素 C。科學家確定它在修復受損細胞、

建構蛋白質和許多其他功能上，都扮演了重要角色。儘管檸檬和其他一些植物具有製造維生素 C 的基因，但人類必須從食物中獲取維生素 C。透過聖捷爾吉的發現，使得從零開始人工合成維生素 C 成為可能。不過他認為維生素 C 屬於全人類，因此拒絕申請專利。維生素 C 並沒讓他變得富有，不過他確實從斯德哥爾摩獲得獎勵。

四十四歲就得到諾貝爾獎的聖捷爾吉，最終認為自己已準備好進行更嚴謹的科學研究。他說：「我覺得我現在已有足夠的經驗來專攻一些更複雜的生物原理，可能會讓我更加瞭解生命。」他所選擇研究的是肌肉。聖捷爾吉說：「肌肉的功能是運動，人類也一直將能夠運動的生物視為生命的一個標記。」

聖捷爾吉被任命為匈牙利塞格德大學教授時，召集了一支年輕的科學家團隊，研究兩個世紀前困擾馮哈勒的謎團，即肌肉到底如何運動。他知道如果把肌肉浸入食鹽水溶液中，肌肉細胞就會釋放出黏稠的泥狀物。這些泥狀物裡有許多叫肌凝蛋白（myosin）的細絲狀蛋白，許多科學家懷疑就是這種蛋白產生讓肌肉收縮的力量。

引起聖捷爾吉喜愛的另一個分子是 ATP。一九二九年科學家就發現了 ATP，但當時沒人知道它的用途。有些研究人員懷疑肌肉使用 ATP 作為燃料，也就是利用在 ATP 鍵斷裂時所釋放出的能量。一九三九年，聖捷爾吉很高興得知俄羅斯生物學家發現肌凝蛋白可以捕獲 ATP 分子並將其分裂，因此聖捷爾吉決定更仔細觀察這種反應。

當聖捷爾吉在一九三〇年代後期開始進行這項新的研究領域時，他卻與這個世界隔離了。因為匈牙利與納粹德國結成對抗俄國的非密切聯盟，希望有機會奪回在《凡爾賽條約》中失去的土地。不久，英國也對匈牙利宣戰，因此匈牙利在軸心國連線下淪為孤立國家。聖捷

爾吉原先在職涯裡建立了國際合作網路，但現在只能和塞格德大學的同事進行獨立研究。

沒多久，這群寂寞的科學家團隊看到了非比尋常的東西。他們分離出肌凝蛋白的絲線，並將其放入煮沸的肌肉汁中。短短幾秒鐘內，長而透明的線就變成了深色的短線。也就是聖捷爾吉和他的同事看到了肌肉在分子尺度上的收縮。

為瞭解這種運動如何發生，研究人員將煮熟的肌肉汁去除基本成分。他們製備了僅包含 ATP 及一些鉀和鎂的溶液，因為這三種成分就足以維持細胞的正常運作。而當科學家將肌凝蛋白絲滴入該混合物溶液時，蛋白質絲立刻收縮。因此他們等於在試管中，重新創建了生活中最基本的功能。

聖捷爾吉小組裡的一名成員施特勞烏布（Bruno Straub）將其稱為「我所目睹過最美麗的實驗」。另一位科學家莫默斯（Wilfried Mommaerts）說「這可能是最偉大的生物學觀察成果」。莫默斯認為它如此出色的部分原因在於它的簡單性，一種「真正天才的標記」。

聖捷爾吉發現的天才標記之所以成果非凡，在於他的時間必須同時分配給科學和間諜工作。由於他對希特勒的作為感到震驚，因此他協助猶太科學家逃離德國。在塞格德大學，他曾經斥退一群在學校尋找猶太人的法西斯學生。而當聖捷爾吉獲得諾貝爾獎時，他只把獎金投資於無法從戰爭經濟中獲利的股票（因此他失去了一切財富）。接著在戰爭爆發後，聖捷爾吉悄悄加入了反抗組織。

一九四三年，他登上前往伊斯坦堡的火車執行祕密任務。他以在土耳其大學發表科學演講作為掩護，演講完畢後便與英國情報人員祕密會面，告知匈牙利願意加入盟軍的事。

　　回匈牙利後，聖捷爾吉相信他的任務非常成功，不過他錯了。納粹間諜得知他的背叛後，希特勒怒叫著要將他引渡到德國受審。匈牙利政府試圖透過居家軟禁聖捷爾吉來安撫希特勒，聖捷爾吉則設法溜走。在蓋世太保不斷捕殺反抗軍同胞時，他躲藏了幾個月，且總是領先一步逃離。於此同時，原先聖捷爾吉在大學裡的研究小組繼續進行有關肌肉的研究，並記錄實驗結果。聖捷爾吉偶爾會偷偷出現在塞格德大學裡，檢查大家的實驗進度，然後再度消失。

　　對聖捷爾吉而言，自己的生命遠不如讓全世界知道實驗結果的重要。如果蓋世太保的子彈射中他的頭，整個世界便可能永遠不知道他和同事所做的研究。雖然聖捷爾吉已把論文印了好幾百份，但他無法把論文送給匈牙利以外的科學家。最後聖捷爾吉終於找到一個他認為可以安全躲藏的地方，也就是布達佩斯的瑞典大使館。然而在瑞典科學家發電報到大使館告知聖捷爾吉已收到這份關於肌肉研究的手稿時，聖捷爾吉的藏身處被暴露了。

　　蓋世太保準備進攻大使館，渴望逮捕這位幾個月來一直成功躲避追捕的間諜。當大使館得到即將遭到攻擊的消息時，瑞典大使立刻把聖捷爾吉藏在一輛豪華轎車的行李箱裡，驅車離開大使館。

　　戰事終於降臨匈牙利。納粹軍隊和蘇維埃軍隊開始為布達佩斯而戰，在交戰過程裡摧毀了布達佩斯。聖捷爾吉躲藏在兩軍之間無人區的炸毀建築裡，直到蘇聯外交部長派部隊搜尋，才將他和家人接到布達佩斯以南的蘇聯軍事基地裡。聖捷爾吉在那裡住了三個月，直到戰爭結束才返回家園。

　　聖捷爾吉重返布達佩斯後，成為民族英雄。原先擔心他已死亡的科學界，對於他在《生理學雜誌》（*Acta Physiologica*）上發表的長達

一百一十六頁的特別報告感到驚訝，因為聖捷爾吉和他的同事在報告中，敘述了他們對於生命謎題的解答。剛開始，聖捷爾吉認為蘇聯將會協助匈牙利成為蓬勃發展的戰後民主國家，因此他著手重建祖國的科學，街上也流傳著他可能不久後會當上總統的傳言。不過聖捷爾吉很快就意識到匈牙利只是把舊的高壓政權，換成了新的高壓政權。蘇聯人也開始刑求抱持不同意見的人並謀殺他們。於是聖捷爾吉轉而尋求美國協助，希望能找到美國大學的教授職位。然而，美國政府看到了他與蘇聯政權的友好往來，認為他比較可能是間諜，而非，得過諾貝爾獎的難民。

為了有機會到美國任教，聖捷爾吉前往波士頓，在麻省理工學院進行一系列演講。他在那裡向美國聽眾講述戰時在肌肉研究上所做的工作。他談到了細絲和肌凝蛋白、ATP 和離子。且當聖捷爾吉講完自己的發現後，他會停下來反思自己所學到的東西。

「我已說完了我的故事，現在你可能希望我以戲劇性的方式來結束我的演講，也就是告訴各位生命到底是什麼？」他說。

生化學家已這樣做了幾十年。例如一九一一年，捷克科學家扎佩克（Friedrich Czapek）曾提出一個簡潔的定義：「總而言之，我們所說的生命，不過是在生物體內被稱為原生質所發生的無數化學反應的整合。」

在聖捷爾吉經歷過自己的整個職涯後，他也提出了對生命的定義，彷彿為了嘲笑生命的「簡單定義」是一種可能的想法，所以他最喜歡說：「生命只是水的一場遊戲。」

植物和細菌透過光合作用分解水，藉以生成碳水化合物。在植物或像我們這樣食用植物的動物體內的細胞呼吸作用中，要讓這些碳水

化合物的能量釋放，便要把水分子重新放回去。聖捷爾吉曾說：「我們所說的生命是某種特質、是物質系統裡特定反應的總和，就像微笑是嘴唇的一種特色或反應一樣。」

當聖捷爾吉停下來面對自己和生化學家同事所學到的生命時，越是進行深入的思考，就越難找到有意義的定義。如果生命的定義涉及透過化學反應來自我延續，那麼燭火算是活著嗎，星星或文明呢？

聖捷爾吉在麻省理工學院向聽眾解釋，所有生物都有一些共同的生命標記。但如果過分謹慎思考這些標記，就像是通往荒謬的單程票。「一隻兔子永遠無法自我繁殖，」聖捷爾吉據其觀察說道：「如果生命具有自我複製的特徵，那麼一隻兔子就不能被稱為是活著的。」

聖捷爾吉認為我們可以在不同的尺度上，找到各自不同的生命特徵，但這要取決於我們最珍惜的是何種生命特徵。「『生命』這個名詞毫無意義，」聖捷爾吉還說：「並沒有一個這樣的定義存在。」

訪問麻省理工學院不久後，聖捷爾吉終於獲得遷居美國的許可。可是他想獲得教授職位的嘗試失敗了，他將前往麻薩諸塞州的鱈魚角任職，且只有一點與海洋生物實驗室的微弱關聯而已。儘管如此，他還是充分利用了自己的新家。每年夏天，他都會在伍茲霍爾郊區的閒適海濱小屋接待各路科學家，他也逐漸以派對聞名。這裡的夜間探險活動是用附近半島上大量的仰椿蟲來釣條紋鱸魚，還有裝扮成時間老人、山姆大叔或聖喬治，身上佩戴著鋁製鈍劍和盾牌的變裝派對。

聖捷爾吉也持續在此地進行研究，透過由贊助者資助成立的機構來資助他繼續研究。他在這裡開闢了一塊新的研究領域，研究生物與非生物間的根本區別。

生物被賦予了一種特殊的化學性質，聖捷爾吉稱之為「微妙的反

應和彈性」。他相信生命的動力是來自在蛋白質內部原子間穿梭的電子。他認為像維生素 C 這樣的分子，可以把電子從氧氣移動到其他分子而不會引起細胞內部的損害。聖捷爾吉宣稱：「這就牽涉到把物質帶入生命之中。」

他的直覺導引他走往正確的方向。為了維持生命，細胞必須控制電荷並防止帶電化合物在其內部衝撞，以免破壞 DNA 和蛋白質。然而，未經量子物理學訓練的聖捷爾吉，終於在研究上陷入困境。這位曾是台上主角的人，自信地承諾他將學習如何把物質帶入生命中，找到治療癌症的方法。

他在一九八六年去世前不久，曾向美國國家衛生研究院（National Institutes of Health）申請了幾百萬美元的奢侈經費。哈佛大學生物學家、同時也是聖捷爾吉的長期崇拜者埃德薩爾（John Edsall），審查聖捷爾吉的申請，並參觀他的實驗室以評估他的研究。不過埃德薩爾在伍茲霍爾找不到任何激發信心的研究成果，因此拒絕了他的申請。

「我感到痛苦的是他已經失去了那種特殊的技巧和直覺，也就是過去讓他在重大問題的出色追尋中可以正確導引他的東西。」埃德薩爾說。當然沒有任何人可以奪走聖捷爾吉的諾貝爾獎，或是抹除他在戰時有關肌肉的重要發現。但他的同事正傷心地看到見生命之謎終於對他展開報復。更令人難過的是，聖捷爾吉本人也能看到正在發生的事情，正如他在一九七二年寫的一篇文章中所記錄的：「我從解剖學轉向組織研究，然後轉向電子顯微鏡和化學，最後轉向量子力學。這種在不同規模裡向下延伸的過程相當具有諷刺意味，因為在尋找生命的祕密時，我最終追溯到了原子和電子的世界，然而原子和電子根本沒有生命。因此就在這一路上，生命慢慢從我的指間流逝。」

Life's Edge

腳本
Scripts

一九二〇年代，世界仍在逐漸適應量子物理的怪異。認為物理學家都是失心瘋，應該也可以被原諒。因為在此之前，物理學家主張一個莊嚴、可預測的宇宙，遵循了像時鐘一樣準確的牛頓定律，但現在他們卻宣布宇宙的基礎違背了常理，光既是粒子又是波，一個電子可以同時在這邊和那邊，能量是一系列的量子躍遷等。

不過，當德爾布呂克（Max Delbrück）在德國以物理系學生的身分發現這個新世界時，卻立刻感到相當自在。他發現了量子物理學理論上的新涵義，並以此來解釋真實原子的性質，讓他的老師們留下深刻的印象。如果不是在一九三一年去了丹麥，德爾布呂克很可能已經闖出一番成功的事業。他來到諾貝爾物理獎得主波耳（Niels Bohr）的指導下學習，卻發現波耳並未把這個世界上最奇怪的量子物理學納入考量。生命就是如此奇特。

波耳認為物理學家永遠無法一次看到所有的物理現實。例如當他們想研究光，可以把光當成粒子或波來進行研究，但卻無法同時研究兩者。他也認為生命具有兩面性，物理學家可以理解人體中的氣體和液體，但物理學卻無法解釋人體如何才能保持氣體和液體的恆定來維繫生存。

「這方面他談了很多，」德爾布呂克後來回憶起波耳。「你可以

把活的有機體看作是活的生物或一堆分子的混合物。」

　　波耳讓德爾布呂克把生命視為一種邊界，也許物理學家可以在此發現根本性的新事物。「觀察最簡單的細胞，你便能知道它是由有機化學的常見元素所組成，且遵循著物理定律，」德爾布呂克說：「一個人可以分析身體裡任何數量的化合物，但除非有人引入全新且互補的觀點，否則你永遠都離不開這些活著的細菌。」

　　儘管宇宙似乎是有目的地破壞著秩序，但生命仍然維持一種特殊的秩序。看到酒杯掉落到地面粉碎成一百個碎片，並不足為奇，令人驚訝的反而是用一百個碎片組成一個酒杯。加熱一壺水，再向裡面噴灑各種食用色素後，你不會期望看到它們自動組成美麗的彩虹，因為你會看到的是泥巴的顏色。然而生命卻違反了這種現象，蛋可以孵化成天鵝，種子萌發成百日草。生物學家發現即使是單一細胞，也可以維持驚人的分子秩序。

　　「最卑微的活細胞變成了一個魔術拼圖箱，」德爾布呂克稍後解釋：「充滿複雜而不斷變化的分子，其在有機合成技術的簡便性、冒險性和良好判斷力之間的平衡，遠遠超越了人類所有的化學實驗室。」

　　在丹麥跟隨波耳完成學業後，德爾布呂克返回德國，到了物理學家邁特納（Lise Meitner）的柏林實驗室工作。他每天都在研究諸如引導伽馬射線路徑之類的問題。不過到了晚上，他卻試著從頭開始學習生物學。因為德爾布呂克覺得自己是地球上唯一肩負著波耳任務的人。

　　「我的意思是，物理學家對生物學並沒有足夠的瞭解，而且通常也不太在乎；」德爾布呂克說：「就生物學家而言，任何像量子力學這類的事，完全超出他們的理解範圍。」

　　德爾布呂克終究發現了也有一些在這個邊界地帶徘徊的人，他稱呼他們為「一群被放逐、且是從內部被放逐的理論物理學家」。德爾布洛克很欽佩波耳在哥本哈根建立了一個由物理學家組成的小群體，一起探索量子物理學，因此他也在柏林效仿這種做法。他邀請這些新朋友在他母親家聚會，聚會的主題是「共同思考生活中的一些難題」。

　　每當比希納讓酵母發酵時，就會產生酶。但當生化學家將細胞從其他物種分離出來時，他們還發現了其他的酶。酶到底如何在酵母細胞，而不在人體細胞裡生長？為什麼當酵母細胞一分為二時，新細胞仍能維持酶的供應？當一九三二年德爾布洛克轉向學習生物學時，生物學家還只能模糊地猜測而已。他們懷疑遺傳因子，也就是所謂的基因，應該就是答案的一部分，但當時他們還無法清楚說明什麼是基因。

　　事實上，在這裡的「基因」只是一種抽象的說法，遺傳模式很可能來自細胞內部某些細微特性的組合。隨著科學家更仔細觀察細胞後，他們開始懷疑基因與被稱為「染色體」的神祕螺蜒狀物體有關。

　　我們的細胞包含二十三對染色體。當一個細胞分裂時，它會先完整複製出一組染色體，然後將這兩列染色體拖到相對的兩端，接著該細胞會沿中線向下擠壓，最後成為兩個新細胞，且每個細胞都擁有自己的二十三對染色體。但當動植物產生性細胞時，染色體通常會與親代有所不同。這些細胞最終會形成每個細胞只有一半數量的單套染色體，而非完整的染色體複製。只有等到受精過程時，雄性和雌性細胞聚集在一起，它們的染色體才會再次合併為完整的染色體。

　　為了描述一九二三年觀察到的這種染色體之舞，生物學家威爾遜坦承這種舞蹈實在太複雜，以至於他很難相信這就是真實發生的情

況。「我們發現自己快要喘不過氣，」威爾遜承認：「這種結果確實令人震驚，作為某種類型的思考來說，甚至要比物理學家希望我們接受有關原子結構的想法，更難以接受。」

關於染色體和遺傳學最重要的線索，來自哥倫比亞大學一個到處都是蒼蠅的房間。生物學家摩根（Thomas Hunt Morgan）帶領了一個科學家小組，在顯微鏡下觀察果蠅的染色體。這些果蠅染色體具有帶狀圖案，就像一條細胞蛇。透過追蹤前一代傳到下一代的分子，便可在彼此交換染色體時追蹤成對的染色體。

摩根的研究團隊證明了只要繼承某一小段染色體，便可決定果蠅的性狀。這些繼承的染色體可以讓果蠅眼睛的顏色長成紅色或白色，也能讓果蠅抵禦寒冷或被凍死。這些驚人的結果讓摩根懷疑基因就潛伏在這些染色體片段中。

他能說的不多。因為染色體本身就是一場可怕的生化混亂結果，蛋白質混搭再加上一種特別神祕、被稱為「核酸」的物質。但摩根小組裡的一位學生馬勒（Hermann Muller）利用 X 光照射果蠅，因而得到基因的關鍵線索。他偶爾就會讓這些果蠅產生某種突變。例如有隻果蠅的祖先全都是紅眼，卻生出棕眼後代。如果馬勒將這隻突變種進行繁殖，它便可能傳承此一新特徵給下一代。換句話說，馬勒改變了果蠅的某個基因。

馬勒懷疑突變的發生具有規律性，因為大自然並不需要 X 光就能改變基因。高溫或某些化學成分很可能偶爾就會隨機改變基因。因此從這種盲目突變中，生命的各種變化都發生了。一九二六年，馬勒宣布基因是「生命的基礎」。

馬勒在一九三二年來到柏林與遺傳學家合作，嘗試在果蠅上照射

不同類型的輻射線，以瞭解它們可能發生什麼樣的突變。德爾布呂克與馬勒會面時感到非常震驚，因此決定將自己的量子物理學知識用於這種現象上。馬勒繼續實驗後，德爾布呂克便開始與遺傳學家合作，展開他所說的「黑市研究」。

德爾布呂克理解到基因無論性質如何，都極度自相矛盾。它們足夠穩定，可以傳承數千代，然後遇上突變，接著又再度變得穩定。因此德爾布呂克看到了一個解決此種悖論的方法：物理學。

如果原子吸收光子，則其電子可能躍升到更高的能階，並停留在那裡。X 光可能也對基因產生了相同的影響，事實上，非常狹窄的 X 光束可能引起突變的事實，意謂著基因必須非常小。

「這些大部分都是推測，」德爾布呂克和他的同事在一九三五年的一篇文章裡警告：「理論基礎仍不夠穩固。」

如果他們擔心自己的論文會引發一波誤解，那他們大可放心。德爾布呂克回憶說這篇期刊上的文章並沒什麼人讀過，因此他們的想法等於「迎來了最高級的葬禮」。

論文發表後不久，德爾布呂克逃離納粹德國。他放棄的不僅是自己的國家，也放棄了他的科學。也就是說，他放棄了物理學，把自己的身分轉變為一位生物學家。德爾布呂克來到了位於加州理工學院的摩根實驗室。一到那裡，他就驚覺自己犯了一個可怕的錯誤。德爾呂克後來回憶，摩根「不知道該讓理論物理學家做什麼」。因此，當他嘗試對摩根的果蠅進行實驗時，發現這項工作相當乏味，其結果也令人難以理解。

幸好有一天，他遇到一位生化學家艾利斯（Emory Ellis），德爾布呂克對艾利斯以病毒取代動物的研究相當感興趣。艾利斯進行的實驗

簡單有效，他把會殺死細菌的病毒放入培養皿中，讓他可以看到病毒殺死幾百萬個宿主後所留下幽靈般的空洞。實驗要做的就是從這些空洞裡，取出少量洋菜膠轉移到未被感染的培養皿內，然後引起新的爆發。病毒似乎有自己的基因，但它們只要透過複製自身就可複製出基因。並不需要掙扎在雜亂無章的染色體融合過程裡。

德爾布呂克親切地把病毒稱為「生物學中的原子」，因此他也開始進行自己的實驗，不久後就有了成果，後來還因此獲得諾貝爾獎。事實證明，病毒就像果蠅一樣會突變，有些突變會影響它們感染細菌菌株的能力，有些突變則讓它們攻擊新的細菌。只要計算培養皿裡的空洞數量，德爾布呂克便可以精確測量突變發生的頻率。即使很少人意識到他正在建立一種新科學，他仍然對自己的新研究身分感到相當滿意。

一九四五年，就在德爾布呂克的新職涯剛開始幾年時，有位朋友遞給他一本薄薄的書，這是本風靡一時的書，書名叫《生命是什麼？》（What Is Life?）。這本書讓德爾布呂克大感驚訝，因為書的作者是在德爾布呂克還是物理學家時，也就是早期還在德國研究量子的年代就已認識的人。這個人叫薛丁格（Erwin Schrödinger）。為了研究書名的這個提問，薛丁格讓德爾布呂克那份已被厚葬的論文再度復活了。

‧ ‧ ‧ ‧ ‧

薛丁格一八八七年生於維也納，後來成為蘇黎世大學物理學教授，他在那裡開發出一個以他的名字命名的方程式：「薛丁格方程式」。這個方程式可用來預測量子系統，無論是光子、原子或一組分子如何

以波的形式在時間空間中變化，不過薛丁格最有名的應該是涉及貓的思想實驗「薛丁格的貓」。

薛丁格瞭解他和其他量子物理學家的工作所隱含的深奧怪異，因此他提出方法來描述這種怪異現象：請想像盒裡有一隻貓，且裡面裝了可釋出毒藥並殺死貓的裝置。現在請再思考一下，這個毒藥裝置會隨放射性原子的自發衰變而啟動。

根據一九三○年代對量子物理學的最先進解釋，原子可能以衰變狀態存在，但未衰變狀態亦同時存在。只有「觀察」會迫使其波狀性質坍縮為兩種狀態之一。薛丁格認為如果量子物理學是正確的，那隻貓就必定是死活態「並存」，只有當觀察者打開箱子時，貓才會得到其中一種命運。

對薛丁格來說，生死不只是思想實驗的材料。他的父親是一位植物學家，從小就向他介紹植物的多樣性。當他還是一名大學生時，他大量研讀生物學書籍。後來當馬勒用 X 光製造基因突變時，薛丁格對基因的本質產生了興趣。正如他曾經說過，他對「生與死之間的根本區別」產生了外行人的好奇心。因此當一位朋友把德爾布呂克在一九三五年發表關於基因的論文拿給薛丁格看時，這篇論文就成了他的思想發展種子。當時的德爾布呂克與薛丁格是專業上的同事，他們也曾共同待過歐洲僅有的量子物理學家團體。不過，薛丁格從未把德爾布呂克提供自己靈感的事告訴他或寫信給他。

如同德爾布呂克，薛丁格也想逃離納粹魔掌。但他並非逃到加州，而是去到了愛爾蘭，因為愛爾蘭政府在當地為他建立了一座研究中心。就任這項工作的要求之一，便是要求他必須在三一學院進行一系列的公開演講。薛丁格決定不談論他的方程式，因為他的聽眾不太可

能會是一群聽得懂的量子物理學家。取而代之，他所演講的是有關自己對「生命本質」的私人思想課程。

一九四三年二月，一大群人擠進了演講廳，工作人員不得不把其他幾千人拒於門外。當薛丁格終於站起來演講時，他先告訴人滿為患的大堂聽眾們，他並不是以專家的立場演講，而是以一位「天真的物理學家」發表演說。因為他今天要提出的是一個極為幼稚的問題，也就是斯塔爾在兩百五十年前問過的那個問題：「生命是什麼？」

薛丁格向都柏林聽眾描述的許多生物學知識，都不能算是新的內容；而他在演講中談到的許多新內容，最後都會被證明是錯誤的知識。不過最重要的是他把許多現代科學的方法，套用到「何謂活著」的定義上。他的想法指引了一整代的科學家，把生物學置於分子的基礎上。同樣重要的是，他等於向物理學家證明了當他們的理論跨入生命領域時，這些理論會有多麼失敗。時至今日，物理學家也仍然在努力面對著這類難題。

「生物體攝入的是負熵。」薛丁格宣稱。「熵」的本質是針對混亂的一種度量，原子和分子的碰撞會隨著時間而增加熵。為了維持生命的秩序，必須以抵消熵上升的方式吸收能量。因此生物體透過把基因傳給後代，以便將秩序擴展到未來。

為了解釋遺傳，薛丁格依靠十年前德爾布呂克在染色體上的研究成果。薛丁格認為它們就像晶體一樣穩定，可以一代又一代地複製下去。在其原子結構中，染色體將為基因進行編碼。

關於這種過程該如何進行，薛丁格只有最模糊的想法。這種晶體必須是他所謂的「非週期性」晶體。普通的晶體會以週期性的模式重複自身，例如冰是水分子的晶格結構，食鹽則等同於鈉和氯化物製成

的一系列籠子。無論你在晶體內部如何移動，模式都是相同的。不過薛丁格推測染色體的原子排列應該是不斷變化的，就像從字母表中選擇一串字母一樣。這些變異可作為薛丁格所說的「編碼腳本」，以便用來產生整個有機體。

「差別在於結構，」薛丁格推測：「大約就像普通壁紙與大師作品間的差異。普通壁紙的相同圖案以規則週期性重複；大師作品則如拉斐爾畫的壁毯，沒有沉悶的重複圖案，而是精湛、細膩、連貫且有意義的設計。」

‧ ‧ ‧ ‧ ‧

儘管薛丁格對熵和編碼腳本還有待商榷，但他的演講卻非常受歡迎，事實上，演講受歡迎到他不得不進行第二次內容相同的演講。隨著這些聳人聽聞的想法被報導傳播後，出版商邀請他把內容寫成一本簡短的書。因此這本《生命是什麼？》隔年就成為熱門書籍。這本書不僅讓大眾著迷，甚至還引導了科學的發展方向。在《生命是什麼？》出版快滿第九年時，該書的兩位讀者發現了薛丁格的非週期性晶體不僅是一種想法，甚至是一種真正的分子，因為 DNA 就存在我們的每個細胞裡。

其中一位讀者是名叫克里克（Francis Crick）的英國物理學家。克里克出生於一九一六年，由英格蘭郊區生活穩定的中產階級父母扶養成長。他在十幾歲時拋棄信仰，轉而依靠科學來瞭解世界。他後來說科學尚未解釋的奧祕「成了宗教迷信的避難所」。克里克選擇在倫敦大學學院學習物理，但並未給老師留下深刻印象。就讀研究所時，他

被分配到測量「水的黏度」的任務，他稱自己在「研究人類所能想到最無聊的問題」。

克里克在二次大戰期間，曾在英國海軍部研究實驗室工作，設計用來炸沉納粹船隻的水雷。當和平來臨時，克里克不想回去研究水的黏稠狀態，當然也不想繼續建造戰爭機器。他渴望能做一些更深入的研究。有一天他正好讀到最近發現的抗生素相關消息，這些分子竟然可以拯救生命的想法讓他興奮不已。當克里克告訴朋友們時，大家都被他的熱情打動。他想知道三十歲的自己，是否能夠徹底轉行成為一位生物學家。

大約就在這個時候他讀到了《生命是什麼？》這本書，作者薛丁格讓克里克充滿信心，從物理學轉向生物學的研究可能不算太過激進，因為生命也可說成是物理學尚未能完好解釋世界的一部分，因此這本書激起他的雄心壯志。克里克不想把注意力集中在單一抗生素或其他有機分子上，反而是被他所謂「有生命和無生命之間的界線」所吸引。

他對宗教迷信上的敵意，無疑也把他推往這個方向。克里克年輕時對教堂的輕蔑在長大後加深，他也鄙視某些知識分子，因為這些人為了要吸引追隨者，宣稱「生命不能被簡化」為各種簡單機制的組成。對克里克來說，這些人無異於碩果僅存的生機論者。法國哲學家柏格森在一九四〇年代仍如此宣稱，而神學家兼古生物學家德日進（Pierre Teilhard de Chardin）則以宣稱「分子被灌輸了目的性」的心智系統而聞名，等於在說人類生命的目的在於產生「意識」。當時的英格蘭作家魯益師（C.S. Lewis）則希望現代科學可以被一種「不會破壞人性光輝」的調查來加以取代，他在一九四三年說：「這種調查在解釋時並

不會把話說死。當談到某些局部知識時，也會記得理解整體目的的重要性。」

對克里克來說，理解整體的唯一方法便是從各個局部開始研究。他在卡文迪許實驗室找到了研究工作，這個機構便是之前說過的伯克大約在四十年前被放射性生物欺騙過的實驗機構。二十世紀初，伯克以對生物學的興趣在卡文迪許實驗室顯得格格不入，因為他的所有同事都只滿足於研究電子、放射性和其他無生命的事物。不過到了一九四〇年代，卡文迪許的物理學家，正在利用他們的專業知識來理解生物分子。

為釐清與生命相關的各種化合物結構，他們設法讓分子聚合成晶體。接著科學家對它們照射 X 光，讓這些晶體清楚顯現後撞射到顯影板上。由照片中形成的鬼影和曲線來看，晶體似乎具有重複結構。卡文迪許的研究人員決定用數學方程式來解決從照片痕跡到分子形狀的問題。他們先從簡單的維生素和其他小分子開始，一直到努力對付蛋白質結構的挑戰，因為蛋白質是由巨大的胺基酸鏈所組成。

釐清蛋白質的結構，有助於讓科學家瞭解蛋白質的工作方式及目的。生化學家已對酶有所瞭解，而酶是加速化學反應的蛋白質。其他蛋白質似乎也帶著信號式的作用，還有一些蛋白質則像磚塊鏈鎖在一起，以作為人體的建築架構基礎。當然在一九四〇年代，許多生化學家也正懷疑染色體中的蛋白質攜帶了基因。

克里克抵達卡文迪許後，很快就讓科學家同事留下深刻的印象。因為他以不可思議的能力，在腦海中描繪了蛋白質的轉折與褶皺，並以這些 X 光照片來進行自我驗證。但過了不久，克里克開始分心了。一九四〇年代末和一九五〇年代初的一系列實驗證明，蛋白質並非遺

傳訊息的所有載體。在染色體纏繞中發現的 DNA 核酸，被證明才是不可或缺的載體。

當時沒人知道 DNA 的結構。克里克思索著 DNA 需要什麼樣的形狀，才能成為薛丁格所說的非週期性晶體。卡文迪許的上司勸他少作白日夢。一九五一年，他遇到一位到訪劍橋的年輕美國人，和他一樣熱愛《生命是什麼？》這本書的華生，兩人開心地討論了幾個鐘頭的 DNA。

不過，他們的對話只能把他們帶到目前的情況。如果說 DNA 是生命的密碼，他們想知道它到底如何儲存基因？克里克和華生知道倫敦有個科學家團隊正嘗試製作出第一張 DNA 晶體照片。在富蘭克林（Rosalind Franklin）的帶領下，他們認真而有條不紊地工作，先備妥這些 DNA 分子，再用不同角度的 X 光照射，然後檢查產生的晶體繞射圖像。

富蘭克林對於克里克和華生這兩位年輕人的不耐煩個性難以容忍，還曾把華生從她的實驗室趕出去，以便能專心工作。而當他們嘗試根據這些初步圖像建立 DNA 模型時，富蘭克林也到過劍橋大學向他們兩位解釋這種方向完全錯誤。因此，克里克和華生只好在瞞著她的情況下，偷看一些未公開的圖像。幸好這些圖像線索已足夠讓他們提出一種新的結構，認為這種結構可以讓科學家對 DNA 的化學狀態有所瞭解，甚至能拿來解釋 DNA 如何作為基因的載體。

DNA 與蛋白質相比，雖然具有令人難以置信的扭轉曲線和纏繞成團的結構，卻也相當簡單優雅。克里克和華生瞭解 DNA 是一對扭曲的架構，以類似梯狀層級的連接方式，彼此連接在一起。每級階梯由一對稱為鹼基的化合物組成。事實證明，人類的染色體中

有超過三十億個鹼基對。細菌可能有幾百萬對，肺魚則有驚人的一千三百三十億對。

在DNA鏈的每級旋梯上，鹼基可以有四種形式。每個基因組都有幾千個鹼基對，也都是這些鹼基的獨特序列。

「現在我們相信DNA是一種密碼，」克里克在一九五三年寫信給他十二歲的兒子邁克時說：「亦即就是鹼基的順序，讓一個基因與另一個基因有所不同（就像某一頁的印刷內容與另一頁並不相同）。」

克里克和華生的DNA模型還展示了生物如何維持基因的順序。細胞可以把兩個主鏈分開來複製DNA，每個主鏈上仍掛著一組鹼基。每種類型的基座只能與其他種類的基座鍵合，因此很容易形成兩套精確的基因複製。

在克里克和華生意識到他們已瞭解DNA結構的那天，他們散步到附近的老鷹酒吧慶祝自己在研究上的突破。克里克大喊著他們已「找到了生命的祕密！」這是他與生機論者抗爭的勝利吶喊。他們跟富蘭克林與同事一起寫下研究結果，這批論文發表於一九五三年四月二十五日的《自然》上，列出了DNA的雙螺旋模型及證據。當《紐約時報》採訪克里克時，他說目前這個想法「簡單而正確」。

八月時，克里克向都柏林的薛丁格寄送了轉載的論文，並附上簡短的注釋：「你會發現你所用的術語『非週期性晶體』，似乎非常適用。」

・・・・・

DNA在當時並沒有像現在一樣，立即被當成生命的標記。當克

里克和華生於一九六二年共同獲得諾貝爾獎時，DNA只得到了一點名氣（富蘭克林在一九五八年死於癌症，故未獲頒諾貝爾獎）。但當華生在一九六八年發表關於這項發現最暢銷的一本書《雙螺旋》（The Double Helix）時，DNA分子才開始進入流行文化中。華生也把當時在《自然》上發表論文不久後兩人所拍的合照，放進自己的書中。

這兩位科學家在卡文迪許的實驗室裡擺好姿勢，旁邊一起合照的是他們用桿子、木板和螺絲釘所建造、大約人體高度的雙螺旋模型。照片裡的華生看著克里克用尺指向模型骨架的扭曲處。這張照片等於是人類現代生命觀念的轉折點。一位歷史學家把這張照片、愛因斯坦（Albert Einstein）的肖像照，以及蕈狀雲的圖片，並列為二十世紀最重要的科學照片。

但這張照片必然扭曲了歷史。原因之一是照片裡並沒有富蘭克林，並且這張照片也損害了大家對於克里克的記憶。因為他被雙螺旋結構困在框架裡，彷彿這是他畢生唯一的成就。事實上，克里克繼續從事後來被證明同樣具有深遠意義的工作，他和一個國際科學家網路共同努力，釐清細胞將基因訊息轉化為蛋白質結構的規則。他們把這種規則命名為「遺傳密碼」。雖然並沒有留下克里克把尺指向遺傳密碼的照片，然而這個發現可以說和雙螺旋結構一樣重要。

克里克瞭解到基因和蛋白質是用不同字母所拼寫出來的。DNA是由四個不同的鹼基所組成，蛋白質則是由約二十種不同的胺基酸組裝而成。一旦人體細胞複製了RNA，就會將其餵入稱為核醣體的微型蛋白質工廠。克里克和他的同事發現核醣體會連續讀取三個鹼基，以決定哪些胺基酸要添加到蛋白質中。如果突變改變了其中一個鹼基，便

可能導致細胞用了該位置的不同鹼基，而決定以不同的胺基酸來製作蛋白質。

對克里克來說，遺傳密碼不光是只有簡單和正確，也是他對生命進行科學研究的勝利。「從某種意義上講，這是分子生物學的關鍵，」他說：「從此以後，對於那些懷疑論者而言，我們在這麼多年以來一直試圖證明的分子生物學基本假設，已讓他們不得不接受了。」

然而克里克無法安穩地享受勝利，基因密碼的發現並沒有讓生機論者看到自己觀點上的錯誤。因此克里克舉目所及，依舊是不斷崛起的生機論者。例如有一天，一位劍橋牧師告訴克里克，DNA可能是「超感官知覺」的證據。克里克還震驚地發現一位普林斯頓物理學家埃爾紹澤（Walter Elsasser），原先是以研究地球如何產生磁場聞名，結果現在他也決定嘗試生物學的研究。一九五八年，埃爾紹澤宣稱他發現了一種「無法用機械功能來解釋的生物現象」。還有另一位科學家也在《自然》上寫了「讓生命與非生命區隔的是一種生物衝動，永遠無法用原子和分子來解釋」。

克里克對這些生機論者感到非常生氣，他開始在劍橋附近舉辦講座，警告生機論者已對人類文明構成了威脅。不久後，華盛頓大學邀請他在西雅圖進行一系列講座，題目是關於科學和哲學對於「理性宇宙下的人類感知」所產生的影響。克里克也藉此機會對他的敵人發動高調進攻，他把演講的題目訂為「生機論還沒死嗎？」。

克里克以令人眼前一亮的科學進展，吸引西雅圖的聽眾瞭解遺傳原理、遺傳密碼和細胞的運作。儘管各種證據就擺在眼前，他仍然悲傷地觀察到生機論者的存在。克里克將這種現象歸咎於我們面對迷信時的軟弱，他唯一能想到的解決方案就是讓赫胥黎式的宣傳活動進一

步地推向學校。為了抵消那些藝術形式的思考帶來的幻想，應該要求所有學生研習大量的科學課程。克里克宣稱舊有的學術文化「顯然正在滅亡」，並將被「基於一般科學，尤其是自然淘汰」的新文化取代。

克里克以嚴厲警告作為他在西雅圖演講的結論。「因此，對於那些生機論者，我會做出這樣的預言：那些昨天你們所相信的，今天你們也還相信的，到了明天，只有笨蛋才會繼續相信下去。」

克里克可能是位稱職的科學家，但卻是一位有點笨拙的辯論家。當他的演講內容以《分子與人》（*Of Molecules and Men*）為書名，於一九六六年出版時，某位評論家稱此書為「令人討厭的天真和偏執」。

這本書寫得實在太糟了，以至於許多最嚴厲的批評竟然都來自他的同行科學家。一九三〇年代，生機論已逐漸被科學界遺忘，因此胚胎學家沃丁頓（Conrad Waddington）想知道克里克是否只是在「鞭打一匹死馬」。而神經科學權威埃克爾斯爵士（Sir John Eccles）則稱讚克里克的演講，但只局限在關於描述分子生物學作為新科學的部分，因為埃克爾斯並不同意以科學為中心的社會願景是「教條性的宗教主張」。他還要求克里克必須承擔責任，因為他粗暴地指責了任何「超出原子和分子的想法」就是生機論。

埃克爾斯認為：「在生物學上，有一些新出現的特性無法用化學方法來預測，就像化學無法用物理學來預測一樣。」

克里克似乎永遠無法擊敗這些生機論者，他的問題部分在於他用了一些詞來指責那些跟他看法不同的人，像是：「雜亂無章的小說家」、「超能力狂熱者」、「只懂做實驗的全職科學家」，甚至「只是個路人」等。問題的另一部分則在於他自己關於 DNA 和遺傳密碼

的研究。儘管這些研究具有相當重要的意義，但如何在生命與非生命上做區分，仍有許多懸而未決的問題。二〇〇〇年，亦即克里克去世前四年，三位重要的生物學家發表了一篇名為〈分子「生機論」〉的評論。他們認為以 DNA 為導引，簡單基於機械論的生命觀點，並不足以解釋某些生命界最重要的特徵，例如細胞如何在不斷變化的世界中保持穩定，或胚胎如何「可靠地」發育成複雜的解剖學結構。在千禧年交替之際看著以基因為中心的生物學狀態時，他們懷疑這要如何「說服一個十九世紀的生機論者，說現代人類已瞭解了生命的本質」？

隨著克里克年紀越大，他越沉迷於一般年輕科學家很少膽敢說出的生活反思。例如他想到用「外星人」來作為生命本質的解答，也許他們和人類一樣，也許他們在一開始就用生命為地球播種。他還想過也許外星人與我們所瞭解的生命現象，在化學本質上便有所不同，例如他們可能生活在氣體行星上或太陽內部。無論外星生命到底有多奇怪，克里克都懷疑他們看起來可能就像是地球上的生命，因為宇宙間存在著一種克里克所謂的「生命的共同本質」。

● ● ● ● ●

一九八一年，克里克出版了《生命》（*Life Itself*）一書。「系統必須能直接複製自身的指令，並能間接執行它們所需要的任何機制。」他在書中描述了這種共同本質：「遺傳物質的複製必須相當精確，但是突變（可以被忠實複製的錯誤）必須以極低的機率發生。一個基因及其產物必須保持相對的緊密聯繫，這種系統將會是一個開放系統，

必須有原始材料的提供，且以某種方式獲得足夠能量。」

從德爾布呂克在偷偷摸摸的柏林聚會裡思考生命之謎以來，已過了五十年。現在他這些有識之輩的徒子徒孫，主要是以「基因」來思考生命。這些強而有力的基因會依所需將分子編碼來複製自己，並產生驅動演化的能力。克里克的工作對其他科學家如何定義生命，產生了深遠的影響。例如一九九二年，NASA 召開的一次會議上便出現了他的影響力，因為該會議提出了有關研究「外星生命可能性」的想法。

會議裡一位科學家喬伊斯（Gerald Joyce）在會後向我簡介了會議內容。「我們討論的是如何尋找生命及生命的起源，」他回憶道：「有人說提出之前，是否應該真正定義一下我們正在討論什麼嗎？」

科學家開始拋出各種想法，拋棄某些觀點，並將其他想法融合在一起。整個對話從正式會議開始，一直持續到晚餐時分。如同克里克的看法，NASA 的小組也認為新陳代謝必不可少，不過最主要的是一種複製基因的方式。當然生命並不能完美地複製基因，因為只有當錯誤發生時，才有機會出現進化，讓生命得以適應並採取新的適應形式，再將此形式代代相傳。「歷史要從分子開始寫起，」喬伊斯後來告訴我：「這就是生物學之所以不同於化學的原因。」

晚餐結束時，科學家將他們的想法縮短成十幾個字的定義：「生命是能經歷達爾文演化的自我維持化學系統。」（Life is a self-sustained chemical system capable of undergoing Darwinian evolution.）

由於簡單明瞭，容易記憶，因此這句結論將會被保留下來。大家開始將這句話簡稱為「NASA 的生命定義」，就好像 NASA 為它蓋上官印批准似的。在科學會議上，演講者的幻燈片上閃爍著這十幾個字。

它們也被寫進教科書。閱讀這種定義後,假使學生會有「一切疑問都已解決了」的想法,其實也可以被原諒。

不過事實上還差得很遠。就像提出這種問題的前輩們一樣,NASA對於生命的定義,並沒有一張列表可以詳細列出被視為生命的事物和不屬於生命的事物。當科學家面對與我們所共有的這個世界裡的真實生命時,他們尚無法就生命本質的歸屬達成共識。

Life's Edge

第四部分
回到邊緣地帶
Return to the Borderland

半活著
Half Life

「伯克並不打算宣稱這些生物體還活著，但這些生物相當活躍，它們算是『半活著』。」

二〇二〇年春天，郊狼白天在舊金山的街道上漫步，一群山羊接管了威爾斯的某個小鎮，胡狼在特拉維夫的都會公園裡徘徊。而在威尼斯，有大批鸕鶿突然湧入運河裡追逐魚群，加拿大雁護送小雁沿著拉斯維加斯大道中間搖擺走著，路過關門中的萬寶龍鋼筆專賣店和芬迪手提包專賣店。

由於某一種生物，也就是人類，閉門不出，讓生物界發生了一種奇特的擴張現象。這種幾十億人進入禁閉狀態長達幾個月的情況，被科學家稱為「人類停滯期」。對於幸運的人來說，最大的挑戰便是無聊；而對不幸的人來說，失業、飢餓和其他災難就在眼前。對於最不幸的人來說，得了這種病會讓他們發高燒、乾咳到發抖。某些病人在晚上抖得很厲害，以致牙齒發顫。有五分之四的患者在家中熬過了這場病，但有五分之一的人住進了醫院。某些人的肺部變成膿液和發炎肆虐下的荒蕪之地，幾十萬人死亡。紐約市的死亡情況，甚至必須靠挖土機在哈特島挖出長深溝，才有足夠地方掩埋大量棺材。

這種新的肺炎於二〇一九年底在中國武漢市首次發現。幾週內中

國的研究人員便分離出將所有病例關聯在一起的微觀線索，也就是一種病毒。二月時，病毒學家正式將它命名為「新型冠狀病毒」。[1]他們也分析了病毒基因並重建了突變紀錄史，追蹤到這種冠狀病毒可能起源於蝙蝠。許多感染人類的其他危險病毒也來自於蝙蝠，這種冠狀病毒以某種方式發展出適應性，讓自己可以在人體內部蓬勃發展。

咳嗽或甚至大呼一口氣，就能把包含病毒的飛沫散布到空氣中，隨時準備好攻擊那些搭乘同一輛公車，共享同一張餐桌，或在同一座教堂祈禱的人，讓他們吸入病毒。這種病毒可以在門把、長椅或其他表面上存活幾小時或幾天之久。一旦人們以手沾到這些病毒，又不經意地擦眼睛或擦鼻子時，就會讓病毒展開進入「新宿主」的旅程。

該病毒表面的蛋白質，可以抓附在呼吸道裡某些特定細胞表面的蛋白質上。病毒的膜可以打開這些細胞，把自己的基因倒入細胞內部。它們用的是和人類細胞建構蛋白質相同的遺傳密碼，結果細胞便會將病毒的基因當成自己的基因，為它們編碼蛋白質，讓細胞裡充滿可以進行新感染作業的病毒蛋白。它們還會阻止細胞進行自我維持所需的各種作業，因此細胞會乖乖聽話，不斷製造出新病毒。細胞製作出這種病毒基因的新拷貝後，便將它們包裹在布滿新蛋白的膜中。然後新病毒會聚集成氣泡狀，遷移到受感染細胞的邊緣後，溢出細胞，繼續把幾百萬個新病毒帶進呼吸道裡。

對大多數病患來說，當病毒仍在鼻腔和咽喉中進行大量複製時，免疫系統就已得到人體「被入侵」的訊息。於是人體免疫系統開始進

1　譯注：新型冠狀病毒（SARS-CoV-2）是「病毒」的名稱，新冠肺炎（Covid-19）則是世界衛生組織公布的「疾病」名稱。

行防禦，學習如何使用抗體進行精準攻擊，阻止病毒繼續感染新細胞。不過這些病毒的基因本身懂得狡猾迴避的方法，懂得如何直接關閉被入侵細胞的警報系統。在某些人體內，在病毒大量繁殖向下入侵肺部的緊急狀況下，由於免疫系統發現已經無法以外科手術般的精準度攻擊病毒，只好改為「全面攻擊」。方法便是往各個方向噴出有毒化合物來對抗病毒。最後，病患慢慢淹死在自己的免疫系統所創造出來的毒海裡。

如果新型冠狀病毒都讓病患快速變成重症狀態，這場戰鬥可能會容易一點。因為人們生重病時，可以立刻讓他們住進隔離病房。然而新型冠狀病毒卻是悄悄潛伏在宿主身上幾天，然後才出現最初症狀。受感染的人依舊過著日常生活，完全沒有意識到自己正在繁殖病毒且呼出成團的感染雲。這些人可能在飯店吃午餐或在客服中心工作，也可能在太平洋航行的遊輪上扶著欄杆。一旦感染周圍的人後，某些宿主會出現感染症狀，但其他染病者並未出現症狀。

感染到新冠肺炎的無症狀病人可能會離開武漢。某些人穿越整個中國，回到老家與家人一起慶祝農曆新年，飛機也把受感染的乘客載送到歐洲和其他地區。病毒也因散布繁殖而產生變異，出現了不同基因特徵標記的新譜系。科學家藉由這些變種病毒，重建了病毒在國家和城市間移動的途徑。有些國家的病情控制得很好，有些國家則由於貧窮的限制或有錢人的傲慢而飽受病毒摧殘。

很難想像到會有在這麼短的時間內，對人類世界造成嚴重打擊的事物。也很難想有什麼東西比病毒更會複製，在短短幾個月內，利用別的物種複製出成千上萬的自己。

儘管如此，仍有許多科學家會說新型冠狀病毒「不算活著」，不

該進入名為「生命」的私人俱樂部中。

　　幾千年來，人們只能透過病毒造成的死亡和破壞來瞭解病毒。醫生為它們取了疾病的名稱，如天花、狂犬病和流行性感冒。十七世紀，范雷文霍克用顯微鏡觀察水滴，發現了細菌和其他微小的奇特物種，但他看不到身形更小的病毒。兩個世紀後，當科學家終於發現病毒時，也並未真正認清它們。

　　十九世紀末，歐洲少數幾位科學家研究了一種被稱為「菸草嵌紋病」的菸草作物疾病。它會使植株發育不良，葉面上也會覆蓋著斑點。科學家在水中搗爛了一片染病的葉子，然後把混合液體注入健康植株中，觀察到它們也會生病。但當他們在混合液中尋找病原體時，卻找不到細菌或真菌。因此它被認定一定是完全不同的東西。

　　荷蘭科學家拜耶林克（Martinus Beijerinck）利用陶瓷過濾器，把染病菸草植株葉子搗碎的液體加以過濾。因為陶瓷的毛細孔很小，任何細菌都無法穿透，因此過濾後只剩下清澈的液體。他把這些清澈液體注射到新植株中，疾病也繼續傳染。拜耶林克得出結論，菸草植株裡面有一些「看不到」的東西在繁殖。一八九八年，他用一種古老的毒素名稱將這種東西命名為「病毒」（virus）。

　　病毒學家繼續找到會導致狂犬病、流行性感冒、小兒麻痺症和許多其他可怕疾病的病毒。有些病毒會感染特定種類的動物，有些病毒只會感染植物。生物學家也發現了「噬菌體」，也就是只會感染細菌的病毒。最後，噬菌體就成為人類有史以來看到的第一種病毒。

　　一九三〇年代，工程師製造出威力強大的電子顯微鏡，引起世人對病毒世界的關注。透過電子顯微鏡可以看到噬菌體位於細菌宿主的上方，它們的身體看起來像是一種晶體，下半身鑲嵌了像腿一般的細

線。其他病毒有的看起來像蛇，有的看起來像足球。新型冠狀病毒屬於冠狀病毒，以其表面蛋白質的冠狀突起而得名。它們會讓病毒學家想起日蝕時才可能見到的太陽外圍「日冕」暈光。

在此同時，生化學家也將病毒分解為分子組成。他們從拜耶林克的菸草嵌紋病毒開始觀察，發現病毒具有與人類相同的胺基酸，可以組建蛋白質。但在這些蛋白質裡，生化學家找不到人類細胞用在代謝上的任何酶。亦即病毒根本不必進食或生長，舊病毒也不會生下新病毒，至少不會直接產生新病毒。被病毒寄附的宿主細胞是以自己的胺基酸、鹼和糖，接受病毒的指令來組裝病毒。也就是說新產生的病毒，都是宿主細胞本身分子的重新組合。

對於尋找生命定義的生物學家來說，病毒確實令人頭疼。他們無法完全剔除病毒的存在，因為病毒顯然具有生命中的某些特徵，但又缺乏其他特徵。如果事實證明病毒是像「巴希比爾斯」或「放射性生物」這樣的海市蜃樓，就不必太過擔心。不過科學家對病毒的研究越多，就越能證明它們真實存在，然而病毒的本質也更令人困惑了。

「當有人問我這種可以通過過濾器的病毒，到底是活的？還是死的？」英國病毒學家皮里埃（Norman Pirie）在一九三七年寫道：「我想唯一明智的答案就是『我不知道』。我們知道病毒能做很多事，也有很多事做不到，如果有某些委員會能將『生命』一詞做出定義的話，我會試試看病毒到底能不能符合定義。」

皮里埃和其他病毒學家繼續研究病毒的分子本質。許多病毒的外殼是由蛋白質所製成，還有一些病毒具有脂質包膜。在病毒內部包含了基因束及將它們結合在一起的蛋白質，不過它們沒有自己的 ATP 來協助反應。病毒外部帶有一層毛茸茸的糖霜狀蛋白，這些蛋白質通常

精確地符合宿主細胞表面上的蛋白質。因此這種類似開鎖的方式是病毒感染的第一步，它必須像鎖的鑰匙一樣配合準確。這也就是為什麼病毒會對感染的物種具有選擇性，及為何它們入侵某些類型的細胞而跳過其他細胞的原因。

一旦進入細胞後，病毒的外殼（或外膜）就會破裂，傳入病毒本身所帶的基因。如果基因的複製是生命的關鍵，那麼病毒當然應該算是活的。有些病毒的基因編碼為 DNA，使用的是和我們遺傳相同的四個字母。被感染的細胞將會讀取該病毒的 DNA，並生成 RNA 分子，然後將其轉變為病毒的蛋白質。

但皮里埃和其他病毒學家發現有許多病毒已簡化了這種轉化過程。一九三〇年代，皮里埃發現菸草嵌紋病毒的基因不是 DNA 而是 RNA。後來的研究證明他是對的，而且發現許多其他病毒都使用 RNA 作為基因，包括新型冠狀病毒也是。當這些 RNA 病毒入侵細胞時，它們的基因就直接轉譯成蛋白質。這是一種非常有效的方法，讓病毒為了自己的利益而使人類生病。目前只有在病毒身上，才能找到這種特別的生化現象。

無論病毒使用 DNA 或 RNA 來編碼基因，都只需要一點點病毒就能得逞。人類帶有兩萬個蛋白質編碼基因，使全球經濟陷入谷底的新型冠狀病毒只有二十九個。每當新型冠狀病毒入侵人體呼吸道中的某個細胞時，製造出來的幾百萬個新病毒全都來自這二十九個基因。通常形式都相同，不過偶爾也會有些錯誤發生。

病毒的突變類似我們熟悉的其他生命形式。事實上，病毒的突變率遠高於人類、植物甚至細菌。我們的細胞內含有一組校對機制，負責檢查新的 DNA 序列是否有錯，還會把大多數錯誤駁回，進行修復。

大部分病毒不會進行任何校對，但特殊的新型冠狀病毒和其他冠狀病毒除外，它們帶有原始校對蛋白的基因。雖然它們的變異速度不如其他病毒，但它們突變的速度仍比人類快上幾千倍。

這些突變可能會讓病毒失效，讓它們無法入侵其他細胞或綁架細胞的生產機制，還有許多突變並不會造成太大的區別。也可能有一小部分突變，能讓該病毒比其他共同競爭細胞原料的病毒更具競爭優勢。例如這種突變可能加快複製所需時間，也可能使突變病毒在免疫系統的雷達上無法察覺，當然後面這些病毒都會得到天擇的青睞。

對病毒的現代研究已證明病毒具有另一種重要的生命特徵：演化。例如它們可以發展出對病毒藥物的抗藥性，它們也能進化為從一種寄主物種擴散到另一個物種。在 NASA 的生命定義中，演化帶有舉足輕重的作用。但與會者喬伊斯認為病毒的演化，並不足以彌補它們不是「自我維持的化學系統」的事實。因為病毒是把自己寄託在寄主細胞的化學系統內，且只有在寄主細胞內部才能進化。

「根據目前的有效定義，病毒並不能通過這一關。」喬伊斯在接受《天體生物學雜誌》（*Astrobiology Magazine*）採訪時宣布。

不過，病毒也有自己的捍衛者。從二〇一一年開始，法國科學家福泰爾（Patrick Forterre）提出了一系列主張病毒「活著」的論點。他說：「至少在某些時刻是活著的。」

對福泰爾而言，細胞是生命的基本特徵。當病毒入侵時，被侵入的細胞等於有效成為病毒基因的延伸。福泰爾將這種細胞稱為病毒胞。「正常細胞的夢想是產生兩個細胞，而病毒細胞的夢想是產生幾百個或更多的病毒細胞。」他在二〇一六年寫道。

福泰爾並未贏得太多病毒學家的支持。有兩位學者羅培茲─賈西

雅（Purificación López-García）和莫雷拉（David Moreira）稱他的論點「與邏輯無關」，其他人則把這種病毒 胞的存在當作一種詩意的認可。不過病毒很快就無法如他所想像地那樣活著，當國際病毒分類學委員會建立現代分類系統時，他們斷然宣稱「病毒不是活生物體」。

「因為它們過的是一種借來的生活。」一位委員會成員解釋。

不過，這真的有點奇怪。人們可以把病毒逐出生命的殿堂，卻讓它們掛在自己家的門口，因為那裡擠滿了病毒。一公升海水裡所含的病毒數量，就比地球上所有人類都多，挖一勺汙泥裡的數量也大致一樣。如果我們能計算出地球上所有病毒的數量，病毒將遠遠超過每種基於細胞的生命加起來的總數，且可能多上十倍。

病毒的多樣性也相當驚人。某些病毒學家估計，地球上可能有數兆種病毒。每當病毒學家發現新病毒時，通常都是還沒人發現過的病毒譜系。舉個例子，當鳥類學家發現一種新鳥類時，他們會感到相當興奮。現在請各位想像一下這種「首次發現新鳥種」的喜悅，這就是身為病毒學家的日常。

我們是否可以把這些「生物多樣性」從生命裡排除？放棄這些病毒，意謂著我們必須低估病毒與生命生態網間的綿密纏繞情形。無論是殺死珊瑚礁，或消滅肺裡的假單胞菌來治療囊腫性纖維化，都是在一片屠殺中對抗獵食者。然而，病毒還會與許多宿主保持著和平的關係。健康人類的身體裡擁有幾兆病毒，也就是所謂的「病毒組」（virome）。大多數會感染人體這個「微生物組」裡的幾兆個細菌、真菌和其他單細胞。某些研究也顯示，病毒可以讓這些微生物組保持平衡，有助於維持人體健康。

地球也有自己的病毒組，可以當成地球的一股化學力量。在你眨

眼的瞬間，海洋裡的億兆個噬菌體已感染了海洋裡的無數細菌。其中
許多噬菌體會殺死它們的微生物宿主，造成大約三千兆噸有機碳排入
海水中，因而刺激各種海裡新生命的成長。還有一些噬菌體更仁慈，
它們會藏入宿主體內，讓宿主還能繼續生存一段時間。有些噬菌體甚
至能為宿主帶來協助它們蓬勃發展的基因。更有會在宿主之間移動、
帶有光合作用基因的噬菌體，被它們感染的微生物會在利用陽光的方
面表現得更好。我們在地球上呼吸的部分氧氣，等於來自這些病毒的
貢獻。

　　這些噬菌體的光能捕獲基因是從別的地方偷來的。當它們的祖先
感染其他光合微生物，可能在複製時意外地把宿主基因收疊成自己的
基因。反過來看，病毒也能捐贈新基因給宿主的基因組，例如細菌可
以透過病毒感染而獲得對於抗生素的抗藥性。人類自己的基因組包含
了成千上萬的病毒片段，約占整體 DNA 的百分之八。這些片段裡的
某些部分已進化為基因和基因開關，可以用來打開或關閉特定基因。
如果我們說病毒是無生命的，那麼這些無生命等於已深深嵌入我們的
生命中。

　　病毒並非唯一跨越生命邊界的物種。請思考一下在你血管裡的紅
血球細胞。如果沒有它們，你一定會喪命，因為你會缺乏它們從肺部
運送到整個身體的氧氣。而紅血球細胞（簡稱紅血球）就像細菌和黏
菌一樣具有膜，膜的內部充滿了複雜的酶和其他蛋白質。紅血球也會
變老、甚至死亡。有一組科學家在二○○八年的綜合報告說：「紅血
球的生命週期大約一百到一百二十天。」而如果某個東西具有「生命
週期」，那它就應該被歸類為生命。

　　然而根據各種定義來看，紅血球也不是活的。紅血球和人類體內

的其他細胞有所不同，因為它具有很特殊的發展路徑。它們是從人類骨髓中的前驅細胞發育而來，然後被釋放到血液中。雖然它們帶有血紅素和其他攜帶氧氣的分子，不過它們並沒有任何 DNA。所以成熟的紅血球缺乏了一般細胞所具有的那本「基因配方」手冊，無法製造出自己的蛋白質或分裂為新細胞。

另一個紅血球與其他細胞的重要不同點，就是它們無法自製燃料，因為它缺乏製造燃料的工廠。一般細胞會帶有幾十個自由漂浮、被稱為粒線體的酶袋。不過事實證明，粒線體本身也是「半活著」的一種形式。每個粒線體都攜帶了三十七個自己的基因，及用來製造蛋白質的核醣體。且粒線體會像細菌一樣不斷繁殖，從自己的中間擠壓而下，變成兩個新的粒線體，每個新粒線體也都有自己的 DNA 環。

粒線體謎題的答案深藏在人類歷史中。二十億年前，我們的粒線體祖先是自由生活的細菌。當它們被一個更大的細胞吞沒時，這兩個物種結成夥伴關係。為了換取 ATP，粒線體得到較大細胞的保護。於是粒線體不再需要自行謀生，但代價是失去了大部分基因，不過並非失去全部基因，它們並沒有失去像細菌祖先的那種分裂能力。

按照典型的生命定義來看，粒線體可以滿足大部分需求，事實上還比紅血球來得更多。不過它們無法存在於宿主細胞之外，因為粒線體無法自己尋找食物，也無法自行建立基因或蛋白質。粒線體以前一定曾經是一種生物，但現在我們很難說它變成了什麼東西。如果要說「粒線體是死的」肯定不對，因為人類的生命是否活著，還要取決於粒線體。

粒線體和紅血球相當微小，也許我們可以忽略，眼不見為淨。但某些生命悖論是肉眼看得到的。一九四八年，聖捷爾吉突然別出心裁

地想到，如果生命的其中一個特徵是具有「自我複製」能力，那麼「一隻」兔子就不算生命。畢竟只有一隻兔子時，絕對無法生出更多兔子。許多科學家選擇直接忽視聖捷爾吉的說法，因為他們把自我複製的能力當成生命特徵。我們可以客氣一點假設，這些相信生命定義的人，當然認為聖捷爾吉只是在玩文字遊戲。一隻兔子能不能繁殖並不重要，因為兔子屬於可以繁殖的物種。

事實證明，大自然比聖捷爾吉更會惹麻煩。

一九二○年代，博物學家哈伯斯夫婦（Carl and Laura Hubbs）在墨西哥和德州各地旅行、捕撈魚類。他們仔細研究這些魚類的各種細節，包括它們的條紋、斑點和鰭刺。這種充滿愛意、百科全書式的關注，讓他們瞭解許多淡水魚是透過雜交來繁殖。當兩個物種雜交後，它們的後代只能彼此交配。但其中有一種屬於孔雀魚的近親的雜交後代叫秀美花鱂（Poecilia formosa），與其他物種截然不同。

「從墨西哥塔毛利帕斯州和美國德州檢視的大約兩千個標本中，完全沒發現任何雄性。」哈伯斯在報告中指出。因此他們給這條魚取了「亞馬遜花鱂」（Amazon mollies）的綽號，其亞馬遜並不是指亞馬遜河，而是比喻古代傳說中的亞馬遜女戰士。

亞馬遜花鱂大約是在二十八萬年前進化，它是由兩種魚類的雜交產生，包括大西洋花鱂和帆鰭花鱂。這種新物種在進化後就從沒離開過父母，亞馬遜花鱂總是與大西洋花鱂和帆鰭花鱂一起被發現。好像這種新物種的生存必須取決於「過去父母」的陪伴。

為瞭解這種特殊模式，哈伯斯把這三個物種都帶回密西根大學實驗室。他們把魚放到水箱裡，讓這些魚順著天性自然發展。雌性亞馬遜花鱂與雄性大西洋花鱂和雄性帆鰭花鱂都會進行交配，產下卵後，

從卵中孵化出來的都是亞馬遜花鱂。且正如其名，這些亞馬遜花鱂所生的後代都是女兒。[2]

「儘管後代的數量龐大，」根據哈伯斯觀察：「但其中完全沒有出現過雄性。」

十八世紀中期，特朗布雷和他的博物學家同事發現蚜蟲可以全部是雌性。幾十年後，也有其他人發現更多無脊椎動物可以執行這種處女生子的情況，一般稱為孤雌生殖。它們的卵不需要雄性精子就能自行發展成胚胎。而當哈伯斯夫婦在兩個世紀後調查亞馬遜花鱂時，發現脊椎動物也可以進行孤雌生殖。

然而，亞馬遜花鱂必須在雄性幫助下才能製造出新的胚胎。據後來實驗顯示，雖然雄性精子抵達亞馬遜花鱂的卵，與之結合，注入基因。不過雄性和雌性的基因並不會組成新的基因組，因為雌性會在卵內產生一種酶，切碎雄性的 DNA。因此亞馬遜花鱂唯一需要從雄性異種伴侶身上得到的，就是「觸發」自己的卵變成胚胎。

這就是亞馬遜花鱂為那些想把生命劃清界限的人所帶來的麻煩。一隻亞馬遜花鱂無法繁殖，兩隻亞馬遜花鱂也不可能辦到。事實上，所有亞馬遜花鱂都無法自行繁殖。它們就像性的寄生蟲，必須取決於其他物種的繁殖。如果生命必須由能夠「自我繁殖的物種」來定義，那麼這種性格外向的普通魚類，便跨越了生命定義的邊界。

當然，亞馬遜花鱂並不算完全從普通生命形式中區隔出來，畢竟

2　譯注：傳說亞馬遜國為女兒國。在荷馬史詩《奧德賽》（*Odyssey*）中，亞馬遜人不允許男人住在她們的領地中或與女性接觸。為避免絕種，她們會定期與鄰族加加爾人的男性結合以繁衍後代。生了男孩送歸男方，女孩則留下撫養。訓練她們打仗，培養為女戰士。

它們等於是從一般花鱂、也就是具備正常生命特徵的物種降級而來。對其他的跨界者,也就是目前我們在生活周遭發現的其他「半活者」而言,情況也是如此。粒線體起源於普通的海洋細菌,而這種細菌恰好被我們的單細胞祖先吞噬,度過了二十億年的新生活。即使是病毒,也經常可以追溯到它們起源於普通生物中的惡意寄生 DNA。

但如果我們再往前推,也許回到四十億年前,那麼所有生命都會回到半活著的狀態,也就是沒有嚴格定義下的完整生命特徵。

Life's Edge

生命藍圖所需的數據
Data Needed for a Blueprint

　　迪默（David Deamer）看著整個火山口，覺得自己就像站在嬰兒時期的地球上一樣。他花了幾天的時間才抵達這裡。首先從加州飛往阿拉斯加，然後越過白令海到達俄羅斯東部的堪察加邊疆區。在抵達彼得羅巴甫洛夫斯克市後，迪默與一支由美國和俄羅斯科學家組成的隊伍，登上一部老式運兵車，開了五個小時的車到達了峽谷口。接著一行人下車徒步跋涉，泥濘的小路沿著穆特諾夫斯基山這座活火山的斜坡上升。這趟旅途在二〇〇四年，而穆特諾夫斯基山上一次爆發是在二〇〇〇年。

　　當年六十五歲的迪默，有著如林肯的身高、艾森豪將軍的禿頭。他攀爬出他的路徑，繞過隱現的巨石，穿過火山灰和凍結的熔岩流。地平線所見都是鄰近火山的山峰。在攀登了六百多公尺後，科學家終於到達穆特諾夫斯基火山口邊緣。在黑色和灰色的岩石上，完全沒有東西生長，到處噴發著呼嘯而出的蒸氣。迪默戴上防毒面具，走進火山口。在接下來的幾天裡，科學家團隊先對火山口及其側面進行觀測。他們收集了水和火山泥漿的樣本後，迪默開始進行他的實驗。

　　他的實驗檯是一塊沸騰的溫泉，發散出硫化氫的腐臭雞蛋味。迪默拿著他的試管，挑選了一個中等大小的水坑。裡面水的酸鹼值大約等於醋，水裡充滿了白色黏土。在水坑中心，一堆沸騰的氣泡從泥漿

裡冒出。

　　迪默在這趟登上火山的行囊裡，帶來了他在加州調製的「生命之粉」，其成分包括了 RNA 的四個核苷酸。他混合了四種胺基酸，也就是蛋白質的組成部分：丙氨酸、天冬氨酸、甘氨酸和纈胺酸。接著迪默用肉荳蔻酸（椰子油的一種成分）來完成粉末的加工。

　　迪默用一公升燒杯，從水坑裡舀了一些沸騰的水。他把粉末撒進去，水變成乳白色。均勻混合後，他小心翼翼地靠在水坑上，倒出混合的溶液。

　　他所做的類似本書最前面提到的伯克在一個世紀之前所做過的事。伯克為了瞭解生命的本質而進行實驗，把無生命的化學物質放入容器中，使它們具有生物的某些特性。不過伯克是一位物理學家，對生命的分子基礎知之甚少，而迪默從事了四十年的現代生物化學研究。不過即使迪默擁有這些專業知識，也無法預測火山實驗會發生什麼事，因此他準備觀察接下來幾個小時內發生的情況。

　　當他把燒杯在水坑裡倒空後，在其蒸騰的表面上出現了白色的泡沫。大自然再次使他感到驚訝。接著迪默裝了坑裡的水，刮下一些黏土帶回實驗室，希望有機會進一步瞭解四十億年前的生命，也許真的就像是在穆特諾夫斯基火山這種地方誕生。

• • • • •

　　「目前對生命的起源說法，純粹是一派胡言，」達爾文在一八六三年寫給他的朋友胡克（Joseph Hooker）的信中說：「大家不如先想想物質的起源。」

　　由於達爾文比他的祖父老達爾文保守得多，他拒絕在公眾場合上猜測生命到底如何從無生命物質中產生。在撰寫《物種源始》時，他只提過一個比較接近的說法。「地球上曾經生活過的所有有機物，可能都是某種原始形式的後代，」達爾文寫道：「也就是最早產生呼吸的那種生命。」

　　達爾文應該會後悔使用了「呼吸」這個詞彙，因為生命的呼吸，帶了點聖經造物般的語氣。其實達爾文唯一想傳達的是生命必須在遙遠過去的某個時刻出現。不過到底怎麼出現，他沒辦法解釋。

　　在寫給胡克的另一封信中，達爾文思考過地球上某個「溫暖的小池塘」，很可能就是產生「簡單生物所需化學反應」的實驗室燒瓶。只是他從未在公開場合分享過這個概念，更別提把概念發展為成熟的理論。他會對朋友說，如果他能發現化學物質如何產生生命，將會感到非常激動，「因為這將是最重要的發現。」如果有人能證明辦不到，他也會一樣激動。

　　不過他預言：「在我有生之年可能看不到答案。」

　　達爾文的沉默讓他的追隨者感到失望。他們的英雄發展出一種理論，可用來解決科學界最偉大的問題，但他卻停下了腳步。前面談到過的海克爾也抱怨：「達爾文理論的主要缺陷，在於沒有揭示原始生物的起源，很可能只是一個簡單的細胞讓所有生物起源於此。然而，當達爾文假設第一個物種是採取一種特殊的創作行為時，他並沒有堅持研究下去，我覺得這種想法有點不夠真誠。」

　　海克爾和達爾文的其他追隨者，毫不猶豫地邁出了一大步。這些人開始搜集生命可能如何開始的證據，也寫書與發表轟動社會的演講，還與堅持是「上帝造物」的教會反對者進行抗爭。但當他們沿著

生命的邊界前行時，也發現自己很容易跌倒。例如赫胥黎以為自己發現了橫跨整個地球表面的巴希比爾斯，結果發現是不完善的化學反應讓他誤入歧途。伯克可能是最早嘗試在試管中建立生命起源的科學家，但在成為世界知名人士的短短幾個月後，立刻被世人遺忘了。

事後看來，當科學家對生命本身所知不足時，試圖追溯生命的起源似乎是相當愚蠢的事情。赫胥黎可以談論原生質，但他的說法聽起來就像一種神祕的果凍。談到遺傳時，在十九世紀完全沒有人（甚至連達爾文）有辦法理解。當遺傳學這個詞在二十世紀初被創造出來時，赫胥黎已去世了五年。在二十世紀的前幾十年，生物學家終於讓自行追索的世代停止爭論，因為他們開始破解一些酶的祕密，並透過幾代的果蠅來追蹤某些基因。

蘇聯生化學家奧巴林（Alexander Oparin）深信這些進步讓人們有可能開始理性思考生命的起源。最後，科學界終於能安全地把生機論拋在腦後。他總結說：「尋找體內具有某種特定生機能量的嘗試很多，不過最後總是以失敗告終。」

對於奧巴林來說，實在很難把生物與宇宙的其餘部分分開討論。例如我們的身體是由碳、氧和其他元素所組成，這些元素也可以在海浪、平流層雲團與沙礫中發現。雖然人類身體利用酶來製造出新的分子，但類似的化學反應也能在生物體外發生。生物可以用複雜的模式生長，不過晶體也辦得到，只要看冬天窗戶上形成的冰花，便足以證明這點。

「這些精緻、複雜、美觀和多變的冰花，看起來甚至像熱帶植物。其成分只有水，也就是我們一直都知道的最簡單化合物。」奧巴林說。事實上冰花不算活著的原因，是它們缺乏生命所需的其他特徵。「生

命的特徵並沒有任何特殊的內容，」奧巴林總結道：「而是這些內容明確且特定的結合。」

若我們以這種方式看待生命，對生命起源的瞭解就不再困難。這種生命如何開始的問題，與地球的起源這類問題並無不同。一九二〇年代，天文學家就已知太陽系最初是由一盤塵埃顆粒所組成。重力使這些顆粒聚集在一起、結成團塊或彼此撞開，直到它們聚成行星為止。在地球剛形成之際，整個看起來就像一個大熔岩球。經過千百萬年後，逐漸冷卻形成硬殼，大氣層下雨形成海洋。奧巴林把這些轉變視為一個巨大的化學實驗，產生了各種新化合物。這些新化合物可以相互反應生成更多化合物，接著這些化合物逐漸將生命必要的所有特質結合在一起。

奧巴林在一九二四年的一本小書裡闡述了一些想法。雖然這本書是用俄語寫的，但他的蘇聯同胞裡只有少數人讀過。如此令人失望的情況，並未導致奧巴林放棄他的想法。相反地，他進行實驗與廣泛閱讀。他把微生物學、化學、地質學和天文學的新思想結合起來，找出各種專家因狹隘思考而可能忽略的地方。一九三六年，奧巴林把這些新見解轉化為一本篇幅更長的書《生命的原點》（*The Origin of Life*）。這本書後來被翻譯成英文，吸引了更多讀者，也讓讀者有了一項非常重要的理解，亦即：「生命初始的世界與我們今日生活的世界，截然不同。」

目前我們所呼吸的空氣含氧量為百分之二十一。大氣中的氧分子會穩定地消失，因為它們很容易與其他化合物進行反應。地球上的氧氣供應透過植物、藻類和光合細菌來補充。在有生命之前的地球上，大氣裡幾乎不含氧。奧巴林知道在這種世界裡的化學反應，運作方式

絕對會和現在大不相同。他認為其中的一些反應，可能產生了生命的最初組成。

他推測火山噴發的蒸氣，很可能會與礦物反應而生成碳氫化合物。這些碳氫化合物亦可能經歷其他反應，生成更複雜的化合物。接著這些化合物聚集在一起，開始從周圍環境中捕獲其他分子。它們也慢慢的像自己一樣建立出更多團塊，並逐漸變成了我們所知、基於細胞的生命形式。

奧巴林並沒有時間機器可以把他帶回到年輕的地球上，看看自己的想法是否正確。科學家必須在現代努力進行實驗，並收集來自地球和其他行星的線索，以檢驗這種假設，甚至發展出更好的假設。

「我們眼前的道路艱難而漫長，」奧巴林提出警告：「但毫無疑問地，它可以讓人們對生命的本質有最終的瞭解。」

奧巴林並非一九二〇年代裡，唯一一個對年輕地球產生迷戀的科學家。霍爾丹也在一九二九年發表了一篇關於生命起源的文章。儘管他與奧巴林並不認識，但霍爾丹和奧巴林的想法有類似的軌跡，也就是都想回溯到生物剛出現的時刻。「我認為我們可以合理推測這顆星球上的生命起源。」霍爾丹寫道。

霍爾丹和奧巴林一樣，也意識到現在的地球與地球誕生時的環境差異，對於這些合理的推測相當重要。他思考的是紫外線作用於水、二氧化碳和氨，產生了糖和胺基酸，這些糖和胺基酸積聚在海洋中，直到類似一種如熱稀湯的濃度為止。

儘管兩人在思想上有相似之處，不過奧巴林和霍爾丹各自強調了不同的生命觀點。奧巴林在根本上將它當成化學問題，只要看《生命的原點》這本書的目錄，就會發現許多有關新陳代謝的標題，例如水

解和氧化，卻沒看到基因、遺傳之類的章節標題。

　　而霍爾丹主要是一位遺傳學家，對他而言，關於生命起源最大的問題便是生命如何開始複製遺傳訊息。他認為基因出現在生命起源的早期。我們的基因可能被包裹在細胞內層層的蛋白質和膜裡。霍爾丹想像原始基因是一種裸露的分子，且會在熱稀湯裡複製自己。

　　大約在霍爾丹和奧巴林首次提出各自想法的幾十年後，芝加哥大學一名研究生首次聽到這些想法。在一個部門研討會裡，米勒（Stanley Miller）對這些想法很感興趣，同時也感到困惑：為什麼還沒有人成功地檢驗過這些想法？不過米勒對自己做實驗並不感興趣，他認為實驗是在浪費時間。相反地，他更喜歡崇高的理論科學，並計畫在研究所裡花時間思考星星如何產生新的元素。

　　當他的指導教授離開芝加哥到加州工作時，這些原先的研究規劃落空了。對於研究項目感到失望下，米勒回想起生命起源這件事。米勒思考得越多，把想法付諸實驗的念頭就越瘋狂。他並不打算做出一種放射性生物，也並非要做出完整的生命。他只想檢驗一下能夠產生有機分子的早期地球化學問題。

　　米勒當初聽到那場有關奧巴林想法的研討會，是由諾貝爾化學獎得主尤里（Harold Urey）主講。因此米勒在辦公室找到尤里，提出了自己的計畫。尤里告訴他，這對研究生來說不是個好主意，因為最後很可能失敗。他試圖把米勒導引到其他野心較小但更可靠的研究項目，例如對隕石的化學物質進行分類。然而米勒不肯讓步，最後尤里答應了。他讓米勒可以在他的實驗室花一年的時間進行實驗。如果一年後沒有取得任何進展，他就得放棄這項研究。

　　為了進行實驗，米勒和尤里開始在實驗檯上模擬早期的地球。米

勒後來回憶：「當時我們設計了一種玻璃設備，包括海洋模型、大氣層，以及可以製造雨水的冷凝器。」

米勒在燒瓶裡添加進一般認為在地球早期常見的氣體，包括水蒸氣、甲烷、氨氣和氫氣。米勒推測地球早期發生化學反應的能量可能來自於閃電，因此他把電極插入儀器裡產生火花。經過一些初步嘗試調整後，米勒將設備通電運行一整夜。

第二天，整個實驗變成一團紅色爛泥。米勒倒空燒瓶，發現這堆爛泥裡含有胺基酸（也就是組成蛋白質的基本部分），以及其他許多含碳分子。

年僅二十三歲的米勒，在一九五三年五月發表研究結果。他後來回憶：「大家對這篇報告的反應令我震驚。」如同在他之前的伯克，米勒立刻受到一大群記者包圍。由於他的實驗新聞如此轟動，蓋洛普甚至進行了一項民意調查，以便瞭解到底有多少人認為「在試管裡創造生命」是可能的？結果只有百分之九的人認為可能。

米勒藉此項實驗，創造出一個全新的科學領域，後來被稱為「前生命化學」。科學家創造出更多胺基酸，甚至建立了如今歸於 DNA 和 RNA 範疇的某些鹼基。霍爾丹年輕時為這個領域的思想提供了種子，如今高齡的他終於看到了這些新發現。他也從克里克這樣的分子生物學家工作中找到靈感，因為他研究的是生命如何將訊息儲存在基因裡，又如何釋出這些訊息。

即使到了一九六〇年代，霍爾丹也有更多想法亟欲播種。他相信生命是「大分子模式的無限複製」而成，因此最早的模式肯定比今日我們四周所見的模式簡單得多。某些病毒使用單鏈 RNA、而非雙鏈 DNA 的事實，讓霍爾丹認為最先進化出來的可能是 RNA。

　　一九六三年，霍爾丹前往佛羅里達州，在一場與會者包括奧巴林與生命起源的主要研究者們參加的會議上談論他的想法。霍爾丹的演講題目為「第一個生物藍圖所需的數據」。他想像了一種長久消失的生命形式，有點像現代版的巴希比爾斯。這是一種自由生存的微生物，其基因儲存在 RNA 而非 DNA 中。它可以將其 RNA 基因作為建構蛋白質的導引，讓它們再複製自身基因。霍爾丹無法說出這種基於 RNA 的生命形式需要多少基因，不過他推測：「這種最早的生物可能由『一個』所謂的 RNA 基因組成。」

　　這種想法的影響很大，事實上，大到讓克里克和其他科學家也都曾想到過這種形式。不過克里克、霍爾丹和其他所有提倡生命基於 RNA 的科學家，只能用最模糊不明的術語來談論。因為在現代的地球上，唯一基於 RNA 的生命是病毒，而病毒需要宿主才能繁殖。因此在早期地球上，這種基於 RNA 的生物將不得不自求生存。

● ● ● ● ●

　　迪默的這趟俄國火山側的旅行，概念肇始於一九七五年，當時他正在英國某處路邊啃著酸黃瓜三明治，因為他正與英國生物學家班漢姆（Alec Bangham）共進午餐，談話的主題是「膜」。

　　生命雖然取決於遺傳基因、蛋白質和新陳代謝，但沒有膜也無法生存。膜是控制生命化學物質通關與否的邊界。據目前所知，生命不可能以無邊界的「化學物質雲」方式存活。然而直到一九五〇年代，像班漢姆這樣的科學家才打開了膜，開始瞭解它們的成分。

　　膜裡最常見的一種分子便是稱為脂質的碳原子鏈。有些類型的脂

質很短，有些則較長。有些會帶氧或其他可以改變膜的化學成分的元素。不過所有脂質都具有強大的自我組織能力。脂質鏈的一端排斥水分子，另一端吸引水分子。如果鬆散的脂質浮在水中，它們就會自動組裝為兩層薄膜。斥水端塞入內部，親水端則面向外側。一九六〇年代初期，班漢姆搖晃了這些膜，發現它們會先散開，然後變成三度空間的形狀。一開始它們會形成像蛇一樣的管狀，然後它們會縮成空心球狀，這種油性外殼被稱為脂質體。

比班漢姆小八歲的迪默，曾在俄亥俄州立大學研究所研究脂質，並從蛋黃、菠菜葉和老鼠肝臟中提取脂質。他前往加州柏克萊大學做博士後研究，在那裡學會如何冷凍膜，再把膜打開檢查其內部結構。迪默在加州大學戴維斯分校找到工作後，繼續進行這項研究。三十六歲時，他為自己安排到英國與班漢姆一起工作一年。這兩位科學家對脂質進行一系列重要的新研究。他們發明了一種注射器，可以產生大小均勻的大量脂質體。這種發明讓脂質體有機會成為醫療工具。製藥廠商可以將他們的化合物插入脂質體中，遞送至細胞內部。

有一天，班漢姆和迪默開車去倫敦。當他們在路邊停下來吃午餐時，迪默提到曾經聽過班漢姆對生命起源的想法。他很好奇這到底會是什麼。

班漢姆告訴他，生命起源於「脂質體」。

· · · · ·

對於霍爾丹和他這些知識分子後輩來說，讓生命如此特別的便是基因。而對奧巴林的追隨者來說，關於生命起源的最大問題是新陳

代謝如何產生。但生命不太可能沒有「邊界」就出現了，關於脂質的研究，也讓班漢姆對最初的原始細胞如何形成有了一種想法。如果脂質存在於早期地球上，會自發性地變成脂質體，可以成為生命分子的現成容器。只要有足夠的時間，就能靠化學反應產生出更多複雜的 DNA、RNA 和蛋白質。不過，並沒有人知道脂質是否確實存在於四十億年前的地球上，就算有，也沒人知道它們是否具有正確的形式，可以產生能維持生命的空心外殼。

在班漢姆和迪默討論了這些深遠的問題後，他們吃完三明治，驅車前往倫敦。

迪默後來告訴我：「我當時想著，我要回戴維斯找找看哪些脂質可以做到這一點。」

現在的生物產生了各式各樣的脂質，有些很短、有些很長，有些帶有磷、有些帶有糖。某些脂質為單鏈，而其他脂質則是融合的分支鏈所組成。在早期地球上，並沒有現成的工廠可以做出所有脂質。迪默認為最初的原始脂質必須簡單而短，且很可能無法形成穩定的脂質體。如果這樣的話，班漢姆的直覺就是錯的。

迪默的一名研究生哈格里夫斯（Will Hargreaves）自願測試各種脂質。他一路從長脂質測試到短脂質。一般活細胞中的大多數脂質長度為十二至十八個碳原子，不過哈格里夫斯發現即使每片僅有十個碳的脂質，仍然可以形成穩定的脂質體。

當哈格里夫斯在一九八〇年獲得學位時，迪默還一直在思考早期地球是否真的可以提供這些短脂質。過了不久，他遇到 NASA 科學家張（Sherwood Chang），讓他有機會找到答案。因為張正在處理一顆非比尋常、彈珠大小的石頭，他願意分一片給迪默。

　　這顆石頭曾經是四十五億七千萬年前，太陽系誕生時所形成的小行星上的一部分。由於另一顆小行星撞上它，彈出了一顆流星，這顆流星在太陽系裡漫遊，直到一九六九年抵達地球附近。地球引力貪婪地吸引著流星。就在某個早晨，一位住在澳洲默奇森鎮（Murchison）的居民，抬頭看到一顆火球在天空中拖曳著煙霧，接著是一陣雷聲般的巨響。當人們抵達隕石墜落點時，在周圍的扇形區域發現了數百顆黑色的石頭。

　　NASA 研究人員握有其中一些石頭。研究發現這些石頭是鬆散結合的礦物顆粒，只要放入水中，顆粒就會分開。更驚人的是在這些顆粒的內部，帶有胺基酸及許多其他有機化合物。這顆默奇森隕石的成分，等於告訴我們生命可以不必只靠地球上發生的化學反應來獲得這些成分。有許多成分可能是在太陽系的其他地方形成，然後落到地球上的。

　　張提供給迪默這顆默奇森隕石的小片樣本。回到戴維斯後，迪默用氯仿和其他化學藥品加以處理，提取其中可能包含的任何脂質。他把處理後的氯仿溶液滴在載玻片上使其蒸發。氯仿散發出發霉的味道，為他帶來發現一點東西的希望。

　　當氯仿從玻片表面消失後，迪默滴濕了玻片。透過顯微鏡觀察，他真的看到了動態的組織。當水滲入乾燥萃取物時，這些東西膨脹成球形，也就是他製造出脂質體了。

　　迪默拿出相機瘋狂拍照，這是值得紀念的一刻，距今已四十五億年前的古老製造過程。

　　如果脂質從太空中落下來，很可能會形成脂質體，然而脂質體本身只是空心殼體。因此迪默和他的學生們開始研究脂質體和有機分子

的混合，以瞭解是否可能把那些「前生命」物質填滿空殼。也就是先把脂質體和 DNA 乾燥後，放入水中，再看看 DNA 是否有機會跑入脂質體內。

這些實驗讓迪默想像一個原始細胞，內部帶有一種可建構 RNA 分子的酶。因此它會需要一些鹼基通道，讓分子能進入原始細胞而不撕裂其外膜。由於我們的細胞表面遍布許多複雜的蛋白質通道，因此細胞可以安全地透過細胞膜，快速移動大量分子。這些通道是幾十億年來演化的產物，早期生命形式必須以更簡單的方式生存，因此或許有某種化合物可能已附著在脂質體上，用來協助這些鹼基分子順利通過膜而散布。

迪默和他的同事決定建立原始通道的模型，以瞭解它們可能如何進行工作。他們製作了兩層的脂質，再將分離的蛋白質放入其間。然後添加化合物，觀察蛋白質是否可以讓這些化合物透過脂質層的一側傳遞到另一側。

一九八九年，迪默停下手邊工作到奧勒岡州度假。在沿著麥肯齊河的長途行駛中，他想到核苷酸流透過原始通道流入原始細胞的情況。他需要一種使它們通過的方法，也許是電場的方式。他想像核苷酸在通道中緩慢擺動，擋住了通道後面較小的帶電原子，就像在緩慢移動的卡車後面的一整排汽車一樣。因此迪默認為，這種交通阻塞會暫時減緩透過通道的電流。他想知道如果他和學生在核苷酸經過時進行測量，將會得到什麼結果？

「也許我們會發現一個光點。」他後來回憶說。

還有，如果迪默嘗試通過的不是一個核苷酸，而是一條 DNA 呢？他會看到不只一個光點，而是一系列的光點嗎？ DNA 中的四個核苷

酸各有不同的大小和形狀，也許這些光點看起來會有所不同，又或許他可以把 DNA 拉過某個通道，再藉由不同光點來讀出 DNA 裡的序列？

就在喀斯喀特山脈的中部，迪默意識到對生命起源的思考，導引他走向從未想到過的事，因為他現在思考的東西，等於一種「快速讀取 DNA」的方法。

一九八九年，能夠快速讀取 DNA 片段的想法，可能趨近於「魔法」。由於當時的標準讀取方法如此緩慢，以至於科學家每天只能讀取幾百個鹼基。照這種速度看，我們還需要長達十萬年的時間，才能對單一人類基因組進行定序。因此科學家夢寐以求的便是加快此過程的方法，而現在迪默就成了夢想家，他想像 DNA 經過一個通道出來，然後用電流唱出自己的序列。

· · · · ·

當迪默在一九八九年完成奧勒岡州自駕旅行時，他掏出一支紅筆，把自己的想法畫在筆記本上。他勾勒出 DNA 經過通道出來的樣子，繪製了一幅假想圖，顯示他所想像每個鹼基會產生的電壓。「通道的橫截面應該等於 DNA 的大小。」迪默寫道。

迪默徵求其他科學家幫助他實現這個想法。計畫的第一步，就是必須找到大小和形狀適合的通道，以便製造出 DNA 的交通堵塞。一九九三年，迪默得知了一個可能有效的方法，一種由細菌所製作稱為「溶血素」的通道。他前往馬里蘭州國家標準技術研究所，拜訪溶血素專家卡西亞諾維奇（John Kasianowicz）的實驗室，並帶了一管可

以從針頭通過的 RNA。

迪默和卡西亞諾維奇共同創造出一個橫跨圓形開口的脂質膜。接著他們在膜的中間插入一條溶血素通道。當他們打開電場時，便可將 RNA 拖入通道中。然後他們就看到了一系列的電位高低光點。光點數量與 RNA 索上的鹼基數量相符。

這項成功已足以讓他們在一九九六年發表論文，不過距離 DNA 快速讀取器還有很長的路要走，因為他們還不清楚如何區分四個鹼基，迪默和卡西亞諾維奇彷彿正在編輯政府保密文件裡塗黑的句子。雖然他們可以計算句子裡的字母數量，但還不知道這些字母到底如何拼寫。

迪默以前的一位學生阿克森（Mark Akeson）回到聖克魯斯接手這個項目。他的目標是揭開文件的面具。阿克森和他的同事對電子設備進行調整，用來檢測電流中的細微變化，也讓它們對干擾噪聲的敏感度降低。他們利用 DNA 的四個鹼基中的兩個腺嘌呤和鳥嘌呤比胞嘧啶和胸腺嘧啶大得多的這項事實。阿克森和他的同事證明，大的鹼基會導致較大的電位下降，而小的鹼基則將出現較小的電位下降。

雖然迪默還不能完全聽清楚基因的語言，但他現在至少可以分辨出子音和母音。

● ● ● ● ●

第一次見到迪默是在一九九五年，我安排了造訪聖塔克魯茲的行程。因為迪默和加州大學教授埃納斯德蒂爾（Ólöf Einarsdóttir）結婚後，就搬到了位於該市北區的校園裡。

　　迪默從戴維斯的平坦農田景觀，換成了海邊美景。這裡是海象會在海灘上閒逛的地方，山坡上也種著松樹和紅木。在聖塔克魯茲的第一個晚上，我在市中心閒逛。一九八九年的洛馬普利塔地震在六年後仍看得到痕跡。我經過無聲的廢棄建築，在黑暗中沿著鮮明的裂縫走在荒廢的街道上。而在早上一起床後，我就去了迪默的實驗室。

　　「你想聞聞外太空的味道嗎？」迪默問我。他給我聞一塊默奇森隕石脂類樣本，很像我家閣樓的味道。「你想聽聽胰島素的聲音嗎？」他又問我。就在幾年前，迪默把基因序列轉換為音符：腺嘌呤變成了A、鳥嘌呤是G、胞嘧啶是C，及由於音樂裡沒有T，所以胸腺嘧啶變成了E。他開始哼著基因歌，聽起來還真的有點像一首歌。

　　當時迪默已經五十六歲。從他開始用隕石製造脂質體以來，已過了十年。住在這邊的幾年裡，他借鑒了自己和其他科學家的工作內容，為生命的起源開發出一個精緻場景。生命起源是來自一九六〇年代，由霍爾丹和其他人最初構想RNA時的想法，多年來備受青睞。RNA已被證明具有多種用途，可能足以維持早期地球上的生命。例如科羅拉多大學生化學家切赫（Thomas Cech），在淡水原生動物眼原蟲（Tetrahymena）身上發現了一種特殊的RNA分子，其分子鏈可以自動彎曲並切割出一部分，就像酶的作用一樣。研究人員在不久後也發現了其他RNA分子，它們的行為就像酶，也就是所謂的核酶。

　　核酶等於告訴我們RNA可以同時做兩件事：它們可以像DNA一樣儲存遺傳訊息，還可以像蛋白質進行酶反應。一九八六年，哈佛大學生化學家吉爾伯特（Walter Gilbert）利用他們的發現，更新了霍爾丹及其他有關生命起源的假設，他稱自己的理論為「RNA世界」。

　　吉爾伯特提出「在DNA和蛋白質出現之前，生命最初只使用了

RNA」。這種基於 RNA 的生命形式可能帶有一組 RNA 分子，每個分子都適用於某些工作，有些可能用來攜帶遺傳訊息，另一些可能會抓取化合物來建構新的 RNA 分子。基於 RNA 的生命一樣可以演化，因為它會在複製基因時犯下新的錯誤。

　　吉爾伯特認為這些基於 RNA 的生命，最後進化出了蛋白質和 DNA。RNA 分子可能已具有將胺基酸連接在一起，製造出短蛋白質的能力，因此這些新分子可能已有辦法協助細胞存活。隨著蛋白質逐漸變長，它們的性能可能優於最早的 RNA 分子。RNA 基因亦可能進化為 DNA 的雙鏈形式，因為這樣會比早期形式來得更穩定。

　　雖然吉爾伯特遵循了霍爾丹以基因為中心的傳統。不過他太專注於 RNA 分子的進化，卻沒關心它們到底如何出現在細胞中？而迪默用了他的脂質體，持續研究這個尚未得到解決的難題。

　　他假設隕石傳遞的脂質可能形成原始細胞。某些隕石可能落在剛從深海裡隆起、新形成的火山上。接著，脂質可能會被沖入凹塘和溫泉中，裡面也可能包含各種潛在的蛋白質和 RNA 建構基塊。水分定期蒸發，留下一圈原始的類似浴缸漬垢的物質，接著雨水或洪水會再次沖刷混合它們。

　　迪默與他實驗室的博士後研究員查克拉巴蒂（Ajoy Chakrabarti），為我重新創建這種古老的化學環境。他打開一瓶蛋黃色的脂質，並在有水的試管中加入一些脂質。由於充滿了微小氣泡，所以試管變得十分渾濁。

　　接著迪默轉向第二個試管，加入來自鮭魚精子的乾燥白索 DNA，像廚師把番紅花撒到盤子裡一樣的撒入（鮭魚精子 DNA 的價格很便宜，可以直接從生物供應公司訂購，用來取代 RNA 的效果）。DNA

的白索變黏以後，迪默蘸了點螢光染料加入溶液中，然後把脂質和DNA 在玻片上融合。

「我們來把板子加熱吧？」迪默對查克拉巴蒂說。

查克拉巴蒂把加熱板打開，並將玻片放在加熱板表面。

「這就是我們的潮汐池。」迪默說。

在原始池裡，脂質可能已形成脂質體，在水中漂流著。但在陽光照射下，水分消失，脂質體擠在一起。當它們彼此接觸時就會開始融合。隨著更多水分蒸發，它們從氣泡狀又變成薄片，再把其他分子夾在這些薄片層之間。

實驗室裡的玻片上也發生了同樣的事。幾分鐘後，迪默將玻片從加熱板移開，DNA 和脂質已乾燥成薄膜。現在，迪默為他的微型潮汐池補充了幾滴水。然後他把濕潤的玻片放在可以觀察螢光的顯微鏡下，查克拉巴蒂先幫他把燈關掉。

透過顯微鏡，我可以看到脂質從乾燥的片狀噴發到周圍的水中。它們剛開始像蛇一樣扭動，接著便逐漸膨脹成氣泡狀。有些氣泡顏色較暗，有些則帶有強烈的螢光色染料，也就是氣泡吞入了剛剛染色過的 DNA。

這個實驗與證明生命如何開始還差得很遠。迪默只是想展示他和這些志同道合的研究人員，在這種場景下偏愛的實驗步驟。當時他們曾遭到對「RNA 世界」抱持懷疑者的猛烈抨擊，因為還沒有人提出過RNA 分子如何從簡單的建構單元開始融合在一起。至於生命可能開始的地方，許多科學家都把目光從迪默偏愛的地表溫泉水坑，轉移到了海底。

一九七〇年代，海洋學家調查了中洋脊，也就是從南北兩極延伸

出來的大陸板塊之間的「接縫」。岩漿在此從地球深處升起，為海床增加出新的邊界。研究人員驚訝地發現，座落在中洋脊上的「巨大黑色煙囪」冒出濃煙。原來這些煙囪就是陸地溫泉的深海版本。從山脊的裂縫中流出的海水，被加熱後與周圍的礦物質產生反應。當它流到海床上時，帶來了大量的地下化合物。在接觸到較冷的海水後，這些流體中的礦物質突然發生了化學反應，因而在海底形成空心的岩石堆。

經過仔細檢查，科學家發現這些空心的孔洞可以保護生命，就像一種不同於地球上任何類型的生態系統。微生物會從孔洞噴出的化學物質中收集能量，它們也會成為大型生物的食物。盲蝦會爬上大煙囪的側面，管狀蠕蟲則像竹林一樣生長。在超過四十億年前，當地球從融化的球冷卻下來形成地殼時，早期海洋裡應該包含許多這類孔洞。裡面存在的熱量和奇特的化學物質，可能助長了基因、新陳代謝和細胞的出現。

迪默並不同意這種說法。從天上掉下來的前生命有機化合物如何到達海床，而不會在廣闊海洋中被稀釋？脂質體如何在海水中生存而不被撕裂？深海孔洞確實提供了許多能量，但是地表上也有許多能量，溫泉會從岩漿中吸收熱量，而太陽則傳遞光並蒸發水分。

如果生命確實是在這些溫泉水池裡開始，那麼它還需要一種捕獲能量來生長和繁殖的方法。如今，池塘中的藻類和細菌可以利用陽光與水。但它們需要一個複雜的分子網路來做到這一點。當陽光照射到藻類中的綠色色素時，釋放出電子。電子可以傳遞給另一種蛋白質，該蛋白質利用這些能量進行化學反應，然後再傳遞給其他蛋白質。這個分子水池大隊所產生的結果，便是藉由水和二氧化碳反應而生成

糖。

原始細胞並沒有如此複雜的「天然太陽能電池」。不過迪默想知道是否有早期的簡單太陽能電池形式，漂浮在原始細胞周圍。默奇森隕石含有被稱為多環芳香烴（Polycyclic aromatic hydrocarbon，簡稱PAHs）的分子。當光照射在多環芳香烴上時，確實可以釋放出電子。

迪默推測，或許隕石中的多環芳香烴可以把自己插入脂質體中，當陽光照射到脂質體的時候，多環芳香烴便釋放出脂質體可利用的電子，它們就能成為太陽能板的作用，提供早期細胞進行化學反應所需的能量。

沒有人知道這種情況是否可行，因為以前從未有人試過把多環芳香烴與脂質體結合。所以他和學生們決定自己試試。

「希望讓它們能以可用的形式捕獲能量，」迪默告訴我：「還沒有人特地做過這件事。」

• • • • •

一九九九年，迪默在關於生命起源的會議上，遇到俄羅斯火山學家科姆潘尼琴科（Vladimir Kompanichenko）。當科姆潘尼琴科得知迪默對原始水池的迷戀時，他便邀請迪默來堪察加半島一探。這將會是迪默所經歷過最接近「時間旅行」的時刻。因為堪察加半島上充滿了活火山，而且條件十分惡劣，幾乎沒有東西可以在那裡生存。如果迪默能去旅行一趟，將有機會研究火山口的湖泊、溫泉、水池及其他各種水域。與其在實驗室裡想像早期地球的化學作用，不如到現場仔細觀察。

　　迪默接受了科姆潘尼琴科的邀請，二〇〇一年組織了一個科學家小組前往堪察加半島。他們搭乘一架軍用直升機抵達一座又一座的火山，棕熊就在下方的凍原上奔跑。有的火山湖是藍綠色的，有的火山湖上漂浮著一層石油。這不是來自噴發的石油，而是來自水中植物的迅速分解。一般植物的物質轉化為石油需要花費幾億年的時間。但在這個奇特的地方，只花幾個世紀就完成了。

　　迪默抵達火山側，從噴發蒸氣的噴氣孔裡舀水。他觀察到溫泉池周圍有像浴缸汙漬的一圈垢環，長得就像他想在自然界中尋找的那種乾濕循環的證據。池水裡包含不同的礦物質組合，因此有不同的溫度，也有各種不同的化學變化。由於迪默在這裡有太多東西可以研究，所以他知道自己必須再回來一趟。二〇〇四年這次是他第二次前來此處，他還帶來了實驗室用的生命之粉。

　　將近三十年來，迪默一直在米勒的「前生命」傳統下研究生命起源，且都是在實驗室的範圍內工作。他在玻璃試管中進行各種實驗，使用純淨的成分並精確控制溫度，因為這些變因的控制讓他能確定自己的實驗結果是否有意義。但是這樣的結果也讓他迫切想知道在實驗室研究的過程，是否也能在生命必須賴以生存的殘酷世界中奏效？

　　當他把帶來的粉末倒入火山水坑並出現泡沫時，迪默知道一定發生了奇特的事，因為這些泡沫是由已經組織成膜的脂質所組成。他必須回到聖克魯斯，分析並釐清他所目睹的這種現象。他和同事發現原先實驗控制中的許多化合物，都已黏在水中的黏土顆粒上。不過脂質卻捕獲了其他物質，因為脂質並不像在迪默實驗室裡那樣立刻變成氣泡，而是和水中的鐵與鋁發生了反應，讓它們變成漂浮的凝結物。

　　迪默並沒有在穆特諾夫斯基山上從零開始創造生命，但這種經歷

對他的思想產生了深遠的影響。火山上的小水池和溫泉池都具有高溫和低酸鹼值，但在許多方面也有所不同。某些水池被黏土或鋁覆蓋，很可能會阻礙生命的發展，另一些水池則可能較為有利。迪默開始調查世界其他地區溫泉水的多樣性。有時他會自己去，有時他安排同事和學生進行田野調查。他們去過黃石公園、夏威夷和冰島。在前往紐西蘭的途中，他的同事達默（Bruce Damer）帶了一個裝有試管的鋁質底座，上面的每根試管都裝有乾燥的 RNA 片與其他成分。達默把鋁質底座放入泥漿中，定時從溫泉裡舀水倒入試管。最後，他們成功地產生出含有小分子 RNA 的脂質體。

這些旅行昂貴、嚴苛且時間很短。迪默為了能在聖克魯斯的家中繼續進行研究，因此建造了一座人工火山池。「我模仿了在穆特諾夫斯基山上看到的一切。」他告訴我。

迪默建造的是一個透明塑膠盒，大小就像手提箱一樣。他在裡面安裝了一個帶孔的金屬盤，可以容納兩打試管。在每根試管中，迪默放進一湯匙水和各種化學藥品，溶液的酸性酸鹼值也模仿了堪察加半島上的火山水池。他在盒裡裝了加熱器，讓試管可以維持像火山一樣的沸騰狀態。而為了讓試管經歷乾濕循環，他還裝了一個馬達，讓馬達每三十分鐘轉動一次磁盤。接著一天兩次，讓每個試管透過一條管子吹半小時的二氧化碳，然後也定時讓每根試管移到一根噴水的管子下方，補充蒸發掉的水分。迪默的盒子可以密封，填滿二氧化碳，讓它的環境更像四十億年前的那種大氣成分。

迪默和同事在試管裡放入脂質和鹼基，也就是 RNA 和 DNA 的組成成分。他們會讓金屬圓盤旋轉幾個小時，讓試管充分經歷乾燥和潤濕的循環。當他們把試管從透明塑膠盒裡取出時，發現脂質體內部已

含有鹼基。且在這些殼裡的小片段中，他們發現了更重要的東西：這些鹼基已連接在一起。某些新分子長達一百個核苷酸。「我們已製造出類似 RNA 的分子了。」迪默說。

在人類本身的細胞中，鹼基只能在高度進化的酶幫助下，形成連結鍵。迪默和同事使用原始水池的特殊化學反應，繞過了這項條件要求。當脂質體乾燥後，它們融合成扁平片狀。這些薄片變成液態結晶，讓鹼基在無休止的攪拌下停止跳動，接著鹼基陷入了具有次序的排列，讓它們更可能連結在一起。當水分再度進入試管後，各個薄層陸續形成泡狀膨脹而冒出氣泡，順便帶走了那些類似 RNA 的分子。隨著每一輪潤濕和乾燥，這些分子變得更長。

在吉爾伯特的「RNA 世界」理論中，第一個生物需要一個核酶來建構 RNA 分子。但現在迪默的實驗則提出了更為激進的說法：不需要核酶。脂質本身就能完成這項工作。他的實驗結果顯示，在尚未出現 RNA 世界之前，可能先有一個脂質世界。

●●●●●

二〇一九年秋天，我第二次造訪迪默。從上次去聖克魯斯到現在，已過了二十六年。我已成為一位白髮父親，而迪默也剛剛慶祝了他的八十歲生日。我要搭飛機去舊金山工作，迪默堅持要到飯店接我，載我去聖克魯斯來場午後聚會。我看得出他身體還很健康，他把身體健康歸功於生物化學。因為他在一九七〇年代進行過的實驗，讓他確信抗氧化劑的好處，於是他開始服用這些保養藥物。「所以現在的我，依然很強健啊。」他說。

　　儘管如此，迪默還是請我保持安靜，以便他能專注於讓我們的車安全離開城市，駛向高速公路。等我們到達松樹林區和沿海公路時，他的心情就放輕鬆了，開始哼著 DNA 之歌。

　　我問迪默經過這麼長的時間後，他現在認為生命是什麼？他承認自己現在仍然沒有一個很好的答案。「只要我們組裝的分子系統能出現某些生命特質時，我們就會知道。」他回答我。接著迪默不假思索地說出其中一些特質。我問他現在是在定義生命？或只是按照已知來說出生命的各種特質？生命是否必須基於諸如 DNA 和蛋白質的鏈狀分子？

　　「我被困在小盒子裡了，」迪默承認：「除了核酸和蛋白質，我無法想像還有什麼東西可以辦得到？如果你要問我怎麼看待這一切。我喜歡做實驗，我喜歡看到事情發生。我只是一直想著接下來還能做什麼簡單的事？」

　　當我們抵達聖克魯斯時，可以看到自從上次造訪時見到的地震破壞遺跡已修復，但從那時候開始，其他不可見的裂痕卻很難平復。有錢的矽谷科技員工湧上山區，花上百萬美元的高價買下一座座小平房。在靠近鎮上公車站附近，我也看到一個女人赤著腳遊蕩，無聲做著向路人討香菸的手勢。

　　迪默並沒有帶我去以前在紅木林裡的大學實驗室。我們前往的是在城鎮邊緣靠近鐵軌附近的倉庫式建築。一年前，他在一家名為「新創沙箱」（Startup Sandbox）的孵化器基地裡創辦了一家公司，這是一家包括開發移植骨髓、癌症測試和智能花園的新創公司。迪默的年齡是這裡大部分員工的三倍。

　　我們到了他二樓的辦公室，看起來就像沒人用過，給人一種空曠

感。牆上掛著一張流星的照片，書架上只有孤零零的一本波蘭小說家史丹尼斯瓦夫・賴（Stanislaw Lem）的科幻小說。迪默爬到桌子下面，拉出他的人造溫泉池，向我展示其工作原理。

他說：「這沒什麼大不了的，不過它是世界上唯一的一個。」

作為回饋，我也有一些東西要展示給迪默看。我從手機裡找出一張照片，這是我認識的一位生物學家最近寄給我的。照片上面是一個八孔口琴大小的金屬塊，旁邊則是一個打開的盒子，標籤上寫著「MinION」。

「我的新玩具寄到了，」朋友傳來的訊息寫著：「價值一千美元的基因定序器，比你手上的蘋果手機還便宜！真不知道該感到高興或害怕？」

我往下捲到下一條訊息，這是過了幾週後朋友又發給我的。他想找出哪種微生物會在「畫」上面生長，因此他從一幅舊藝術品裡刮下一層油漆，從中提取遺傳物質，然後將裝有 DNA 的液滴放入基因定序器中。他把機器接上筆電，看了定居在畫裡的「居民」的 DNA。他還發了一段影片給我，顯示這部新機器正在排序基因的過程。一共只花了不到五個小時，基因定序器就讀取了四千兩百萬個鹼基對。

「完成了！」接著他又發訊息給我：「我相信在我接下來的人生中，這種機器一定會繼續流行下去。」

「哦，你看！」迪默很高興地說。我並不驚訝這些影片能讓他很開心。因為我朋友所使用的這部小機器，就起源於迪默在三十年前的想法。

MinION 基因定序器由一家名為牛津奈米孔（Oxford Nanopore）的科技公司生產。二〇〇七年，該公司獲得了迪默及其同事的專利授

權，並邀請迪默加入公司的科學顧問委員會。在接下來幾年中，迪默和其他研究人員進行了更多實驗，釐清如何改善DNA定序器的設計，也用其他細菌做出了更好的通道。

　　牛津奈米孔科技公司找出如何在單一膜上安裝多個通道的方法，以便可以一次定序多份DNA拷貝。他們也開始花很多時間在法庭上，因為隨著這種技術的發展越來越有前途，其他DNA定序公司也開始挑戰這些專利。「我們不停地被告上法院。」迪默告訴我。

　　牛津奈米孔科技公司於二〇一五年開始銷售他們的第一台DNA讀取器。與其他公司的技術相比，它不僅體積小、易用且便宜。科學家開始用它來讀取原本不可能被讀取的DNA。二〇一五年，西非伊波拉病毒爆發期間，科學家從病人身上提取病毒基因後，只花了一天的時間就讀取完畢。而在烏干達的森林裡，野生生物學家也可以用它來快速辨識出新的昆蟲物種。二〇一六年，NASA將這台機器送上國際太空站，太空人魯賓斯（Kate Rubins）在這裡進行了首次的太空DNA定序。迪默希望有一天，牛津奈米孔科技公司的某一台的定序器，可以在另一顆行星上發現基因。

･････

　　迪默的想法正以另一種方式變成可能，一些年輕的科學家正在建構更精細的原始細胞來探索RNA世界。生物學家阿達瑪拉（Kate Adamala）提出了自己的脂質氣泡配方，並成功在其中滲入RNA分子。她可以讓原始細胞成長並分裂為兩個細胞，也能讓原始細胞在遇上化學物質時，發出閃光。她甚至能讓原始細胞互相溝通。在阿達瑪拉的

原始細胞中，並沒有哪一個細胞可以同時完成上述這些操作，因此，她和學生正在研究各種不同種類的 RNA。總而言之，他們等於在我們瞭解到「什麼是生命」之前，預先為我們提供了一探生命「可能性」的機會。當然這是在我們願意接受「沒有 DNA 的東西也算活著」的前提下。

迪默在自己的實驗室與他的學生們合作，開發更多可能的步驟，這些步驟能將鬆散的脂質和核酸組裝到最初的原始細胞中。二〇〇八年，他們發現經過潤濕和乾燥循環的脂質體，可以產生長達一百個鹼基的 RNA 分子。不過懷疑他們的人認為，這些分子遠比任何 RNA 病毒的基因組都要短，因此很難相信如此簡短的遺傳指令能在過程裡釋出生命。所以迪默決定嘗試製造出更大的產品。

在我到訪不久前，他們開始使用新工具來查看製造出來的內容。這項新設備被稱為原子力顯微鏡，它是在分子層級上，以微懸臂上一個微小的尖細探針敲擊，繪製出每個原子的圖。迪默為我展示他們製作出來的其中一張圖，看起來就像是生化界的波洛克，[1]是由線條、纏繞與各種環形所組成的一幅圖。

「如果我們的作法正確，就會是這項研究史上最長的一股了，」迪默說：「要製造核酶，必須做得夠長才能折疊。就長度方面而言，我們現在的核酶已經長到有剩了。」

這些糾纏不清的圖形，為迪默提供了更多關於生命起源的證據。在地球形成後，火山從海平面上升起，而雨水則沿著它們的兩側落下。

1　譯注：波洛克（Jackson Pollock）是二十世紀中期極具影響力的美國畫家，也是抽象表現主義運動的主要人物，以獨創的滴甩畫聞名。

池塘裝滿了水，熱水從間歇泉和冒泡的溫泉中升起。小行星、隕石和塵埃從天上掉下來，運送了數兆噸的有機化合物。火山也擔任化學反應器，提供自己的化合物。當脂質遇水時，有時會形成氣泡，將化合物包裹起來，輸送到乾燥的浴缸環漬上，RNA分子在片狀結晶裡生長。當水分回來時，這些乾燥的層片變成數兆個脂質體，並且都帶有新的分子。

雖然有許多氣泡破裂了，但有些氣泡仍然很穩定。它們所攜帶的RNA形成支撐作用，從內部把氣泡固定在一起。這些穩定的氣泡因而更可能存活夠長的時間，進入浴缸環漬的下一個乾濕循環，因此它們的RNA也更可能進入下一代氣泡內。迪默和他的同事發現，單鏈DNA就像這些片狀結晶裡相互關連的複製樣板。因為在地球早期，RNA分子可能已開始在浴缸環漬中複製，而且這是在酶接管一切工作之前就已經發生。

隨著時間流逝，這種RNA網路增加了新的分子，分子也變得更長，因此它們在脂質體內也發揮了新的作用。有些RNA刺穿了膜而形成最原始的通道。有些被卡住的核苷酸，加速了新RNA分子的生長。脂質體從片狀晶體保護下釋放出來，並開始自行分裂。它們很可能是透過利用隕石裡的色素來擷取太陽光的能量，促進自己的生長。

用迪默的話來說，這些原始細胞是最早的真正生物。可以肯定它們應該是相當脆弱的生物，但在沒有任何競爭的情況下，就有機會蓬勃發展。它們後來也進化到可以把胺基酸聚集在一起，形成短鏈，然後形成真正蛋白質所需更長鏈的折疊能力。這些蛋白質不僅較強壯，也更適合作為通用的催化劑。後來單鏈RNA演變成雙鏈DNA，這也被證明是一種更穩定的遺傳訊息儲存方式。也就是它們把老舊的自己

淘汰了。

近年來，古生物學家一直在刷新地球生命的化石紀錄，他們發現的一些最古老的證據，可回溯到三十五億年前的澳大利亞岩石。這些岩石裡包含了很厚一層、類似在火山溫泉池中生長的細菌層，也就是在迪默所預測的位置。如果能搭時光機器回到生命誕生的起點，可能就會觀察到火山島側冒泡的泉水中，覆蓋著浮腫的微生物軟層。這些火山島原先只是裸露的黑色岩石，散落在橘色天空下的一片綠色海洋中。

有時雲層在頭頂翻騰，大雨沖刷了這些島嶼，溪流把微生物在溫泉池間移轉。在已經存在微生物的水池裡，新來者把它們的基因與原有的基因混合在一起。烏雲移出大海，島嶼被烘烤後水池乾涸，風吹起了水池乾掉後留下的灰塵，把微生物的孢子帶到幾公里遠。當它們飛走並下降時，這些微生物孢子抵達了鹹水河口。隨著它們適應新環境後，便準備好擴散到海洋中。一旦它們到達了大海，整個星球便開始生氣盎然。

「我願意花一億年的時間，等待某些事情的發生。」迪默說。

我回想起達爾文，他懷疑自己是否有機會能活著看到生命的起源被研究出來。將近一百五十年後的今天，我在這裡聽著一位科學家講述他一生的工作，也都致力貢獻於這個謎題上。

我很好奇在迪默死後，生命起源的研究會變成什麼樣子呢？他所描述的故事會變得更可信嗎？還是他會以「這個時代的伯克」被世人記住呢？

他在這方面的研究仍然有很多對手。其中最厲害的科學家叫作羅素（Michael Russell），年紀也一樣是八十歲。羅素探索的生命起源之

路並非專注於脂質，而是研究礦物質。他前往太平洋島嶼和愛爾蘭的礦山，尋找白銀和傻瓜金（黃鐵礦）的礦口裂縫。在他的研究之旅上，發現有些礦物最初是在熱泉噴口周圍產生。這些並非來自中洋脊上過熱的黑煙處，而是在海洋裡的某些地方所發生的另一種化學反應。

這些地方的海床上排列著「橄欖石」，這是一種富含鎂和鐵的礦石。流入裂縫裡的水與橄欖石發生反應，釋放出氫氣和熱能。岩石吸收這些熱能讓水沸騰，然後裂縫的水噴回海床，帶出了礦物質、甲烷與其他化合物。許多帶正電的氫原子結合這些化合物，改變了液體的酸鹼值，讓它們從酸性變為鹼性。當這種熱的液體從海底流出並碰到海底原先的酸性冷水時，就會把礦物質全部傾倒出來，形成大量堆積的小空心室，這些小空心室的堆疊頂部可以達到六十公尺高。

羅素認為這些空心小室似乎是孕育生命的理想之地，因為它們成為了一種特殊的化學反應器。這點大部分要歸功於小室牆壁內部與外部水的差異。小室內鹼性水的高酸鹼值會吸引來自酸性海水的氫原子，亦即氫原子必須穿過壁中的微小通道。對羅素來說，這種流動方式與一般氫原子流過細胞膜通道的方式，有著驚人的相似之處，我們的細胞就是利用這種流動來獲得能量。事實上，羅素並不認為這是巧合。我們的新陳代謝就是建立在這種小室交流的化學基礎上。

羅素認為在鹼性的洞口裡，氫和其他化學物質流經孔壁時，必然會引起化學反應，產生新的化合物，而這些新化合物也可能發生新的化學反應。經過一段時間後，這些小室裡創造出許多生命必需的成分。因此羅素推測，礦物裡的這些小室可能在細胞形成前，就具有細胞的功用，原始的新陳代謝也可能在這些岩石圍成的房間裡成長。最後這種新陳代謝就演變成能夠支持成熟的生命。

　　二十一世紀初，「鹼性洞口」和「火山水池」已成為生命起源的兩種主流，當然兩者也可能都是錯的。在二○一七年《科學人雜誌》（*Scientific American*）的封面故事中，迪默與合著者說明了生命在地球表面形成，並詳細闡述從火山高處開始向下往大海流動的生命示意圖。他們認為這種假想要比羅素的鹼性洞口理論，獲得更多實驗結果的支持。

　　羅素則反擊了一記勾拳。他和他的同事說，像迪默這類科學家的工作，讓生機論又充滿了活力。在模擬水池中產生栩栩如生的分子實驗是「完全不相關且具有誤導性」，他認為這種「細胞可能是脂質體在水中漂浮時誕生」的想法，「有著根本上的缺陷」。

　　羅素認為只有鹼性洞口才能提供正確的能量流，產生現代生物所使用的特定反應。加熱火山水池並將其反覆沐浴在陽光下無濟於事，只會產生許多相互競爭的反應，無法增加複雜性。他說這種想法就像小說《科學怪人》裡利用電擊讓死者身體恢復活力一樣荒謬。

　　「《科學怪人》的想法是錯誤的，不管用化學方法或是用屍體還魂都一樣。」羅素寫道。

　　當我提出羅素的鹼性洞口理論時，迪默把他看到的問題整理了一下。鹼性洞口的主要缺陷是洞壁太厚，無法產生羅素所需的那種能量。迪默說，你可以想想水車發電的情況。如果水車正好置於瀑布下方，水只要往下游流動一點點，就能獲得最大垂直距離的水能量。「但如果把瀑布拉到一公里遠處，你就無法發電了，因為幾乎沒有能量。」迪默說。

　　在我到訪那天，迪默正在進行一項新實驗。他之所以帶我到「新創沙箱」的原因，就是因為他最近成立了一家名為 UpRNA 的公司。

一位聖克魯斯研究生梅德尼克（Gabe Mednick）已簽約成為他的唯一員工。這家微觀公司的使命，就是在生命起源的基礎上，創造另一種基於獨特化學的生物技術。

二〇一八年八月，美國食品藥品監督管理局（FDA）首次批准了RNA製成的藥物，這是歷史上的第一次。一家名為「阿里拉姆製藥」（Alnylam Pharmaceuticals）的公司，藉此創建出治療一種名為「轉甲狀腺素蛋白類澱粉變性病」的方法。該疾病是由產生缺陷蛋白的突變基因所引起。多年來，這些有缺陷的蛋白質造成的損害，讓病人們衰弱、掙扎著走路、忍受癲癇發作及死於心臟病等。

為了製造藥物，阿里拉姆藥廠使用了迪默在四十年前開創的技術，製造出脂質體。他們在這些脂質體泡泡中放入訂製的 RNA 分子。當脂質體滑入細胞內部後，便會釋放出人造 RNA。接著這些分子抓住缺陷基因的傳訊 RNA，讓細胞的核醣體無法吸收，因此細胞便不會產生致病的缺陷蛋白。

阿里拉姆藥廠的成功，提高了利用 RNA 對抗高膽固醇、癌症和其他疾病的前景。不過其缺點是製造出基於 RNA 的藥物要花很多錢。阿里拉姆藥廠是模仿自然界的製造方式，利用酶讀取人工基因，然後一次用一個核苷酸，建構出 RNA 分子。當阿里拉姆藥廠獲得使用藥物的批准時，他們將供應藥物一年的價格訂為四十五萬美元。

迪默認為自己可以用更少的錢，生產出精確的 RNA 分子。他並非模仿我們現在的已知生命，而是要模仿不再存在的生命。迪默和梅德尼克正在把 DNA 基因放入他的人工溫泉池，然後嘗試透過乾燥和弄濕試管來建構匹配的 RNA 分子。這是他們的第一次實驗，他們正在製造一種 RNA 分子，可以用來關閉發光蛋白的基因。如果他把 RNA

添加到一盤發光細胞中，它就會抓住蛋白質的傳訊 RNA，並使細胞變黑不發光。

如果能達到這個里程碑，他們便要**繼續**著手研究可以阻止致病蛋白的 RNA 分子。

迪默還不知道是否會成功。但是，他對生命的一切瞭解都使他充滿信心。「我所做的一切，」他說：「都是為了瞭解生命的起源。」

Life's Edge

沒有可見的灌木叢
No Obvious Bushes

　　二月的烈陽令人難以忍受。我剛從預約的來福車下車，來到了加州帕薩迪納市噴射推進實驗室（Jet Propulsion Laboratory）帶有標章的辦公室門前。此前我在陰冷的新英格蘭待了幾個月，那裡的天空經常多雲、陰暗，或是兩者都有。一位噴射推進實驗室的科學家芭茛（Laurie Barge）進了辦公室跟我碰面，並帶我到一個內部庭院坐坐。她一路上戴著一副邁可·寇斯（Michael Kors）時尚太陽眼鏡，像是把眼睛藏在一堵黑曜石牆後面。當我們走過長著一排排棕櫚樹的庭院時，我就像是一個從山洞中剛被救出的礦工一樣地瞇著眼睛。

　　我必須來噴射推進實驗室與芭茛討論她在天體生物學方面的工作。當我們終於坐在樹蔭下喝咖啡時，「從本質上講，就是在研究生命是如何開始的，及我們該如何找到它。」她向我解釋。對於高中時期就對這種大問題有興趣的人來說，這真是最正確的科學。「我想知道為什麼人類會在這裡？」她接著說：「我想知道，太陽從哪裡來？為什麼會有宇宙？為什麼會有地球？為什麼地球是現在的樣子？只有地球有生命嗎？」

　　很難想像芭茛這樣的人不來噴射推進實驗室而去其他地方做研究，因為這裡確實是地球上最重要的地方，專門用來調查人類並不孤單的可能性。訪問芭茛那次是我第一次到訪噴射推進實驗室，我承認

自己就像是一位朝聖者，終於來到了心中的神聖殿堂。

我在一九六〇年代出生，當時地球生物突然將觸手擴展到充滿細菌的同溫層，甚至進入了太空。我們盤腿坐在微凸的玻璃電視螢幕前面的地毯上，看著擠在同樣充滿地球大氣成分的小駕駛艙內部，兩條腿的哺乳動物傳來他們在月球上走路的模糊影像。而在我們觀看的電影和電視節目裡，人類早已穿越銀河系，遇過無窮盡的其他生命形式。這些外星生命的長相，也跟前往好萊塢參加選角的雙足哺乳動物們，有著或多或少的奇特相似處，一切看起來就像「星際時代」已經來臨。

可惜太空人最遠只到過月球，且沒有停留很久就回航了。一直到一九七〇年代，人類的太空野心已縮小到只剩近地軌道。他們住在狹窄的太空站上，飛越我們頭頂，距離近到可以在夜空中閃閃發光。接著由機器取代人類前往探索其他行星，這些機器很多都來自噴射推進實驗室。

當年正是在噴射推進實驗室裡，工程師製造了第一架探訪另一個星球的太空船，也就是一九六二年飛越金星的「水手二號」（*Mariner 2*）及三年後人類首次探訪火星的「水手四號」（*Mariner 4*）。它低頭看著這顆紅色星球並拍攝了照片，當這些照片的像素傳回噴射推進實驗室時，科學家看到了隕石坑形成的沙漠。

噴射推進實驗室的科學家及地質學家，研究了碎石雲團如何形成行星，還有大氣科學家在思考二氧化碳和二氧化硫漩渦，當然噴射推進實驗室也雇用生物學家，不過他們並非「研究」像我們這樣的各種生命，而是盡量「思考」生命的可能性。一九六〇年，微生物學家雷德伯格為這個新領域取了一個新名稱：「地外生物學」。有位科學家曾戲謔地說，地外生物學家事實上就是「生物以外」的生物學家。噴

射推進實驗室的地外生物學家並不理會這種嘲弄，他們致力於研究發現外星生命的方法。

　　噴射推進實驗室的地外生物學家大致分為兩個陣營。一部分的研究人員認為尋找生命的最好方法，就是「近距離」尋找生命。他們想向其他行星發送探測器，直接在該星球進行實驗。在某個項目中，這群地外生物學家建立了一個生長室，希望可以把另一個星球上（地球）的泥土放進去，並等待能否有生物消耗二氧化碳或其他物質。

　　不過其他噴射推進實驗室的科學家認為，應該以長遠的眼光來看待生命。進行這種遠距搜索的最佳代言人是洛夫洛克（James Lovelock），他是一位受過英式訓練的科學家，曾於一九六〇年代在噴射推進實驗室工作過。對洛夫洛克來說，在火星上放置一個生長室的想法相當荒唐。他認為人們不應該把對生命的搜索，限制為與地球上的細菌完全相同的生存規則下運行的生命。對洛夫洛克來說，生命的關鍵是具有推動化學作用「離開既有平衡」的能力。不僅在其自身的細胞內推動，也會擴及整個地球。例如生物會把氧氣擴散到大氣中，生物也會侵蝕岩石，將礦物質送入海洋等。在噴射推進實驗室時，洛夫洛克致力於發明一些設備，將來可以在太空中的其他行星上，訓練用來尋找生命的標記。

　　首先，金星和火星似乎是開始尋找生物的最佳地點。一方面它們像我們的鄰居，且兩者都有堅固的外殼，不像離我們更遙遠的其他氣體巨星。當「水手二號」造訪金星時，發現金星大氣從太陽吸收了相當高的熱量，甚至足以融化鉛。因此地外生物學家必須將金星從這份已很短的可能清單中刪除。至於火星，從「水手四號」傳回來的照片看起來並沒有那麼荒涼。火星沙漠很冷而且布滿坑洞。不過即使在地

球上，生命也不僅限於茂密的雨林而已，火星很有機會與地球上最惡劣的生存環境相似。

「與金星相比，目前我們對火星的任何瞭解，都未將其為可能的生命居所之機會排除，」噴射推進實驗室生物科學部負責人霍洛維茨（Norman Horowitz）於一九六六年說：「我們可以說火星上的情況並非充滿希望，但也不是沒有希望。」

兩年後，NASA 進行了「維京計畫」（Viking program）：這是將兩艘太空飛船送到火星軌道的任務。兩艘太空船都會向火星地表發射探測器，進行近距離觀察。「維京計畫」的火箭在一九七五年夏天離開地球。

還記得當時我九歲。太空船花了將近一年的時間才抵達火星，對一位四年級的學生來說，就像經歷了地質時代的演變那麼久。我等了又等，希望探測器能夠發現火星人，或不必像好萊塢演得那麼神奇，只要有火星蛇或火星臭鼬就可以了。甚至小灌木或一些細菌也可以，我當時確實是這樣想的。

當「維京一號」（Viking 1）太空船飛越太空時，我和家人從郊區的房子搬到鄉下的一個小農場。搬到新家後，農場生活上不斷有各種生物吸引我的關注。鱷龜潛伏在池塘中、燕子整天飛進穀倉、蟬在樹上鳴叫。雖然我非常感謝父母讓我在農場長大，但這種生活確實讓我誤以為生命是很容易發現的。我也開始相信太空探索的歷史會寫下簡短的標題：「人在月球上漫步，火星上發現生命。」

一九七六年七月，「維京一號」的探測器在火星安全降落，並將第一張照片發送到繞行火星軌道的衛星上，後者又將這些照片傳送到幾百萬公里外的地球上，由噴射推進實驗室工程師對像素進行解碼。

於是我們在晚間新聞上看到了第一批火星照片：灰色背景上的灰色岩石。讓人既興奮又失望。就像如果我躺在車道往旁邊看著碎石裡的碎屑，也可以看到相同畫面。

噴射推進實驗室舉行了現場新聞發布會，「維京計畫」團隊成員看了傳來的第一批圖像。天文學家薩根（Carl Sagan）盯著最近的螢幕，試圖看清圖像裡的內容。就在「維京計畫」太空船發射前幾個月，他曾想過火星可能是最容易拍到多細胞生物的地方，所以他努力地想看到任何東西。

「據我所知，並沒有任何跡象顯示照片裡的東西是由生物造成的。」他說。他的眼睛仍盯著螢幕：「沒有可見的灌木叢、樹木或其他任何東西。」

第二天，「維京一號」拍的第一張彩色照片傳到了。照片裡的土地是紅色，天空是粉紅色。望著遠處的景色裡，完全看不到灌木叢、樹木或其他人。

後來，「維京一號」在地面上鏟了一把土，開始分析火星泥土裡的生命跡象。當時我還太年輕，無法理解這些測試到底在做什麼。據我所知，似乎會煮一下泥土。然而生命就是生命，我以為測試的答案會明確表示出有或無生命跡象。

一開始的測試極有希望，但負責人霍洛維茨警告《紐約時報》不要過度詮釋這些內容。「我們並未發現火星上的生命。」他說。而當「維京一號」在土壤中尋找生命產生的碳化合物時，並沒有任何發現。負責任務的化學家比曼（Klaus Biemann）說：「從有機的方向檢視，兩個樣品都是非常乾淨的材料而已。」

最初的地外生物學家雷德伯格很失望地說：「我們再也不能自信

地認為，無論你在哪裡都能發現生命。」

　　我以一個孩子的天真信念，相信只要多造訪幾次火星，很快就能消除這個謎團。畢竟天文學家薩根和其他科學家說過，「維京一號」只是人類持續尋找外星生命的第一步，不過這項令人失望的結果等於耗光了地外生物學探索引擎的燃料。雖然 NASA 工程師建造了更多登陸火星的探測器，但這些新探測器的主要目的是釐清火星的地質和大氣狀況，不再是尋找生命的線索。在「維京計畫」後的幾年裡，最接近尋找外星生命的事情便是一個監聽計畫。

　　「搜尋地外文明計畫」（Search for Extraterrestrial Intelligence，簡稱 SETI），將在天空中搜尋來自外星文明的無線電訊號。噴射推進實驗室以此計畫的無線電望遠鏡網路，作為人類掃描星空監聽的星際之耳。儘管這項計畫受到國會阻擾，NASA 還是設法籌集了足夠的資金，在一九八〇年代繼續推動「搜尋地外文明計畫」。甚至在國會中止這項計畫之前，他們已掃描了將近一年的時間。

　　「我們不應該浪費納稅人的錢，尋找畸型綠皮小矮人。」麻薩諸塞州國會議員孔戴（Silvio Conte）說。

　　就在 NASA 結束「搜尋地外文明計畫」時，他們的一位科學家在休士頓有了一項新發現，重新激起全世界對小綠人的好奇心，或至少說是對小撮綠色微生物的好奇。詹森太空中心收藏了一組隕石，一九六三年某日，科學家米特爾費特（David Mittlefehldt）發現這組隕石有點奇怪，裡面有一塊約一・八公斤重、被命名為「艾倫丘陵隕石84001」（Allan Hills 84001）的隕石。這是一群地質學家於一九八四年，在橫跨南極的艾倫山脈發現，這塊隕石就在冰原裡。它不可能從底層侵蝕上來，附近也沒有高山可以落下這樣的石頭，因此它只可能來自

於天空。在這塊隕石運到詹森太空中心後，那裡的科學家將其判定為小行星碎片。它被放置在充滿氮氣的櫃子裡好幾年，直到米特爾費特覺得可疑。他先在隕石上進行測試，發現這塊隕石並沒有小行星的各種化學特徵。因此，它只可能來自於火星。

四十億年前，這塊隕石在火星上形成，一直到有顆小行星墜落在火星上，衝擊出來的碎片飛到太空中。隕石可能漂流了幾百萬年，直到地心引力將其吸到地球的重力井中，大約在一萬三千年前落到南極。當冰河時期的冰河消退時，它就停在艾倫丘陵一帶。農民開發農業、城市崛起、火箭射向太空，然後人類將目光瞄準來自火星的這位訪客。

在那之前，地球上只發現過十一顆火星隕石。由於無法派地質學家到火星上，所以「艾倫丘陵隕石84001」便是NASA能夠瞭解行星組成的少數機會。一位名叫羅曼涅克（Chris Romanek）的博士後研究員，仔細檢查了這顆隕石，發現水曾經流入隕石裂縫的痕跡。如果火星的早期歷史像地球一樣溫暖潮濕，那麼也許有機會存在生命，也許可能會留下微生物化石。

由羅曼涅克和麥凱（Chris McKay）領導的一組科學家同事，一起在隕石中尋找生命跡象。當他們用雷射光照射它的碎片時，碎片釋出了多環芳香烴，這是由腐爛的有機物所形成的碳原子環。強大的掃描電子顯微鏡顯示出裡面有像蠕蟲般的形狀，看起來很像細胞。當麥凱問他的十三歲女兒這些蠕蟲照片看起來像什麼時，她回答：「細菌。」後來托馬斯－基普塔（Kathie Thomas-Keprta）也在岩石中發現了磁性礦物的晶體。這種礦物質在地球上是由細菌製造出來的，細菌用它們來當作微型指南針，幫它們導航。

他們是否發現了在乾掉的古老火星海洋中，曾經活在幾十億年前的細菌？「艾倫丘陵隕石84001」是否能用來證明火星曾經存在過生命？或者他們只是被火星的「偽化石」給騙了？

NASA對於生命的十幾字新定義，並沒有太大的幫助。麥凱的團隊無法分辨出像是蠕蟲病毒的特徵，是否就是自我維持的化學系統。如果它們曾經存活過，應該在幾十億年前就已停止自我維持了。在演化方面，微生物學家可以像之前說過的一樣，用簡單的實驗，把黏液珠從一個管子移到另一個管子來觀察。然而NASA的科學家，並沒有辦法追蹤這顆神祕隕石結構裡的演化路徑。

因此研究人員選擇的是從地質學和生物學上考慮，如何將原子聚集成無生命的礦物，再變成活細胞的方式。這些隕石蠕蟲狀的每項特徵，如果單獨看，都可以在沒有生命存在的情況下形成。但從整體看來，NASA的科學家決定將這些證據轉而支持為原始生命形式。「我們並未尋找生命，」麥凱後來說：「是生命自己找上我們的。」

當美國國家航空太空總署署長戈登（Dan Goldin）聽到這項研究的風聲時，擔心這項研究的相關消息將會帶來一場災難。國會剛剛完成終止「搜尋地外文明計畫」的工作，對NASA資金未來走向的重大投票也即將到來。因此他召集了這個項目的負責人，詢問了幾個小時。最後，他認為這些科學家的工作進展順利，因此讓他們放手去做。期刊《科學》（Science）接受了他們的論文，不過在論文發表之前就先洩漏了風聲，消息就像流行性感冒一樣傳播，NASA只好緊急召開記者會說明。

「維京計畫」沒找到生命之後二十年，即使是四十億年前在火星上可能有生命的暗示，也足以在電視新聞和報紙頭版上占有一席之

地。當時的總統柯林頓（Bill Clinton）甚至認為可以在白宮發表聲明，引起舉世關注。「如果這項發現得到證實，那肯定是科學界最令人震驚的宇宙發現。」他說。

可惜這個「如果」並沒有實現。在論文發表後幾年，科學家確定無生命的化學反應也可能產生化石般的形狀。事實證明，撞擊時的衝擊波也能產生看起來與「艾倫丘陵隕石 84001」相似的磁性礦物。在關於「艾倫丘陵隕石 84001」論文發表二十年後，記者蔡宙（Charles Choi）向一群專家詢問了他們對這顆隕石的看法，結果他們之中沒有一個人相信隕石裡蘊藏著生命跡象。

然而「艾倫丘陵隕石 84001」對科學史來說仍然相當重要。經過是否曾經存在生命化石的爭論後，NASA 的科學家開始把注意力集中在宇宙其他地方的生命問題上。如果「艾倫丘陵隕石 84001」過於模棱兩可，無法證明火星是否曾經存在過生命，那可能就需要一趟可以攜帶樣本返回地球的太空任務，以便能更仔細的研究火星的地質狀況。也有一些研究人員甚至開始思考如何從火星上運回更多的岩石樣本，有了這樣的太空探測器便無需等待小行星爆炸，可以直接把原始形狀的岩石樣本送回地球。

關於「艾倫丘陵隕石 84001」的爭論對 NASA 也有好處，例如 NASA 便將舊的地外生物學計畫轉變為更具野心的計畫。他們把新的研究學科稱為「天體生物學」，並把它定義為「活的宇宙研究」。

為了推廣天體生物學，NASA 也支持像迪默這樣的科學家，也就是研究地球上的生命如何開始。但他們也同時支持對於「生物改變環境」的廣泛研究。因為生物讓地球充滿氧氣，因而產生了動植物與其他各種多細胞生物。其他天體生物學家也研究了地球生命的極端形

式，例如在南極中生長的微生物，或生長在礦山深處、靠放射性為食的微生物等。

就其他行星上的可能生命而言，天體生物學家現在不僅思考太陽系內的世界而已，也開始思考太陽系以外的其他行星。一九九五年，瑞士研究人員發現一顆名為「飛馬座 51」（51 Pegasi）的類太陽恆星有微小的「擺動」，也就是有行星繞其運行的引力拖動著。因此天體生物學家開始考量哪些系外行星可能是適居的環境。我們目前知道的所有生命都需要液態水才能生存，如果行星太靠近其太陽，水便會沸騰；如果離得太遠，便會凍結成固體。

天體生物學家對行星適居性思考得越多，這個概念就變得越棘手。因為在某種程度上，行星的適居性可能會隨著時間而改變。二〇〇四年，噴射推進實驗室的科學家在火星降落了兩輛火星車。火星車四處探索所遇到的岩石，看起來就像是很久以前在湖泊和河流底部形成的。雖然火星現在並不適合人類居住，但很有可能在過去是適居的。

當時那些觀看「維京一號」太空船歷險的孩子們都已長大，可能都還清了房子的貸款，養育了自己的孩子。現實生活裡已有太多事物讓我們從觀看天文的興趣裡分心。NASA 有一些衛星正在低頭觀察地球，繪製全球平均溫度的鋸齒狀上升圖表。當年的孩子可能會開始看到地球的一些變化，例如可以溜冰的池塘在冬天不結冰了，大潮出現在佛羅里達的街道上翻騰著，設計師開始在野火季（wildfire season）[1]銷售自己設計的防毒面具等。

---

1 譯注：加州野火季是指特定時期在加州境內燃燒的山火，野火季的高峰期通常發生在八月至十一月間，因為此時頻繁出現炎熱、乾燥的風，助長野火。

在新一代科技大亨的資助下，「搜尋地外文明計畫」像鳳凰一樣從國會的火焰中再度崛起。但一年又一年過去，卻沒聽到任何信號出現在脈衝星、黑洞和大爆炸餘響的星際噪音背景之上。某些研究人員認為如果太陽系外行星上充滿生命，應該就不需要「搜尋地外文明計畫」的監聽，肯定會有一些聰明的外星人與地球取得聯繫（無論是來打招呼或打算征服地球）。而地球可以說一直被所謂的「大沉默」（Great Silence）包圍著。

・・・・・

當芭莒於二〇〇四年進入南加州大學攻讀博士學位時，她把自己的好奇心範圍縮小到了行星。「在就讀研究所時，我迷上了火星。」她告訴我。

當時已有「精神號」（Spirit）與「機會號」（Opportunity）兩部漫遊車在火星上探索。它們的一個奇特發現被戲稱為「藍莓」，一種嵌入火星岩石表面的神祕微型藍色球體。某些地質學家認為這種火星藍莓應該在很早以前就已形成，當時火星地表的液態水與碳酸鹽岩石混合在一起。芭莒學會了如何利用水和礦物質進行實驗，以瞭解火星上的化學作用可以形成什麼樣的地層。

獲得博士學位後，芭莒進入噴射推進實驗室從事博士後研究，她也努力成為了生命起源與可居住性實驗室的聯合負責人。在研究過程中，她把注意力和化學上的技能，轉移到火星以外的地方，以便思考在更遙遠的地方是否可能有生命，例如土星和木星的冰冷衛星上。

伽利略（Galileo Galilei）是第一位發現這些巨型行星旁邊還有一

些衛星的人，但直到一九七〇年代後，才有一系列的噴射推進實驗室太空船飛越它們，傳回距離較近的照片。有些衛星是表面充滿坑洞的岩球，有些衛星則被冰原覆蓋。由於它們與太陽系其他成員大不相同，因此有些研究人員開始懷疑它們是否具有適合生命生存的條件。

芭莒和許多科學家對土星的某顆衛星特別感興趣。這顆衛星的大小相當於亞利桑那州，被命名為土衛二（Enceladus）。二〇〇五年，「卡西尼號」（*Cassini*）探測器飛越該衛星南極，發現從大裂縫裡噴出的巨大冰柱。

這項意外發現，讓噴射推進實驗室的工程師特地為「卡西尼號」規劃一條新路線，讓探測器得以在繞回土衛二時，進行一次距離相當近的飛越，接著再次繞回來，最後一共返回了二十三次之多。在飛越土衛二期間，探測器吸入這種蒸氣雲加以分析。科學家發現這些羽狀噴發物裡包含了水、二氧化碳、一氧化碳、鹽、苯及其他多種有機化合物的混合成分。

這些噴向太空的薄霧，讓科學家對土衛二冰層下的景象有了初步想法。最後科學家得出結論，土衛二的冷凍外殼向下延伸約二十四公里，外殼下方有厚達三十二公里的鹹海。儘管土衛二直徑只有五百零五公里，但它的海洋比地球的海洋還深。地球海洋最深的地方，稱為「挑戰者深淵」（Challenger Deep），即馬里亞納海溝最深處，僅不到十一公里。

土衛二距離土星二十三萬八千公里，繞土星軌道公轉一周只需三十三小時即可完成。土星施加的引力會拉扯土衛二的核心，而土衛二是顆充滿沙子和礫石的大水球，因此被引力彎曲又復原的循環，即可產生足夠的摩擦力，將其核心的水加熱至沸騰。這些沸騰的水上升

到海洋，一路與礦物質反應後，便成為一鍋富含化學物質的「湯」。雖然太空的寒冷讓土衛二的表層海水保持凍結。但由土星引力造成的潮汐，已把衛星表面弄碎成裂縫，讓下面滾燙的海洋從裂縫噴出蒸氣。

這些液態水、熱能、有機化合物等，都讓土衛二含有許多似乎對生命相當重要的成分。自「卡西尼號」造訪以後的幾年裡，像芭莒這樣的天體生物學家，一直在思考有哪些生物可能潛伏在冰殼底下，以及該如何確定它們是否真的存在。想法之一是直接到土衛二南極處，如果土衛二海洋裡真的有生物，很可能有一些會被帶到這些羽狀噴發物裡。

有些研究人員調整奈米孔定序器，試試看它們是否有辦法在極冷的噴發薄霧中檢測生命跡象。這些設備相當小，完全可以裝在太空船發射的探測器上，且太空人在國際太空站上也對它們進行過測試，確實可以在低重力環境下運作。造訪土衛二時，可以用探針將可能的DNA 從羽狀噴發流中進行搜集，再使其透過奈米孔定序器讀取序列。

另一個世界上的生命雖然可能基於 DNA，但也可能使用另一種遺傳分子。如果地球的生命開始是基於 RNA，那就沒有理由排除宇宙其他地方有基於 RNA 的生命。RNA 和 DNA 使用沿架構排列的相同鹼基來拼寫出遺傳訊息，不過化學家已為我們創造了更熟悉方便的字母替代品。而如薛丁格所說的非週期性晶體，亦可能採取許多我們現在幾乎無法想像的遺傳形式。然而即使我們忽略一切可能性，也可以直接使用奈米孔定序器來檢測土衛二上可能具有的這種外星生命。若其遺傳分子是編碼型的長鏈，定序器便可使用其細小的孔洞通過這些長鏈，以便對這些外星基因腳本能有初步瞭解。

如果芭莒真的能發現生命形式，NASA 在收集了這些二手蒸氣後，

將會繼續前進。他們會向土衛二發送太空船，以便把攜帶的潛艇透過那些冰凍峽谷，垂降到海洋中，然後潛行到礫石海床上。芭莒不光是想在那裡尋找生命，她更希望能探索到已興盛或可能有機會發展生命的實體世界。

這項任務可能永遠不會發生。也可能要等到芭莒退休後才會發生。或者她也可能像前面說過的天文學家薩根那樣，困惑地看著潛艇從土衛二傳回的圖片和數據。在此同時，芭莒也樂於嘗試用模型方式製作出土衛二，她在噴射推進實驗室科學大樓的實驗室房間裡模擬這顆土星的月亮。

在我造訪期間，芭莒幫我上了一課關於「造月」的初學者課程。我們先戴上紫色手套，然後芭莒遞給我一瓶由氯化鐵製成的灰白色晶體。在她的指導下，我把晶體倒入帶有矽酸鈉與水的透明管中。

「蓋上蓋子，看看會發生什麼變化。」她說。我把試管拿到視線高度。大多數晶體掉在底部成堆，幾秒鐘以後，我注意到其中一堆正在成長，像氣泡一樣伸展。

「哦，你有泡泡了，很棒！」芭莒告訴我：「這就是我希望你看到的。那是相當不錯的泡泡，你真幸運。」

當氣泡達到豌豆大小時便停止了成長。現在它的頂部開始隆起，形成一個新的泡泡。然而當新泡泡停下來時，又有另一個長在上面。這些晶體堆已變成彎彎曲曲的柱子，向上一直延伸到試管頂部。

如果我知道自己是如何辦到的，一定會為這些優質泡泡感到驕傲。不過事實上，我必須問芭莒我所看到的是什麼。

「能放大看的話，你會發現鐵晶體正在溶解。」芭莒說。當鐵從晶體中出現時，立刻遇上矽酸鹽，這兩種物質會結合形成多孔膜。滯

留在氣泡裡的水帶有很高的**酸鹼值**，導致周圍的水透過毛孔湧入氣泡。因此來自氣泡底部的壓力使氣泡頂部破裂，讓鐵得以自由上升，因而讓氣泡壁可以進一步伸展。

我等於正在重啟一項古老的實驗。煉金術士以這種方法把化學物質混合在一起，並將這種創作描述為「哲學樹」，也就是後來被稱為「化學花園」[2]的現象。事實證明，有很多種晶體可以進入這種水的空心塔中，地質化學家也發現地球會自己製造出哲學樹，例如從海底或湖床湧出的礦物質水，可以建造出我在芭莒實驗室所建造這種泡泡塔的巨型版本。芭莒認為土衛二在無陽光的海洋中，也應該種出了自己的化學花園。

● ● ● ● ●

「基本上，土衛二的海床具有在地球海洋裡可以找到的相似條件，」芭莒說。「也就是說，你可能會在這裡看到類似地球海洋裡所看到的。不過如果要想真正看到類似的海底煙囪，就必須去土衛二冰層下面，所以這是個難題。」

為瞭解土衛二上可能生長的物質，芭莒正在建立自己的海底煙囪，嘗試各種礦物質加上在地球上產生礦物質的已知條件相互結合。她所做的努力，遠比我在她監護下所做的小氯化亞鐵泡泡要複雜得多。

2　譯注：化學花園（chemical garden），又稱為水中花園、矽膠花園，屬於一種化學實驗。這項實驗通常是把金屬鹽類加入矽酸鈉水溶液中，最後形成的結晶具有纖維結構，外觀仿如植物一般。

在芭莒實驗室的一個角落裡,她正在模仿冰島外海一座四十五公尺高的海底煙囱,該塔被稱為「斯特雷坦水熱場」(Strytan Hydrothermal Field)。她把一根注射器裝滿氯化鎂熱溶液,讓它很穩定地間接注入一個裝滿人造海水的密封玻璃瓶中。裡面生長著大小和形狀像一隻幼兔尾巴的白色叢生物質。

芭莒計畫在缺乏氧氣的情況下再做一次實驗,以便能模仿早期的地球環境。她並不知道到時候會變成什麼樣子。她也會使用不同成分的熱溶液,有時會得到黑色的煙囱,有時會得到其他帶有綠色和橘色條紋的煙囱。有些會形成羽狀,有些則像高山一樣上升。有些實驗結果較為強固,能在她排乾水分後自行站立,其他的則是像沙子做的城堡一般崩塌。

芭莒說:「每種煙囱都有各自的形成方式。」

一旦芭莒建立了海底煙囱後,她就可以更進一步的實驗。她會把它們裝上電極,以便追蹤它們產生的電流(某些情況下足以為一盞小 LED 燈供電)。在另一項實驗中,芭莒和她的同事發現蛋白質的基本組成成分,也就是胺基酸,可以在煙囱周圍生長的這些富含礦物質的沉積物中形成。

如果土衛二存在生命,它就需要能量來維持生存,因為被困在冰凍天花板下方的生命距離太陽將近十六億公里,完全無法依靠光線的能量。不過芭莒的研究顯示,這些生命形式可能並不需要依靠光線。作用在土衛二上的潮汐力,能在化學反應中釋放氫原子到煙囱中產生電流,因此可以為生命產生能在海底獲得的能量儲備。

「生命可以不依賴陽光,」芭莒說。「這點很重要。如此一來,在冰雪覆蓋的海洋中便能出現生命。」

　　我對芭莒隨意使用「生命」一詞，卻沒有解釋清楚而感到震驚。我問她：「你的工作裡有沒有『生命定義』這種東西？」

　　「沒有，事實上我會盡量不要想到這種定義，」芭莒說：「當你從定義系統中去除掉『生命』一詞時，就能發現有機化學的作用會令你感到非常驚訝和深刻。不過老實說，我不知道還能這樣維持多久。」

　　芭莒的回答讓我想起了勒杜克（Stéphane Leduc）的話。他是二十世紀初的科學家，創造出了精彩的化學花園。勒杜克的花園有著貝殼、蘑菇和鮮花的外觀。他認為花園的成長和組織方式，不僅是生命的比喻，也抓住了一些生命的精髓。「由於我們無法區分生命與其他自然現象之間的界限，因此我們應該得出結論，認為這種界限並不存在。」勒杜克在一九一〇年寫道。

　　我們找到很多可以視為存在著生命的證據，都已在土衛二上發現。二〇一八年，維也納大學研究人員發現生活在地球深海中一種微生物的新陳代謝，可能會讓它適合在土衛二的條件下生存。他們在實驗室裡重建土衛二的海洋，發現微生物可以生長。但是目前在土衛二上存在的東西，很可能在地球上已完全找不到。

　　也許那裡並沒有微生物，也許它的化學花園正在生長著豐富的化合物，且每年都以多樣性和複雜性成長著。它們可能包括形成油性薄片和氣泡的脂質、胺基酸鏈、索狀 RNA 核苷酸等。土衛二也可能是達爾文溫暖小池塘的冰冷版本，缺乏成熟的生命，否則一定可以靠這些化學食物飽餐一頓。我們也不能稱土衛二的海洋為一大塊「前生命」的熱液，因為沒有人可以展望未來，宣稱在一千年內土衛二將擁有成熟的生命。目前或甚至未來，它都可能停留在灰色區域，難以用言語描述。

「如果真的有所發現，例如像我們在地球上觀察到的細胞一樣，我就會說，是的，那就是生命。」芭莒告訴我。「如果你發現許多看起來像生物的複雜有機物，但你並不知道它們是如何發展出來的，我就會說，也許吧，讓我們拭目以待。而如果發現了充滿有機物的實體膜，我將非常感興趣地想進一步瞭解它們。在這之間還包含很多層面，瞭解宇宙中的生命不只是在發現生命而已。」

四個藍色液滴
Four Blue Droplets

在伯克的放射性生物燒杯往北五百六十三公里處，且經過一個世紀的時間後，進行了一項奇怪的類似實驗。這項實驗就在克萊德河附近的格拉斯哥大學約瑟夫·布萊克大樓裡展開。這裡並沒有科學家站在實驗檯旁煮肉湯或純化鐳，因為這項實驗是自己運行的。

這是由一位在大學工作的化學家克羅寧（Lee Cronin）和他的學生們發起的實驗。他們建立了一個可以自行混合化學物質的機器人，不過這個機器人並不會在實驗室裡到處走動，而是被固定在桌上的黑色框架上，框架上的一根橫桿裝著一支充滿油的注射器，往下延伸到裝滿水的培養皿上，且會釋放出四滴藍色溶液。當注射器被升起和滑動時，液滴也開始注入。

這些液滴開始各自滑行，滴向盤子的側面。有時放慢腳步，有時退縮並逆轉路線。它們可能朝著其他液滴飛去，但並不會碰撞或合併。相反地，液滴總在最後一刻轉向，並朝不同方向離去。有時它們會像跳舞的伴侶一樣互相纏繞，有時則陷入一種隊形，像水箱中的魚群一樣盤旋。

一九四四年，心理學家海德（Fritz Heider）和西梅爾（Marianne Simmel）利用紙板製成的三角形和矩形，製作一部動畫作品。動畫一開始是一個大三角形被困在一個四邊形的盒子中。海德和西梅爾以停

格動畫的方式逐幀輕推形狀，以便讓三角形在盒子裡移動，直到盒子一側被擺動打開後，三角形離開盒子，遇上一個較小的三角形和一個圓形。

海德和西梅爾當時都在美國麻薩諸塞州的史密斯學院任教，他們讓三十四名學生看這部短片，然後寫下影片內發生的事情。其中只有一人把電影描述為隨著影格移動的一組幾何形狀，其他人則都是這類描述：

> 一個男人打算去見一個女孩，但這個女孩與另一個男人一起前來。第一個男人要第二個男人離開，第二個男人要第一個男人離開，他搖頭後，兩人開始吵架。女孩打算走進房間躲避爭端，進去之前猶豫了一下，最後走了進去。

當海德和西梅爾邀請另一組學生來描述這些形狀的個性時，大多數人都選擇了相同的詞彙。大三角形是個惡霸，小圓形很害怕，小三角形反抗等。而當心理學家繼續播放影片時，這些學生又談論到各種不同的故事和不同的個性。

海德和西梅爾的電影，協助確立了人類大腦可以快速適應生命的跡象。當我們看到事物以複雜方式運動時，就會將它們視為生物。然後大腦會快速審視它們的動作，以理解它們的意圖。一切判斷如此自動，以至於我們認為自己只是看到了顯而易見的情況。由於人腦會自動判斷，即使只是兩個心理學家在一塊玻璃上，輕輕推動這些形狀來創作的一部業餘電影，而且我們也無法說這些圓形和三角形具有生命。

　　克羅寧實驗室中的藍色液滴對大腦具有相同的作用。這些液滴似乎輪流在暈眩、猶豫、交際、孤獨著。如果克羅寧暗中操縱液滴，或轉開啟動磁場的旋鈕，都會讓這種體驗顯得更為奇怪，不過他並不會控制這些液滴。機器人只要把四種小分子混合在一起即可製備出這些液滴，其中包括一種塑膠成分「辛酸」，及由鳳梨所製成的另一種分子「1—戊醇」。當機器人把這四種化學物質混合在一起，然後將它們滴入水中，它們似乎變得栩栩如生，成為伯克當時所想像、把鐳放入一鍋牛肉湯時所看到的樣子。

　　這些藍色水滴是生命邊緣最奇怪的居民。雖然病毒讓科學家陷入關於它們是否還活著的爭論中，但至少病毒是由基因和蛋白質組成，且內部具有少量 RNA 的脂質體，也跟我們瞭解的生物學有一定的關聯。但克羅寧的液滴只是簡單分子擠在一起的小液滴，我們很難形容機器人在格拉斯哥實驗室所創造出來的東西。

　　當我和克羅寧談論到他的液滴時，我所用的合適詞彙應該是「**栩栩如生**」。克羅寧對此表示讚賞，「我覺得說栩栩如生，要比說生命來得更好。」他說。

• • • • •

　　生物學在二十一世紀贏得許多勝利的果實。儘管科學家尚未找到地球以外的生命，但他們已開始詳細瞭解在我們星球上的居民。科學家已知基因是用 DNA 編碼，也可以快速又便宜地讀取序列。他們也能重建十萬年前死亡的尼安德塔人基因組，他們還可以挑選某一個細胞，繪製出細胞中每個活躍基因的清單。除了使人類的大腦結構變得

更透明，也追蹤了人體的三度空間中，連接成千上萬個神經元的蜘蛛狀網路連結。科學家甚至還在地底深處，找到以放射性為食物的生命。但所有這些新的數據觀點及令人驚訝的新發現，並無法統一為每個人都認同的明確生命定義。

病毒、粒線體和亞馬遜花鱂等自相矛盾的事物不斷出現。NASA對生命的定義雖然令人難忘，卻無法幫得上 NASA 自己的科學家，因為他們還在努力弄清楚「艾倫丘陵隕石 84001」隕石是否包含生命遺跡。有些批評家覺得 NASA 的生命定義不僅不切實際，且具有誤導性，還限縮了生命發生的可能性。

例如要考量生命是否具有「達爾文演化」能力的要求。這通常是一種隨著時間經歷而產生的特殊變化，當基因一代又一代精確但並非完美地複製時，才會發生這種情況。具有某些基因組合的個體，在繁殖方面比其他個體更好，天擇當然會傳遞那些更合適的個體版本。隨著時間流逝，天擇會讓許多突變產生新的適應。

然而，我們能確定演化不會以其他方式展開嗎？舉例來說，難道沒有一種不同的生物學，可以允許獲得性狀遺傳嗎？例如拉馬克的進化理論。如果遺傳不僅可以在世代之間傳播，也可以在同代個體間傳播呢？

對於這種理論上的不滿，導致激增了數百種生命的新定義：

生命是可預期、集體性的催化聚合物，所產生的「自我組織」產物。
生命是特定範圍內的「新陳代謝」網路。
生命是一種由於系統複雜性增加，引起變化而賦予了「有機化

學系統的新特質」，其特徵在於擁有隨時自我維護和自我保存的能力。

生命是一種「開放式非平衡完整系統」存在的過程，該系統由碳基聚合物組成，並能根據其聚合物成分的樣式，進行合成並自我繁殖和進化。

生命是一種「非平衡的自我維持化學系統」，能夠處理、轉化和累積從環境中獲取的訊息。

以「水的動態排序區」的存在，來理解細胞內部和外部以光子衰減組成的玻色子集合，便可當作生命的定義。

生命是起源於「最後一個共同祖先」的單系進化分支，其所有後代亦同。

還有比較直白的說法：

所謂生命的定義，是科學機構（可能會經過一些良性辯論後）接受的生命定義。

「你可以這樣說，」科學家韋斯特（Frances Westall）和布瑞克（André Brack）在二〇一八年所說：「生命定義的數量，就和試圖定義生命的人一樣多。」

身為一位科學和科學家的觀察者，我發現這種行為非常奇怪。這就好比化學家一直在為「水」下新的定義，或天文學家不斷對「恆星」提出新的定義。我曾經請教過微生物學家波帕（Radu Popa），因為他從二〇〇〇年代初期開始收集各種「生命的定義」，我想瞭解他對這

種情況有何看法？

「這在任何科學都是無法容忍的情況，」他告訴我：「你可以在某一門科學裡，找到對某一件事有兩種或三種定義。但這種科學會對最重要的事沒有定義嗎？這是絕對不能接受的情況。如果你認為生命的定義與 DNA 有關，而我認為它與動態系統有關，那麼我們該如何進行討論呢？我們不能創造出人造生命，因為我們甚至無法就『生命是什麼』達成共識。我們也將無法在火星上找到生命，因為我們同樣無法就『生命是什麼』達成共識。」

· · · · ·

當科學家還漂泊在定義的海洋裡時，哲學家爭相提出生命的定義。

有些人試圖平息這場辯論，以確保科學家可以得到滿意的答案。他們認為我們並不需要把全部的注意力，集中在生命的一個「真實定義」上，因為有「工作定義」就已足夠了。NASA 可以提出任何定義，協助自己打造最好的機器來尋找其他行星和衛星上的生命。醫師可以用另一種方法來繪製出模糊的生死邊界，以方便區分生命與死亡的狀態。哲學家比希（Leonardo Bich）和格林（Sara Green）認為：「它們的價值並非取決於共識，而是取決於它們對於研究的影響。」

其他哲學家發現這種稱為操作主義的思維方式算是一種智慧型的解決方案。定義生命很難沒錯，但這不能當作不去嘗試的藉口。「操作主義有時在實踐中是不可避免的，」哲學家史密斯（Kelly Smith）則反駁：「但它根本無法替代對生命的正確定義。」

史密斯和其他反對操作主義的人，抱怨這種定義過於依賴於一群

人普遍認同的觀點。然而關於生命的最重要研究只能算剛開始，因此很難達成共識。「任何沒有明確搜尋目標的實驗，最後什麼都無法解決。」史密斯宣稱。

史密斯認為最好的辦法便是繼續尋找每個人都能「接續追尋」的生命定義，亦即一個能接在其他人失敗的情況下繼續完成的定義。不過，出生於俄羅斯的遺傳學家特里弗諾夫（Edward Trifonov），懷疑是否已存在一個成功的定義，隱藏在過去所有嘗試的定義之中。

二○一一年，特里弗諾夫回顧了一百二十三種生命定義。雖然每個定義各不相同，但有許多詞彙會一再重複出現。特里弗諾夫分析了這些定義的語言結構，加以分類。在不同的結構變化下，特里弗諾夫找到了潛在的核心詞彙。他歸納出來的結論，便是所有定義都在一件事情上達成共識：生命是「具有變化的自我複製」（self-reproduction with variations）。NASA 科學家用十二個英文字才完成對生命的定義，特里弗諾夫只用了三個英文字。

當然他的努力還不能解決問題。我們所有人（包括科學家在內）都保留了一份我們認為「什麼東西算是活著、而什麼東西不代表活著」的個人定義清單。如果有人提出了新的生命定義，我們將會檢查自己的清單以審視此定義。很多科學家看到特里弗諾夫精煉出來的定義後，並不喜歡這句話的用法。生化學家邁爾亨里奇（Uwe Meierhenrich）便說：「電腦病毒也會自我複製與變異，難道它也是生命嗎？」

某些哲學家建議我們必須更謹慎思考如何賦予「生命」這類詞彙的含義。與其建立定義，不如先考慮我們要定義的事物，讓它們有機會為自己說話。

　　這些哲學家遵循著維根斯坦（Ludwig Wittgenstein）的傳統。維根斯坦在一九四〇年代提出「日常對話充斥著難以定義的概念」。例如，請回答「什麼是遊戲」這個問題？

　　如果你嘗試以一長串「遊戲的必要和充分條件」的清單來回答，你一定會答錯。因為有些遊戲有贏家和輸家，但有些遊戲則是開放式的沒有輸贏。有些遊戲使用代替符號，有些遊戲則使用紙牌，甚至可能使用的是保齡球。某些遊戲的玩家收錢玩遊戲，有的則是玩家付費玩遊戲，甚至在某些情況下玩家最後會負債累累。

　　儘管有這麼多混亂的情況，我們卻從來沒有因為談論遊戲而感到困惑。玩具店裡到處都是待售的遊戲，但你永遠不會看到孩子們像看不懂一樣，困惑地盯著它們。維特根斯坦認為「遊戲」並不神祕，因為它們有著如家族般的相似之處。「當你仔細觀察這些遊戲時，你看不到所有遊戲共同點，」他說：「但卻能看到相似點、關聯性，且一系列的遊戲皆如此。」

　　瑞典隆德大學有一群哲學家和科學家想瞭解「生命是什麼」這問題的答案，是否應該像維根斯坦回答「什麼是遊戲」這種方式來回答。因此他們不找生命「必備」的一系列特徵，而是尋找一些可以很自然地把事物整合到「生命」這個條目下的「相似性」。

　　二〇一九年，他們開始在一群科學家和其他學者的幫助下進行。他們把人、雞、亞馬遜花鱂、細菌、病毒、雪花等物品匯整在一起。隆德團隊在每個條目旁邊，提供一組與生物相關的常用術語，例如規律、DNA 和新陳代謝等。

　　研究的參與者核對了他們認為適用於每件事的所有術語。例如，雪花有規律但沒有新陳代謝；人類紅血球有新陳代謝但沒有 DNA。

　　隆德團隊的研究人員使用一種稱為「叢聚分析」的統計技術來查看結果，並根據家族相似性把事物分組。我們人類被分入與雞、小鼠和青蛙一組，也就是具有大腦的動物。亞馬遜花鱂也有大腦，不過叢聚分析將它們歸為單獨一類接近人類的群組。不過因為它們不能自行繁殖，所以它們和我們之間還是有些差異。在更進一步的分析中，科學家發現了另一類由「無腦」的東西組成的分類，例如植物和自由成長的細菌等。第三類則是由紅血球和其他不能自行生存的類細胞物質。

　　離我們的分類最遠的，都是那些通常不被認為是活著的東西。其中一個分類群組包括病毒和病原性蛋白顆粒，它們屬於變異的蛋白質，可以迫使其他蛋白質形成。另一個分類包括雪花、黏土晶體和其他無法以像生命一樣進行複製的東西。

　　隆德大學的研究人員發現，他們很容易將事物妥善分類為有生命和無生命，而不會陷入對「生命的完美定義」這種爭論中。他們建議大家，如果事物具有許多與生命相關的屬性，我們可以形容這些事物是活著的。它不必具備所有的屬性，甚至不需要與其他任何生物在相同的分類群組下，只要是如家族般的相似便已足夠。

· · · · ·

　　有一位哲學家採取了更為激進的立場。克萊蘭德（Carol Cleland）認為尋找生命的定義，或尋找一個方便的替身稱謂是沒有意義的。她認為這在事實上對科學不利，因為它會讓我們無法對生命的意義有更深入的瞭解。克萊蘭德對定義的厭惡如此深刻，以至於她的一些哲學

家同事都對她的論點提出異議，史密斯便稱克萊蘭德的想法「很危險」。

　　克萊蘭德的偏激想法是慢慢演變出來的。當她進入加州大學聖塔芭芭拉分校學習時，一開始攻讀的是物理學。「我在實驗室裡完全是個笨蛋，我的實驗從沒得到過正確的結果。」她後來在某次採訪中對記者說。因此她從物理學轉向地質學。雖然她也喜歡地質學可以帶她到荒野進行研究，但她不喜歡在這種男性占主導地位的領域中做個孤單的女性研究者。後來她在大三時，發現了哲學可以很快解決有關邏輯的深奧問題。因此在大學畢業並花了一年時間擔任軟體工程師後，克萊蘭德去了布朗大學攻讀哲學博士學位。

　　在研究生時期，她思考的是時空與因果關係。以下是一些她當時的思考：

> 對偶關係 R 在可確定的非關聯屬性 P 上會附帶發生，若且唯若：
> 1. $(\forall x,y) \sim \diamondsuit$ [R(x,y)，並且沒有可確定種類 P 的確定屬性 Pi 和 Pj，使得 Pi(x) 和 Pj(y)]；
> 2. $(\forall x,y)$ {R(x,y) ⊃ 有可確定種類 P 的確定屬性 Pi 和 Pj，使得 Pi(x) 和 Pj(y) 和 $(\forall x,y)$ [(Pi(x) 且 Pj(y)) ⊃ R(x,y)]} 。[1]

研究所畢業後，克萊蘭德開始學習那些在晚宴上更容易談論的主

1　譯註：這些都是離散數學常用的符號，其中 ∀ 為「所有」之意、◇ 為「可能」之意、R 為「關係」之意、⊃ 為「後者元素屬於前者，但二者不相等」之意。作者藉此說明克萊蘭德在研究生時期的思考較偏學理。

題。她曾在史丹福大學工作過一段時間，主要研究電腦程式邏輯。接著她成為科羅拉多大學波德分校的助理教授，此後的職業生涯都在這裡度過。

在波德分校裡，克萊蘭德將注意力轉移到科學的本質上。她研究了某些科學家，如物理學家為何能一再進行實驗；而另一些科學家，如地質學家卻無法重演幾百萬年前的歷史。正當她在思考這些差異的原因時，她才瞭解到為何南極的火星隕石造成自己的哲學難題。

許多關於「艾倫丘陵隕石 84001」的討論都與隕石本身無關，而與正確的科學方法有關。某些研究人員認為 NASA 團隊所做的工作令人讚賞，另一些研究人員則認為 NASA 從隕石的研究，得出「隕石可能包含化石」的結論相當荒謬。克萊蘭德在科羅拉多大學的一位同事，也就是行星科學家賈科斯基（Bruce Jakosky），決定組織一場公開討論，讓雙方都可以表達自己的看法。不過他也知道要判斷「艾倫丘陵隕石 84001」這塊火星隕石，不能光靠進行實驗來測量磁性礦物，而是必須思考該如何做出科學判斷。他邀請克萊蘭德以哲學家身分，參與討論「艾倫丘陵隕石 84001」的活動。

準備好的演講主題開始不久，很快就變成了對外星生命哲學的深入討論。克萊蘭德總結認為，對「艾倫丘陵隕石 84001」的爭論是實驗科學與歷史科學之間的分歧。討論者犯的錯誤是把隕石研究當成了實驗科學，而期望麥凱的團隊重現歷史是相當荒謬的，他們不可能把微生物化石放到四十億年的火星上，看看它們是否跟「艾倫丘陵隕石 84001」相符合。就像他們無法對火星投擲一千個小行星來產生一千顆隕石，看看是否有哪顆會飛到地球來。

對克萊蘭德來說，比起想要好好解讀證據的其他解釋，NASA 團

隊進行的是很不錯的歷史科學研究。她在一九九七年的《行星報告》（*The Planetary Report*）中寫道：「對於解釋火星隕石的結構和化學特徵而言，火星生命假說會是較好的解釋。」

克萊蘭德對於火星隕石的研究工作，讓賈科斯基留下了深刻印象，他在一九九八年，邀請克萊蘭德加入 NASA 新成立的國家天體生物學研究所裡的一個團隊。在後來的幾年，克萊蘭德還提出了關於天體生物學「應該會是什麼模樣」的哲學觀點。

她花許多時間與科學家一起進行各種適合天體生物學領域的研究，以便為自己的想法提供依據。克萊蘭德與一位古生物學家一起在澳洲內陸地區旅行，尋找四萬年前巨型哺乳動物如何滅絕的線索。她也到西班牙學習遺傳學家如何對 DNA 進行定序。她花很多時間參與各種科學會議，漫遊在各種討論觀點間。「我覺得自己就像進了糖果店的孩子。」她曾經對我說。

但有時「科學家」克萊蘭德，必須伸手按掉她的「哲學家」警報。「每個人都在定義生命。」她回憶說。NASA 對生命的定義當時還只有幾年的歷史，就特別受歡迎。

然而身為哲學家，克萊蘭德意識到科學家犯了一個錯誤。他們的錯誤與任何確定的屬性，或是只有少數邏輯學家理解的特殊哲學觀點無關。因為這是一種「根本性」的錯誤，阻礙了科學本身的發展。克萊蘭德在論文裡闡明了這種錯誤的性質。她在二〇〇一年前往華盛頓特區，在美國科學促進協會（American Association for the Advancement of Science）的某次會議上指出這個錯誤。克萊蘭德在觀眾面前站起來，這些觀眾多半是科學家，她告訴他們，試圖找到生命的定義是毫無意義的一件事。

　　「觀眾簡直炸開了，」克萊蘭德回憶道：「每個人都在對我大喊，真的很驚人。每個人都有自己的生命定義，且想要加以宣傳。而我卻在這裡告訴他們，為生命定義是一件毫無價值的事。」

　　幸好有些聽到克萊蘭德講話的人，可以理解她應該正在進行某件事。她已開始與天體生物學家合作，探討這種想法的含義。在過去的二十年裡，她發表了一系列論文，最後整理成《尋求普遍生命理論》（The Quest for a Universal Theory of Life）一書。

　　科學家在定義生命時遇到的麻煩，與生命的特徵無關，如體內恆定或天擇；而是與定義本身的性質有關，然而科學家很少停下來思考這一點。克萊蘭德寫道：「『定義』，並非回答『生命是什麼』這種科學問題的適當工具。」

　　「定義」是用來組織我們的概念。例如，單身漢的定義很簡單：未婚的男人。如果你是男人但未婚，那麼按照定義，你就是單身漢。光是身為一個男人，並不能證明你就是單身漢，也無法說你一定沒結婚。那麼身為一個男人到底意謂著什麼：嗯，情況可能變得很複雜，且婚姻本身就有其複雜性。不過我們可以定義在某種情況下的男人就是單身漢，這樣就不會陷入各種複雜的可能性。它所做的只是以精確的方式來連結這些概念。然而由於定義的適用範圍很窄，因此我們無法透過科學研究來修改這個定義，因為你根本沒有辦法發現「單身漢是未婚男人」這個定義是錯的。

　　然而對「生命」的定義就不一樣了，它並非一種透過簡單地把某些概念連結在一起來定義的東西。為此，就造成必須搜尋一長串生命特徵的清單，才能成為生命的真實定義。「我們不想知道『生命』這個詞彙對我們意謂著什麼？」克萊蘭德說：「我們想知道生命是什

麼？」克萊蘭德認為如果我們想滿足自己的願望，就必須放棄尋找定義。

在現代化學誕生之前的時代，煉金術士試圖以許多生物學家定義生命的相同方式來定義水：列出水的特質清單。水是一種液體、透明、是溶解其他物質的溶劑，依此類推。然而這個定義並未解答水的奧祕，反而讓煉金術士陷入了更多麻煩。他們發現並不是所有水都一樣。某些類型的水可以溶解不同的物質，其他的水無法辦到。因此，煉金術士把這些水取了不同的命名，例如硝強水和王水等。而當他們看著水凍結成冰或沸騰時，這些關於水的定義也會遇到麻煩。冰和蒸氣都不具有液態水的特性，煉金術士只好宣布它們是完全不同的東西。

這些難題如此深奧，甚至讓達文西（Leonardo da Vinci）也感到困惑：

> （水）有時是銳利的，有時是濃烈的，有時酸，有時苦，有時甜，有時濃稠或稀薄，有時會帶來傷害或瘟疫，有時卻有益健康，有時還有毒。因此我們可以說，它所經歷的變化與它所經過的不同地方一樣多。就像鏡子隨著物體顏色的變化而變化，它也會隨其所經過之處的性質不同而變化：給予健康、令人厭惡；通便、澀味、硫磺味、鹹味、血味；悲傷、躁怒、生氣；紅色、黃色、綠色、黑色、藍色；油膩、濃稠、稀薄⋯⋯

研究水的新定義，並不能讓達文西擺脫無知。因為困難在於其他地方：他和文藝復興時期的所有人，對化學的瞭解所知甚少。

成熟的化學理論又過了三個世紀才出現。這個理論解釋了宇宙是

由屬於許多元素的原子所組成，這些原子可以結合在一起形成不同的分子。水曾經被認為是單一元素，結果證明它是由兩個元素（一對氫原子和一個氧原子）結合而成的分子。這些分子組成了湖中的液態水，及成塊的冰或蒸氣雲。化學家還確定硝強水和王水根本不是水，因為它們是由不同分子組成。

克萊蘭德認為 H_2O 還不能作為水的定義，單一分子的水並不能完成水的工作。例如當水凍結時會膨脹，許多 H_2O 分子會自動固定在晶格裡。「把水定義為 H_2O，並不能告訴你所有的事。」克萊蘭德說。但瞭解水是 H_2O 分子後，便可為進一步瞭解水的性質開出一條路。

在談論生命時，克萊蘭德認為我們仍然像煉金術士一樣。我們等於用直覺來決定哪些事物還活著，並隨意列出它們共有的特徵。我們用那些永遠無法確實瞭解欲知真相的「定義」，來掩蓋我們的無知。克萊蘭德認為，現在科學家所能做的最好的事，就是努力發展一種能夠解釋生命的「理論」。

我遇過許多科學家，都同意克萊蘭德的這種觀點。雖然他們目前沒有關於生命的理論，不過他們都相信總有一天會出現這種理論。目前他們只能猜測可能會是什麼理論，就好像他們正從未來投射回來的影子裡，來瞭解這種理論。我曾經請一位生物物理學家描述一下這種理論可能的樣子。「就是生命應該有的樣子。」他回答我。

· · · · ·

理論並不會突然出現。只有在科學家對世界進行了許多乏味的測量之後才會出現。現代化學大樓的所有建築師們，進行過無數次實驗，

以確定構成諸如水之類的化合物比例。這些比例也由整數所組成，例如水是由兩份氫和一份氧組成，甲烷則是四份氫與一份碳。經過艱苦的努力後，人們才能逐漸瞭解這些化合物是由原子所組成的分子。

　　現在有些科學家認為生命的理論，只能從對生物的嚴格觀察中得到。因此他們正在發明工具來精確測量基因的啟閉時機、細胞生長的速度、生物感知世界並做出下一步決定之間的相互聯繫。這些精確的觀察結果可能至少要花上幾十年的時間，才能出現讓科學家能夠瞭解完整理論的模式。

　　還有一些科學家並不那麼有耐心。他們基於科學家已經發現的事物，建立解釋生命的理論。他們認為即使只是一個完整理論的簡單前提也可能有用，如此一來，可以讓科學家知道如果要建立更好的理論，還必須進行哪些研究？

　　當分子生物學家在二十世紀中期，開始瞭解到 DNA 和蛋白質的一些基本規則後，第一批生命理論就開始形成。最初只有少數科學家敢建立生命的理論，這些人大多默默無聞。因為此時的研究，都還只是他們自己心中模棱兩可的想法。他們也發明了一些詞彙來思考自己的想法，不過並沒有花太多精力來幫助他人一起理解。據說，其中兩位理論家羅森（Robert Rosen）和瓦雷拉（Francisco Varela），他們在某次科學會議上相遇時，竟然無法向對方說明自己對生命定義的想法。

　　如同科學家彼此無法理解，但他們的工作方式基本上相同。他們對生命開發出自己濃縮過的描述，用來解釋在生物上所見到的模式。因此，他們必須超越對單一物種的驚奇與困惑，轉而看待維持生命所需的必要條件。這就好像第一次見到飛機的物理學家，如果只想瞭解飛機的飛行方式而跑去研究一架現代客機，一定會很浪費時間。因為

他們可能會在電腦螢幕、通話按鈕和零食推車裡迷路。真的要研究與飛行本身息息相關的事物，最好還是去小鷹鎮研究萊特兄弟（Wright Brothers）的飛行器，因為當年它的簡單機翼只是用雲杉和白蠟樹製成。

一九六〇年代，一位名叫考夫曼（Stuart Kauffman）的醫學生加入了這個小群體。當時的生物學家，正在研究使生命延續成為可能的基因與蛋白質之間的深度聯繫。他們發現只有當特定的蛋白質落在 DNA 附近時，某些基因才會啟動。他們也發現了一長串反應中的某些關聯，這些關聯讓新陳代謝作用成為可能。考夫曼想知道是否有某些基本原則，隱藏在這些令人眼花撩亂的特定物種與特定蛋白質裡。

考夫曼為這種細胞開發了一種代數，他用這種代數在電腦上模擬基因和蛋白質，以便觀察它們之間的相互作用。在某個實驗裡，他試圖產生一種簡單的新陳代謝。食物方面，他創造了兩種分子，分別稱為 A 和 B。A 和 B 具有一定的可能性，可以結合在一起製造出更大的分子 AB。而 AB 本身也有一定的結合可能性，能夠製造再大的分子。我們可以添加額外的 B 來製作 ABB，或將兩個 AB 組合成 ABAB。當考夫曼的新陳代謝可以建立更大的分子時，他對這些分子進行程式編碼，加入可以將一些更大分子分解成碎片的設定。

考夫曼在建構和破壞分子上用了不同規則，並測試了多種網路串連方式。大部分網路沒發生什麼事，只設法使用考夫曼餵食它們的食物 A 和 B，製造出小分子，但從未產生過大分子。不過他偶爾就會發現一個似乎具有生命的網路。在這類網路中，考夫曼發現一些可用的分子慢慢變多。一旦這幾個分子變得很豐富時，只要考夫曼能一直為網路提供食物，它們就能保持豐富的狀態。

當考夫曼仔細研究這些奇特網路時，他發現這些成功可用的分子，已結合成化學反應的迴路。一個分子會刺激第二個分子的生長，第二個又刺激出第三個分子的生長，依此類推，直到考夫曼發現有個分子可以協助第一個分子。隨著每個分子變得越來越豐富，就可以協助自己在自我維持的週期中，發展出自己的夥伴。

考夫曼稱這些網路為「自催化集」（autocatalytic sets）。這個名稱從催化劑而來，也就是可以讓其他兩種物質間「加速化學反應」的任何物質，例如酶就是我們身體製造的一種催化劑。不過某些金屬和其他無生命物質，也可能成為催化劑。例如，在一般汽車內部的觸媒轉換器中，就含有鉑來充當催化劑，分解裡面的廢氣。而石油則是海底深處催化劑所帶來的產物。考夫曼認為自催化體系與普通催化劑不同，因為它們可以互相催化。

雖然他只是在電腦上發現這種網路，不過考夫曼深信自催化集是以它們創造和自我維持的方式，獲取了生命中不可或缺的東西。他認為生物所使用的真實分子網路，做的可能也是極為類似的事。在基於自催化集的生命理論下，我們就不必靠生機論者神祕的「生命力」，來為無生命物質賦予生命。因為考夫曼建立隨機網路時，自催化集自發形成了連結的網路。

一九八〇年代，許多科學家接受了考夫曼關於自催化集的想法。它也被證明是思考生命的一種有效指引。但再怎麼說，這種理論只能算是一種實驗，因為科學家若要觀看運行中的自催化集時，唯一可見之處只有電腦，這些網路是以數據形式獲得的資訊。

幸好最後終於有化學家成功從真實分子提取出自催化集，而非僅限於數據的 1 和 0 中。美國加州斯克里普斯研究所的化學家加迪里

（Reza Ghadiri），製造出最複雜的自催化裝置。他與同事把肽（也就是胺基酸短鏈）混合在一起，並發現長肽可以將短肽結合在一起。最後終於出現了一種自催化集，其中九種肽彼此結合，產生了幾百萬個新拷貝。

事實證明，自催化集不只是數學上的夢想而已，但這也並不代表它們很容易製造出來。混合化學物質後，更可能只是達到一種平衡而已。為何自催化集很少出現，仍然是個懸而未決的問題。自催化集很可能需要分子比例恰到好處的食物供應，否則便無法建立足夠的新分子來維持正確反應。自催化集也可能只在具有「彈性」的情況下才能生存，也就是在其中一種成分不足的情況下才會成功。

在自催化集成為成熟生命理論的一部分之前，科學家還必須能夠回答上述這些問題。如此一來，這種理論可能就有機會解釋生命如何自我維持，甚至解釋生命最早如何出現的原因。二○一九年，考夫曼和兩位同事考慮過迪默的想法，也就是生命開始於反覆乾濕循環水池裡，基於 RNA 的原生細胞。因此他們開始對這種溫泉池中可能形成的 RNA 分子種類，進行了一些粗略的估計。考夫曼和他的同事得出的結論是單一溫泉池很容易產生一組自催化集的 RNA 分子。這種自我維持的化學一旦開始後，就有機會演變成生物。換句話說，在地球有生命之前，可能已先發生了自催化反應。

$\bullet\ \bullet\ \bullet\ \bullet\ \bullet$

生物是特殊的，但它們並不是宇宙中唯一的特殊事物。一九一一年，荷蘭物理學家昂內斯（Heike Kamerlingh Onnes），發現冷卻至接

近絕對零度的汞絲，性質會變得非常特殊。常溫下，電流沿金屬線傳播時會損失部分能量，這種特性稱為電阻。而昂內斯在液態氦浴中冷卻汞絲時，電阻卻逐漸下降。直到達到約攝氏負二百六十九度時，電阻突然下降為零。如果他能用汞絲製作金屬環，那麼電流可以無限環繞這個環，不會造成任何能量損失。

「汞已進入了一種新狀態，」昂內斯宣稱：「由於具有非凡的電屬性，我們可稱之為超導狀態。」

昂內斯後來還發現錫和鉛等其他金屬接近絕對零度時，也可能進入這種新狀態。某些金屬混合物可以在較高溫度下進入新狀態。物理學家正在尋找所有可能的超導材料，渴望找到能從根本上建構出新型技術的材料。但經過幾十年，這些科學家的研究只不過是一個反覆嘗試的遊戲。普通物理學似乎無法解釋這一點，也找不出規律或原因可以解釋為何某些物質具有超導性，其他物質卻無法辦到。

愛因斯坦試圖用一種優雅的理論來解釋超導性，事實證明他是錯的。波耳、費曼（Richard Feynman）和二十世紀物理學的其他主要人物也一樣。最後，一九五○年代，巴丁（John Bardeen）、庫珀（Leon N. Cooper）和施里弗（John Robert Schrieffer）提出了一種理論，讓這些無意義的解釋變得有意義了。電阻即是電子無序跳躍的結果，亦即電子向所有方向發出電流的能量。巴丁、庫珀和施里弗認為超導材料中的某些電子，形成沿相同路徑傳播的電子對。這種井然有序抵銷了導電金屬中的混亂，消除了對電流的所有電阻。這種新的超導理論，可以解釋為何某些金屬會進入奇怪的狀態而其他金屬不會，它也讓這種特殊的物質狀態，能夠更接近我們的日常生活。例如支持高速列車行駛的磁鐵，或成為新世代電腦的微處理器等。

生命理論最後看起來可能會像超導理論一樣，可以把生命解釋為一種特殊的物質配置，該物質從宇宙物理學中獲得獨特的性質。克羅寧一直與阿達瑪拉和亞利桑那州立大學物理學家沃克（Sara Walker）合作研究一種理論。這項理論試圖把生命解釋為一種「將事物整合在一起的特殊方式」，他們稱之為「組裝理論」。

你可以把宇宙的歷史想像成是一百三十七億年的事件總和。大爆炸之後，亞原子粒子形成氫原子，氦原子隨著氫原子的結合而產生。恆星由氫和氦組成，在這座恆星熔爐裡鍛造出新的元素。然後原子組裝成分子；分子變成顆粒。行星和衛星由它們所組成，地球上的雪花在天空中形成，在地下則形成礦物。

一旦生命出現後，它就開始自己製造各種東西。生物開始製造糖、蛋白質和細胞。後來也製作了象牙、花朵和生物自身的複製產物。細菌建造出巨大的珊瑚礁，動物不久前開始製造出蜂窩、海狸窩、雙船殼獨木舟和太空船等。克羅寧、阿達瑪拉和沃克與同事合作，採用客觀的方法比較各種事物的組裝方式，不論這些事物是否與生命有關。

事物的組裝一般都是分步驟進行，簡單的分子可能只需要一個步驟就可以由原子形成。但若要添加額外的原子或將兩個分子合併在一起，便要採取更多的步驟。克羅寧和同事想出了一種方法來估算製造分子所需的步驟：把它敲碎。我們可以將分子看作隨機分解開的樂高積木，如果有人給你一百個只由兩塊樂高積木拼合的結構，你就只能一次又一次地將它們逐一分解成相同的兩塊積木。現在請想像一下，如果有人給了你一座樂高版的霍格華茲城堡，裡面包括了塔樓、扶壁和拱門，那就能拆解成很多不同的片段。克羅寧和同事發現，一個分子到底能夠分解成多少片段的數量，可以用來說明一開始建構這個分

子需要採取的步驟數。

克羅寧和同事粉碎了一百多種不同的材料，以便進行一項調查。他們砸碎了石英和石灰石、敲碎了紫杉醇，這是一種由紫杉木製成的分子，研究證明這是一種有效的抗癌藥物。接著他們遵循了米勒的配方，製成了前生命分子湯，因此又把分子繼續分解了。他們也用這種方式分解啤酒和花崗岩。

研究人員發現所有不是由生物製成的材料，都只需要十五個步驟以下就能組裝完成。甚至當他們對默奇森隕石「艾倫丘陵隕石84001」（也就是充滿脂質、胺基酸和其他生命的構成要素）的樣本進行實驗後，也沒有發現組裝需要十五個步驟以上的分子。「儘管隕石裡有十億個分子，但這些分子都很無聊。」克羅寧對我說。相較之下，一般生物並不乏味。儘管生物經常組裝出一些簡單的分子，但它們也製造了非常複雜的分子，其中一些分子的組裝需求甚至遠遠超過十五個步驟。

這些研究人員可能發現了生命的「邊界」。普通化學方法比較無法組裝出需要用到十五個或更多步驟的材料。當然只要給予夠多的時間，任何一種反應都有可能發生。不過，如果想要讓一系列正確的反應以正確的順序發生，且一次又一次重複發生，機率就變得微乎其微。從另一個方面看，生命是一種可以透過許多組裝步驟，自動製造出各種事物的物質狀態。阿達瑪拉、克羅寧和沃克提出了看法，亦即生命能夠做到這點是因為利用了「訊息流」通過的特殊方式。在各種生命中，訊息可以用來控制物質，基因和其他分子結構則可儲存訊息，並將訊息複製給它們的後代，然後透過蛋白質網路傳遞該訊息，以執行精確的任務，例如透過許多組裝步驟來製造各種事物。

　　組裝理論也可能提供一種尋找其他星球生命的方式，甚至不必探視那些繞著其他恆星運行的「行星上的生命」。天文學家可以使用望遠鏡掃描系外行星的大氣分子。如果他們可以檢測到一個具有大量裝配步驟數量的分子，就可以確信這個分子並非透過隨機化學形成。因為只有訊息運作的方式才能指導這種複雜步驟的組裝生產。克羅寧並不需要等待十億美元的探測器到達太陽系的彼端，也不必等待新的太空望遠鏡進入地球同步軌道。

　　「我現在就可以到實驗室裡尋找生命形式，」他說：「忘掉生命是否像火焰，忘掉生命是否具有新陳代謝。研究對象是否具有足夠的特徵來說明它無法隨機形成？組裝步驟是否夠多？如果是，那麼它就是活著。如果不是，你將無法確定它是否算活著。」

　　克羅寧選擇油液滴作為他的原始生命材料。與迪默的脂質體相比之下，液滴更為簡單，因為這就只是一小團油而已。由於難以與水分子鍵合，因此這些液滴會擠在一起。如果把其他化學物質混入油中，便可使液滴產生吸引力作用。例如酒精會同時被油分子和水分子吸引，如果與液滴混合，就會緩慢洩漏出來。而當每個酒精分子離開時，都會向液滴施加一點推動力，使液滴朝相反方向移動。如果有夠多酒精流出，液滴看起來就像在游泳一樣。不同化學物質混合，就會讓液滴有不同的行為，即使只稍微修改一下配方，也可能導致難以預料的行為。

　　為了探索各種可能性，克羅寧意識到他和團隊不能只是手動進行實驗。他們必須建造一個機器人來運行這些實驗。克羅寧把這個機器人命名為「液滴工廠」（DropFactory）後，機器人便開始連續運行幾千個實驗。為了使液滴能夠彼此競爭，他們先把四種油混合在一起，

然後把液滴倒入培養皿中。接著把培養皿移在攝像機下方，以方便進行拍攝。結束後把培養皿清洗乾淨，再把油混成新的組合。有些配方不會使液滴鬆動，有些則會加速液滴運動。「液滴工廠」機器人使用這些結果，為液滴中的化學建立模型，並在每次新的實驗後對模型進行更新。這種機器人式的進化到了最後，這些液滴就像是打開柵欄後競速狂奔的賽犬一樣。

「液滴工廠」機器人還可以學習讓液滴做其他的事情。例如可以做出讓液滴擺動的配方，就好像格拉斯哥大學是地震震央。而在另一項試驗裡，化學物質進出液滴的方式，是讓自己每次都分成兩半，就像產生了一窩小後代一樣。克羅寧團隊好奇地對機器人進行程式編碼，讓它可以自己注意到奇特的新行為，且瞭解如何加強這種行為。機器人也藉此發現有種液滴的配方會讓液滴在室溫下飄浮，然後在氣溫只升高幾度時，爆炸性的向外衝刺。

這些有活力的小液滴、活性物質飛揚的斑點等，都不能說是生命，但是它們可以用來當成一種「測試運行」。克羅寧計畫將更多化學物質引入這些液滴中，包括糖、黃鐵礦、矽酸鹽等。他們還用另一部機器人對礦物質進行一系列實驗，以便能讓更多化合物添加到混合配方中。克羅寧希望這些液滴不僅能以複雜的方式運行，還能成為一種「化工廠」，以便在其中產生更多的化合物。

克羅寧選擇會產生有趣作用的液滴，然後調整配方讓它們更加有趣。他希望這種「前生命」的進化，有利於產生能儲存訊息的化學物質，並在單個液滴分裂為兩個液滴的情況時，將訊息傳遞出去。他也希望自己的團隊能夠模擬考夫曼的自催化集，讓液滴可以「合作」產生複雜的化學反應。因為對於單一液滴來說，這種化學反應可能太過

複雜。

組裝理論有機會讓克羅寧和同事在液滴中找到生命。如果他們找到沒有訊息引導過程就無法組裝生產的化學物質，他們就可以宣布液滴是「活著」的。克羅寧說如果找到能帶來生命的化學物質與我們目前所知基於DNA甚至RNA的生命無關的話，他一點都不會感到驚訝。他說：「這就像在說只有某一種石頭才具有重力作用一樣。」

克羅寧知道有很多科學家都懷疑他能否用簡單的化學物質製造出生命。因為一切看來，這種轉變在地球早期一定花了幾百萬年的時間才完成，不過克羅寧認為這種想法並不正確。原始分子太過脆弱，無法維持長久的時間。如果生命能夠形成，就必須快速形成才行。

「粗略計算一下，大約會花上一萬個小時，」克羅寧說：「不過我敢肯定在未來幾年裡，我們就有機會解決生命起源的問題。只怕到了那個時候，大家又會說原來這麼簡單啊。」

我希望我可以在三十年後再度造訪格拉斯哥大學，看到克羅寧創造出來的生命，或是看到「放射性生物」再次擊敗科學家時，到底會發生什麼情況。

「我要不是瘋了，」克羅寧說：「就是完全正確。」

Life's Edge

致謝
Acknowledgements

　　本書的誕生契機起源於我與利利（Ben Lillie）的一次對話，他在曼哈頓主持一個智慧講座。當我們在下東區散步時，我建議他舉辦一系列有關生命的演講。我向他保證，把這些想法放在一起是很容易的一件事，他很好奇我自己想不想嘗試。結果事實證明，這一切比我想像得要難上許多，但值得付出一切努力。我一共與八位跟生命有關的資深思想家進行交談，包括沃克、馬里斯卡爾（Carlos Mariscal）、克萊夫斯（Jim Cleaves）、沙夫（Caleb Scharf）、英格蘭（Jeremy England）、班納（Steven Benner）、喬萬內利（Donato Giovannelli）和阿達瑪拉等。班和我把這些對話變成一個由西蒙斯基金會「科學沙箱計畫」（Science Sandbox）所贊助的 Podcast 節目（可在 carlzimmer.com/podcasts 收聽）。但是這種經歷並不能滿足我的好奇心，反而加深了我的好奇。當我向同事楊（Ed Yong）提到一本「關於生命的書」的想法時，他說這會是他想要閱讀的書。因此，我要感謝所有協助引導我走向這場馬拉松起跑線的人。

　　斯隆基金會（Sloan Foundation）慷慨地提供了贊助經費，在這個不穩定的時期裡為本書提供支援。《紐約時報》的梅森（Michael Mason）和杜格（Celia Dugger）讓我有機會能針對本書的某些章節，進行初步的報導宣傳。在本書裡每一章節的研究，都因他人的慷慨而

成為可能。在緒論的部分，我要感謝坎波斯與我討論伯克。繆特里、特魯希猶、納格拉斯和他們的同事，向我介紹類器官的奧祕。朗斯沃夫和科恩（I. Glenn Cohen）協助我思考生命起源的倫理面。我也要感謝西科爾和尼爾森給我與蛇類親近交流的機會，還有加尼爾和他的學生們為我製作的黏菌。而為了能在冬天觀察蝙蝠，我必須感謝紐約環境保護部的赫爾佐格、麗茲科和塞維里諾（Lori Severino），及喬治湖土地保護部的諾維克（Alexander Novick）。當然也要感謝施瓦茲（Sharon Schwartz）讓我參觀她在布朗大學的實驗室，談論飛行中的蝙蝠。還有絲派塞教我關於樹木的知識，奧特、馬特拉、庫珀和特納讓我有機會以親身體驗的方式理解演化。

對於生物學的歷史方面，我非常感謝安東尼（Patrick Anthony）協助我瞭解馮哈勒的故事，也感謝內克（Gary Wnek）把我介紹給聖捷爾吉。我要感謝迪默多年來的友情，以及芭莒展示如何建造化學花園。還要感謝克羅寧，儘管新冠病毒大流行讓我倆都只能待在家裡，他也想辦法帶我一瞥機器人的化學世界。

感謝阿達瑪拉、坎波斯和菲利普斯（Rob Phillips）三人仔細閱讀了我的整部手稿。還要感謝這些勇敢的事實查核人員，包括阿萬提斯（Lorenzo Arvanitis）、比斯提斯（Britt Bistis）、克里斯帝（Nakeirah Christie）、法利（Kelly Farley）、克里斯托弗森（Matt Kristoffersen）、賈（Lori Jia）、羅（Anin Luo）和梅普勒（Krish Maypole）等。

我要感謝達頓（Dutton）出版部的編輯莫羅（Stephen Morrow），及我的經紀人西蒙諾夫（Eric Simonoff），他們在即使難以增刪的情況下，也能看出其中有新的可能性。

　　我對我的女兒夏洛特和維洛妮卡深表謝意，她們在我忙於這本書的過程中，協助我安度這場嚴峻的全球流行病。而不論如何表達都無法呈現我對妻子格蕾絲的感謝。她在這本書的寫作期間對我的幫助，如同前面十幾本書的幫助一樣。她極有耐心地教我植物各部位的名稱，而當我很快忘掉它們時她也沒有生氣。她不僅跟我一起在樹林裡尋找黏菌，也在我書裡稍有偷懶的部分點醒我；她還在我的思想之外，賦予我生命。

Life's Edge

注釋

Note

緒論：生死邊界

005 卡文迪許實驗室：Cavendish Library 1910; Thomson 1906.

005 「最原始的生命形式……」: Quoted in *The Guardian* 1905, p. 6.

005 物理學家伯克（John Butler Burke）: Biographical details are drawn from "Mr. J. B. Butler Burke" 1946; Burke 1906; Burke 1931a; Burke 1931b; Campos 2006; Campos 2007; Campos 2015; "A Filipino Scientist" 1906.

005 是個「充滿天賦……」的人：Quoted in Burke n.d.

006 「舉足輕重的老太太」: Ibid.

006 「我們是否即將實現……」: Quoted in Badash 1978, p. 146.

007 「鐳改變了自己的本質……」: Quoted in Burke 1903, p. 130.

008 「它們有權被歸類為……」: Quoted in Burke 1905b, p. 398.

009 「原生質的成分在……」: Quoted in Burke 1906, p. 51.

009 唱出這首〈鐳原子〉之歌：Satterly 1939.

009 伯克發表了關於放射性生物的第一份報告：Burke 1905a.

010 「生命可能就是以這種方式從地球誕生的……」: Quoted in "The Origin of Life" 1905, p. 3.

010 「鐳揭示了生命起源的祕密嗎？」: Hale 1905.

010 「伯克突然成了英國最受矚目的科學家……」: Quoted in "The Cambridge Radiobes" 1905, p. 11.

010 「我國最出色的年輕物理學家……」: Quoted in "City Chatter" 1905, p. 3.

010 「伯克突然變得家喻戶曉……」: Quoted in Campbell 1906, p. 89.

010 「引發了更多討論」: Quoted in "A Clue to the Beginning of Life on the Earth" 1905, p. 6813.

011　《生命的起源》（*The Origin of Life*）：Burke 1906.

011　「存在於人類思想中的感知……」：Quoted in ibid., p. 345.

011　「生物學絕非伯克的專長」：Quoted in Campos 2006, p. 84.

011　「單純的圖畫」：Quoted in Douglas-Rudge 1906, p. 380.

012　「拉奇已重新實驗了伯克很久以前進行的那個實驗」：Quoted in Campbell 1906, p. 98.

012　〈放射性生物〉：Satterly 1939.

013　「可怕的破產事件」：Quoted in Burke n.d.

013　「伯克已被逼到了極點」：Quoted in Campos 2015, p. 96.

014　「生命就是本質」：Ibid.

015　生命的邊界：Cornish-Bowden and Cárdenas 2020.

第一部分：胎動初覺

生命如何孕育

021　麋鹿海帶：Herbst and Johnstone 1937.

023　繆特里（Alysson Muotri）：The research I discuss in this chapter can be found in Marchetto et al. 2010; Cugola et al. 2016; Mesci et al. 2018; Setia and Muotri 2019; and Trujillo et al. 2019.

024　大腦皮層：Stiles and Jernigan 2010.

025　大腦類器官：Lancaster et al. 2013.

032　「我們知道活著的感覺……」：Quoted in Haldane 1947, p. 58.

032　科塔爾症候群（Cotard syndrome）：Berrios and Luque 1995; Berrios and Luque 1999; Dieguez 2018; Cipriani et al. 2019.

032　「確信自己沒有大腦……」：Quoted in Debruyne et al. 2009, p. 197.

033　她拒絕洗澡：Debruyne et al. 2009.

033　讓他變成了殭屍：Huber and Agorastos 2012.

033　於二〇一五年發表了一個案例：Chatterjee and Mitra 2015.

034　非意識性的捷徑：Rosa-Salva, Mayer, and Vallortigara 2015.

034　不同的神經網路：Caramazza and Shelton 1998.

034　在一系列的實驗中：Fox and McDaniel 1982.

034 腦部損傷：Moss, Tyler, and Jennings 1997.

035 注視幾何形狀的時間較長：Bains 2014; Di Giorgio et al. 2017.

035 「如果我們要在人類開始產生思想之處做出區隔⋯⋯」：Quoted in Nairne, VanArsdall, and Cogdill 2017, p. 22.

035 對動物的實驗：Anderson 2018; Gonçalves and Carvalho 2019.

035 瓦洛蒂加拉（Giorgio Vallortigara）和雷戈林（Lucia Regolin）：Vallortigara and Regolin 2006.

035 此種視覺捷徑：Connolly et al. 2016.

036 「賦予靈魂」：Neaves 2017.

037 班族（The Beng）：Gottlieb 2004.

037 「儘管他阻止了胎兒在未來被賦予靈魂⋯⋯」：Quoted in Noonan Jr. 1967, p. 104.

038 「生命是上帝的直接恩賜⋯⋯」：Quoted in Blackstone 1765. p.88.

038 「這是對抗上帝的罪⋯⋯」：Quoted in Peabody 1882, p. 4.

040 胚胎何時成為人：Manninen 2012.

040 「生命始於受孕⋯⋯」：Quoted in Berrien 2017.

041 「並沒有簡單的答案⋯⋯」：Quoted in Lederberg 1967, p. A13.

042 把分子聚合在一起：Rochlin et al. 2010; Aguilar et al. 2013.

042 「一個獨特、活著的人類個體⋯⋯」：Quoted in Lee and George 2001.

043 並不能被當成一個新個體的生命起源：Peters Jr. 2006.

044 產生一批新的RNA：Vastenhouw, Cao, and Lipshitz 2019; Navarro-Costa and Martinho 2020.

044 變成兩個胚胎的情況下：Devolder and Harris 2007; Rankin 2013.

044 嵌合體（chimeras）：Maienschein 2014.

044 也常以失敗告終：Giakoumelou et al. 2016; El Hachem et al. 2017; Vázquez-Diez and FitzHarris 2018.

045 二〇一六年發表的一項研究：Jarvis 2016a; Jarvis 2016b.

046 這種危機：Simkulet 2017; Nobis and Grob 2019.

046 生命都無法挽救：Blackshaw and Rodger 2019.

046 注射激素：Haas, Hathaway, and Ramsey 2019.

047 「強姦和亂倫的情況⋯⋯」：Quoted in WFSA Staff 2019.

048 重新編碼為胚胎：Ball 2019.

049 資訊的整合：Koch 2019a.

049 一個新的難題：Hostiuc et al. 2019. 3 4 9

049 「……意味著什麼呢？」：Quoted in Koch 2019b.

抗拒死亡

051 佛布斯（James Forbes）：Dyson 1978.

051 「擺在眼前的燦爛真實」：Quoted in "Oriental Memoirs" 1814, p.577

052 「一旦確定……」：Forbes 1813, p. 333.

052 悲傷哀號的猴子：Wakefield 1816; Gulliver 1873.

053 「遭受的痛苦如此之深……」：Quoted in Darwin 1871, p. 48.

054 珍古德（Jane Goodall）：Van Lawick-Goodall 1968; Van Lawick-Goodall 1971.

054 靈長類動物與死亡相關的經歷：Gonçalves and Carvalho 2019.

055 最清楚的標記之一：Samartzidou et al. 2003; Hussain et al. 2013; Crippen, Benbow, and Pechal 2015.

055 驅走魚類：Gonçalves and Biro 2018; Gonçalves and Carvalho 2019.

056 以不同的方式看待死亡：Hovers and Belfer-Cohen 2013; Pettitt 2018.

056 佛教徒：Bond 1980; Simpson 2018.

056 「醫務人員很少會討論……」：Quoted in Ackerknecht 1968, p. 19.

056 法國醫生畢廈（Xavier Bichat）：Bichat 1815; Haigh 1984; Sutton 1984.

057 「生命代表……的各種功能之總和」：Quoted in Bichat 1815, p. 21.

057 模糊的界線：I draw my account of Van Leeuwenhoek and Needham from Keilin 1959 and Clegg 2001.

060 「我們發現了一個例子……」：Quoted in Baker 1764, p. 254.

061 成長為健康的新植物：Yashina et al. 2012.

062 「生與死之間的第三種狀態」：Quoted in Cannone et al. 2017, p. 1.

062 「這個星球的堅強後盾」：Quoted in Oberhaus 2019.

063 失去呼吸或心跳：Bondeson 2001.

063 「這是一個可怕的地方……」：Quoted in ibid., p. 109.

065 鐵肺：Slutsky 2015.

065 利弊參半的發明：Vitturi and Sanvito 2019.

065　「一種新的、以前從未被描述過的生命狀態」：Quoted in Goulon, Babinet, and Simon 1983, p. 765.

065　不可逆的昏迷（coma dépassé）：Mollaret and Goulon 1959.

066　其他醫生同意：Wijdicks 2003.

066　「復甦療法和支持療法的發展……」：Quoted in ibid., p. 971.

067　「患者被送往……」：Ibid., p. 972.

067　腎臟移植：Machado 2005.

068　腦死狀態：Beecher 1968.

069　委員會的報告：Bernat 2019.

069　「哈佛專家小組用大腦來判定死亡」：Reinhold 1968.

069　「這個不可迴避的邏輯……」：Quoted in Sweet 1978, p. 410.

069　「全腦標準」：Quoted in President's Commission for the Study of Ethical Problems in Medicine and Biomedical and Behavioral Research 1981.

070　「原告是信仰堅定的基督徒」：Quoted in Aviv 2018.

071　「她的身體將會腐爛」：Quoted in Szabo 2014.

072　「我深信……」：Quoted in Shewmon 2018, p. S76.

072　「也許麥卡思的病情確實有所改善……」：Quoted in Truog 2018, p. S73.

073　一千八百名被診斷為腦死的患者：Nair-Collins, Northrup, and Olcese 2016. 3 5 0

073　奈爾—柯林斯（Michael Nair-Collins）：Nair-Collins 2018.

074　發表了他對腦死的第一次辯護：Bernat, Culver, and Gert 1981.

074　「可能代表對腦死的假陽性判斷……」：Quoted in Bernat and Ave 2019, p. 636.

075　「死亡是……一種在生物學上不可逆轉的事件」：Quoted in Huang and Bernat 2019, p. 722.

075　麥卡思的身體狀況逐漸惡化：Dolan 2018.

075　「我只想讓妳知道……」：Quoted in Ruggiero 2018.

第二部分：生命的表徵

晚餐

079　關於蛇的新陳代謝，見：Diamond 1994; Secor, Stein, and Diamond 1994; Secor and Diamond 1995; Secor and Diamond 1998; Andrew et al. 2015; Larsen 2016;

Andrew et al. 2017; Engber 2017; Perry et al. 2019.

079 被過多的血液殺死：Boback et al. 2015; Penning, Dartez, and Moon 2015.

會做決策的個體

095 關於黏菌和智能，見：Brewer et al. 1964; Ohl and Stockem 1995; Dussutour et al. 2010; Reid et al. 2012; Reid et al. 2015; Adamatzky 2016; Reid et al. 2016; Oettmeier, Brix, and Döbereiner 2017; Boussard et al. 2019; Gao et al. 2019; Ray et al. 2019.

維持生命條件的恆定

105 關於蝙蝠和體內恆定，見：Webb and Nicoll 1954; Adolph 1961; McNab 1969; Cryan et al. 2010; Pfeiffer and Mayer 2013; Hedenström and Johansson 2015; Johnson et al. 2016; Boyles et al. 2017; Voigt et al. 2017; Willis 2017; Bandouchova et al. 2018; Gignoux-Wolfsohn et al. 2018; Moore et al. 2018; Boerma et al. 2019; Boyles et al. 2019; Haase et al. 2019; Rummel, Swartz, and Marsh 2019; Auteri and Knowles 2020; Lilley et al. 2020.

複製／貼上

117 關於楓樹，見：Taylor 1920; Peattie 1950; De Jong 1976; Green 1980; Stephenson 1981; Sullivan 1983; Hughes and Fahey 1988; Burns and Honkala 1990; Houle and Payette 1991; Peck and Lersten 1991a; Peck and Lersten 1991b; Graber and Leak 1992; Greene and Johnson 1992; Greene and Johnson 1993; Abrams 1998.

120 ⋯⋯事實遠非如此：Clark and Haskin 2010.

藍色巨塔

126 銅綠假單胞菌（*Pseudomonas aeruginosa*）：Moradali, Ghods, and Rehm 2017.

128 「我們看不到這些緩慢的變化⋯⋯」：Quoted in Zimmer 2011, p. 42. 3 5 1

129 幾十名研究生：Poltak and Cooper 2011; Flynn et al. 2016; Gloag et al. 2018; Gloag et al. 2019.

130 進行為期一週的實驗：Cooper et al. 2019.

130 螢光單胞菌（*Pseudomonas fluorescens*）：Ferguson, Bertels, and Rainey 2013.

135 「藍膿菌」：Quoted in Villavicencio 1998, p. 213.

第三部分：一系列黑暗問題

神奇的繁殖

141 關於特朗布雷（Trembley），見：Baker 1949; Vartanian 1950; Baker 1952; Beck 1960; Lenhoff and Lenhoff 1986; Dawson 1987; Lenhoff and Lenhoff 1988; Dawson 1991; Ratcliff 2004; Baker 2008; Stott 2012; Gibson 2015; Steigerwald 2019.

142 「大自然必須由……來解釋」：Quoted in Lenhoff and Lenhoff 1988, p. 111.

143 哲學家笛卡爾（Rene Descartes）：Dawson 1987; Slowik 2017.

143 德國醫生霍夫曼（Friedrich Hoffmann）：Quoted from Hoffman 1971, p.6.

143 反笛卡爾主義：Roe 1981, p. 107.

143 「若要總結這一切……」：Quoted in Zammito 2018, p. 24; Beck 1960.

144 靈魂：Zammito 2018, p. 25.

145 「越是看著這些……」：Quoted in Lenhoff and Lenhoff 1986, p. 6.

145 「在我腦海中激起了……」：Ibid.

147 「我被這些……忙翻了」：Quoted in Ratcliff 2004, p. 566.

147 「它們如此非比尋常……」：Quoted in Baker 1743.

148 一種生命相關的東西：Baker 1949.

149 「一種可憐的昆蟲剛剛向世界展示了……」：Quoted in Dawson 1987, p. 185.

應激

151 關於馮哈勒（Haller），見：Reed 1915; Haller and Temkin 1936; Maehle 1999; Lynn 2001; Steinke 2005; Frixione 2006; Hintzsche 2008; Rößler 2013; Cunningham 2016; McInnis 2016; Gambarotto 2018; Zammito 2018; Steigerwald 2019.

151 「邀請我到哥廷根的目的……」：Quoted in Cunningham 2016, p. 95.

152 「要想全面瞭解……」：Quoted in Cunningham 2016, p. 93.

153 「我需要一堆狗和兔子……」：Quoted in Steinke 2005, p. 53.

153 「這是一種殘忍的行為……」：Quoted in Haller and Temkin 1936, p. 2.

154 「所有器官中最易『應激』的一種」：Ibid., p. 53.

155 「我在每個角落都看到……」：Quoted in Steinke 2005, p. 136.

155 「馮哈勒到處樹敵……」：Quoted in Zammito 2018, p. 75.

155 「你要怎麼反對一千兩百個實驗證明？」：Quoted in Steigerwald 2019, p. 66.

156　「疼痛會變得難以忍受……」：Quoted in Rößler 2013, p. 468.

156　「對真理的坦率和熱愛……」：Quoted in Maehle 1999, p. 159.

156　「嚴重的精神軟弱」：Ibid., p. 183.

157　「舒緩的微風……」：Quoted in Hintzsche and Wolf 1962.

158　「它不再跳動了，我死了」：Quoted in Reed 1915, p. 56.

學派

159　「試圖……引導他人的這種虛榮心」：Haller and Temkin., p. 2..

159　博物學家布豐伯爵（Buffon）：Roger 1997.

160　「我想我只能……」：Quoted in Baker 1952, p. 182.

160　「應激正在形成一種理論派系…」：Quoted in Zammito 2018, p. 89.

160　「都存在一種特殊的、與生俱來的有效驅動力」：Quoted in Steigerwald 2019, p. 86.

162　「大家充滿恐懼……」：Quoted in King-Hele 1998, p. 175.

164　可以先從水開始講起：Cleland 2019a.

164　「在自然界中……」：Quoted in Hunter 2000, p. 56.

165　「我無法再像以前一樣……」：Ibid.

165　「把…的天然藩籬拆除了」：Quoted in Ramberg 2000, p. 176.

這團軟泥還活著

167　坎貝爾勛爵（Lord George Campbell）：For the *Challenger* voyage, see Campbell 1877; Macdougall 2019.

167　「掉落在海上……」：Quoted in Campbell 1877, p. 39.

168　「這個名字……就會被點亮」：Quoted in Moseley 1892, p. 585.

169　赫胥黎（Thomas Huxley）：Geison 1969; McGraw 1974; Rehbock 1975; Rupke 1976; Rice 1983; Welch 1995; Desmond 1999.

171　「一種柔軟的粉狀物質……」：Quoted in Huxley 1868, p. 205; McGraw 1974.

172　「如果演化論的假設是……」：Quoted in Huxley 1891, p. 596.

173　身體組織的基本形式：Normandin and Wolfe 2013, p. 34.

173　原始黏液：Ibid.

174　相同的活膠：Geison 1969.

174　「細胞可藉由⋯⋯重新定義」：Liu 2017

174　「我不敢輕易冒險⋯⋯」：Ibid., p. 912.

175　「⋯⋯的小顆粒」：Quoted in Carpenter 1864, p. 299; Burkhardt et al. 1999.

175　始生物（*Eozoön*）：O'Brien 1970; Adelman 2007.

175　「⋯⋯也不必感到驚訝」：Quoted in King and Rowney 1869, p. 118.

176　「深海『烏斯來姆』」：Quoted in Huxley 1868, p. 210.

176　「我希望你不會介意⋯⋯」：Quoted in Rehbock 1975, p. 518.

176　「生命膏狀物」：The Athenaeum 1868.

176　生命的物質基礎：Geison 1969; Huxley 1869.

176　「觀眾似乎停止呼吸了⋯⋯」：Quoted in Hunter 2000, p. 69.

177　「這團軟泥還活著」：Quoted in Thomson 1869, p. 121.

178　「可能形成連續的生命物質殘渣⋯⋯」：Quoted in Rupke 1976, p. 56.

178　「幻想且不可能的」：Quoted in Beale 1870, p. 23.

178　一本生態學教科書：Packard 1876.

178　「大量裸露的、活著的原生質⋯⋯」：Quoted in Rehbock 1975, p. 522.

180　「如果這種像果凍一樣的有機體⋯⋯」：Quoted in Buchanan 1876, p. 605.

180　「把它們當成了生物⋯⋯」：Quoted in Murray 1876, p. 531.

181　「否認它的存在」：Quoted in Rehbock 1975, p. 529.

181　「我必須擔負最大的責任⋯⋯」：Quoted in Huxley 1875, p. 316.

181　「真正父母越表明⋯⋯」：Quoted in Rehbock 1975, p. 531.

181　「他稱這個事件是⋯⋯」：Quoted in McGraw 1974, p. 169. 3 5 3

181　「巴希比爾斯是個高度實用的概念⋯⋯」：Quoted in Rupke 1976, p. 533.

182　「他在研究裡觸及到的各種生物⋯⋯」：Quoted in "Obituary Notices of Fellows Deceased", 1895.

一場水的遊戲

183　釀造啤酒：Liu et al. 2018.

184　普通的酶：Barnett and Lichtenthaler 2001.

185　「只會存在一段很短的時間」：Quoted in Kohler 1972, p. 336.

185　「生機論觀點與酶理論之間的分歧⋯⋯」：Quoted in Buchner 1907.

186　「原生質裡到底哪些東西還活著？」：Quoted in Wilson 1923, p. 6.

186　不是存在於單一層面上：Nicholson and Gawne 2015.

187　一種宗教現象：Bud 2013.

187　「傾向於內在事物的行動力」：Bergson 1911, p. 96.

187　出現了一千人左右：McGrath 2013.

187　生命的以太：Clément 2015.

188　「在實驗室裡……」：Quoted in Needham 1925, p. 38.

188　匈牙利生理學家聖捷爾吉（Albert Szent-Györgyi）：Szent-Györgyi 1963; Bradford 1987; Moss 1988; Robinson 1988; Mommaerts 1992; Rall 2018; "The Albert Szent-Györgyi Papers"n.d.

190　ATP: Engelhardt and Ljubimowa 1939; Schlenk 1987; Maruyama 1991.

193　進行一系列的演講：Szent-Györgyi 1948.

193　「總而言之，我們所說的生命……」：Quoted in Czapek 1911, p. 63.

193　「……只是水的一場遊戲」：Quoted in Robinson 1988, p. 217.

194　「我們所說的生命是……」：Quoted in Szent-Györgyi 1948, p. 9.

194　逐漸以派對聞名：Moss 1988.

194　「微妙的反應和彈性」：Quoted in ibid., p. 243.

195　治療癌症的方法：Szent-Györgyi 1977.

195　「我感到痛苦的是……」：Quoted in Robinson 1988, p. 230.

195　「我從解剖學轉向……」：Quoted in Szent-Györgyi 1972, p. xxiv.

腳本

197　關於德爾布呂克（Delbrück），見：Delbrück 1970; Harding 1978; Kay 1985; Symonds 1988; McKaughan 2005; Sloan and Fogel 2011; Strauss 2017.

197　「這方面他談了很多……」：Quoted in Harding 1978.

199　「共同思考生活中的一些難題」：Quoted in Sloan and Fogel 2011, p. 61.

200　「我們發現自己快喘不過氣……」：Quoted in Wilson 1923, p. 14.

200　「生命的基礎」：Quoted in Muller 1929, p. 879.

201　「黑市研究」：Quoted in Harding 1978.

202　薛丁格（Erwin Schrödinger）：Kilmister 1987; Phillips 2020.

203　「生與死之間的根本區別」：Quoted in Yoxen 1979, p. 33.

204　「生命本質」：Schrödinger 2012.

205　克里克（Francis Crick）: See Crick 1988; Olby 2008; Aicardi 2016,

205　「成了……的避難所」: Quoted in Crick 1988, p. 11.

206　「……人類所能想到最無聊的問題」: Ibid., p. 13.

206　「有生命和無生命之間的界線」: Ibid., p. 11. 3 5 4

206　「這種調查在解釋時……」: Quoted in Lewis 1947, p. 49.

209　「現在我們相信……」: Quoted in Tamura 2016, p. 36.

209　「簡單而正確」: Quoted in "Clue to Chemistry of Heredity Found" 1953, p. 17.

209　「你會發現……」: Quoted in Cobb 2015, p.113.

210　並列為二十世紀最重要的科學照片: Chadarevian 2003.

211　「從某種意義上講……」: Quoted in Olby 2009, p. 301.

211　「生機論還沒死嗎？」: Crick 1966; Hein 1972; Bud 2013; Aicardi 2016.

212　「鞭打一匹死馬」: Quoted in Waddington 1967, p. 202.

212　埃克爾斯爵士（Sir John Eccles）: Eccles 1967.

213　「說服一個十九世紀生機論者……」: Quoted in Kirschner, Gerhart, and Mitchison 2000, p. 79.

213　「系統必須能直接複製……」: Quoted in Crick 1982.

214　「我們討論的是如何尋找生命……」: Quoted in Zimmer 2007.

214　「生命是……的自我維持化學系統」: Quoted in Joyce 1994, p. xi.

第四部分：回到邊緣地帶

半活著

219　「伯克並不打算……」: Quoted in Campos 2015, p. 77.

219　關於新冠病毒（Covid-19），見: Mortensen 2020 and Zimmer 2021.

219　人類停滯期: Rutz et al. 2020.

222　卻不到細菌和真菌: Bos 1999; López-García and Moreira 2012.

223　「當有人問我……」: Quoted in Pirie 1937.

223　病毒的分子本質: Pierpont 1999.

225　「根據目前的有效定義……」: Quoted in Mullen 2013.

225　「正常細胞的夢想是……」: Quoted Forterre 2016, p. 104.

226　「與邏輯無關」: Quoted in López-García and Moreira 2012, p. 394.

226　一公升海水：Breitbart et al. 2018.

226　一勺汙泥：Pratama and Van Elsas 2018.

226　病毒的的基因多樣性：Dion, Oechslin, and Moineau 2020.

227　海洋中的噬菌體：Moniruzzaman et al. 2020.

227　「紅血球的生命週期……」：Quoted in Föller, Huber, and Lang 2008, p. 661.

229　「完全沒發現任何雄性……」：Quoted in Hubbs and Hubbs 1932, p. 629.

230　性的寄生蟲：Lampert and Schartle 2008; Laskowski et al. 2019.

生命藍圖所需的數據

233　關於迪默的作品，見：Deamer 2011; Deamer 2012b; Deamer 2016; Damer 2019; Deamer, Damer, and Kompanichenko 2019; Kompanichenko 2019.

234　「純粹是一派胡言……」：Quoted in Peretó, Bada, and Lazcano 2009, p. 396.

235　他……將會感到非常激動：Strick 2009.

235　「達爾文理論的主要缺陷……」：Quoted in Bölsche and McCabe 1906, p. 143.

236　幾代的果蠅：Fry 2000; Mesler and Cleaves II 2015.

236　蘇聯生化學家奧巴林（Alexander Oparin）：Broda 1980; Lazcano 2016.

236　「尋找…的嘗試很多」：Quoted in Oparin 1938, p. 246.

236　「這些精緻、複雜……」: Quoted in Oparin 1924, p. 9. 3 5 5

237　令人失望的情況：Miller, Schopf, and Lazcano 1997.

238　霍爾丹（J. B. S. Haldane）：Tirard 2017; Subramanian 2020.

238　「我認為我們可以……」: Quoted in Haldane 1929, p. 7.

239　是在浪費時間：Lazcano and Bada 2003.

240　「當時我們設計了……」：Quoted in Miller 1974, p. 232.

241　「這種最早的生物可能由……組成」: Quoted in Porcar and Peretó 2018.

241　這種想法的影響很大：Other examples of RNA life theories include Orgel 1968.

242　大量脂質體：Deamer and Bangham 1976.

243　研究生哈格里夫斯（Will Hargreaves）：Hargreaves, Mulvihill, and Deamer 1977.

244　在太陽系的其他地方生成：Deamer 2012c; Deamer 2017b.

244　他製造出脂質體了：Deamer 1985.

246　「通道的橫截面應該……」：Deamer, Akeson, and Branton 2016, p. 518.

247　在一九九六年發表論文：Kasianowicz et al. 1996.

247　大的鹼基會導致大的電位下降：Akeson et al. 1999.

247　第一次見到迪默：Zimmer 1995.

248　「RNA 世界」：Quoted in Gilbert 1986, p. 618.

249　古老的化學環境：Deamer and Barchfeld 1982; Chakrabarti et al. 1994.

251　這些空心的孔洞可以保護生命：Brazil 2017; Deamer 2017a.

251　可能助長了基因、新陳代謝和細胞的出現： Baross and Hoffman 1985.

252　充滿了活火山：Kompanichenko, Poturay, and Shlufman 2015.

253　生命之粉：Deamer 2011.

254　前往紐西蘭的途中：Milshteyn et al. 2018.

254　模仿了……所看到的一切：Deamer 2019.

255　「我們已製造出類似 RNA 的分子」：Rajamani et al. 2008, p. 73.

255　具有次序的排列：Deamer 2012a.

255　一個脂質世界：Paleos 2015.

258　2015 年，西非伊波拉病毒爆發：Quick et al. 2016.

258　新的昆蟲物種：Srivathsan et al. 2019.

258　生物學家阿達瑪拉（Kate Adamala）：Adamala et al. 2017; Adamala 2019; Gaut et al. 2019.

259　為迪默提供了更多關於生命起源的證據：Damer and Deamer 2015; Damer et al. 2016; Damer and Deamer 2020.

261　化石紀錄：Van Kranendonk, Deamer, and Djokic 2017; Javaux 2019.

261　他在這方面的研究仍然有很多對手：Boyce, Coleman, and Russell 1983; Macleod et al. 1994; Russell 2019.

262　原始的新陳代謝也可以在……成長：Duval et al. 2019.

263　生機論：Iibid., p. 10.

263　「完全不相關且具有誤導性」：Quoted in Branscomb and Russell 2018a; Branscomb and Russell 2018b.

264　RNA 製成的藥物：Setten, Rossi, and Han 2019.

264　轉甲狀腺素蛋白類澱粉變性病：Lasser et al. 2018.

沒有可見的灌木叢

267　噴射推進實驗室（JPL）：Overviews of astrobiology include Dick and Strick 2004 and Kolb 2019.

270　「與金星相比……」: Quoted in Horowitz 1966, p. 789. 3 5 6

271　可能是……多細胞生物的地方：Sagan and Lederberg 1976.

271　「並沒有任何跡象顯示……」: Quoted in "Viking I Lands on Mars" 1976.

271　「我們再也不能自信地認為……」: Quoted in Dick and Strick 2004.

272　艾倫丘陵隕石 84001（Allan Hills 84001）：Swartz 1996.

273　落到南極：Cavalazzi and Westall 2019.

274　「我們並未尋找生命……」：Quoted in Swartz 1996.

274　接受了他們的論文：McKay et al. 1996.

275　「如果這項發現得到證實……」: Quoted in Clinton 1996.

275　記者蔡宙（Charles Choi）：Choi 2016.

275　「活的宇宙研究」：Quoted in Dick and Strick 2004.

276　需要液態水才能生存：Kopparapu, Wolf, and Meadows 2019; Shahar et al. 2019.

277　大沉默（the Great Silence）：Ćirkovi 2018.

278　適合生命生存的條件：Hendrix et al. 2019.

278　有機化合物：Postberg et al. 2018.

279　如果土衛二海洋裡真的有生物：Choblet et al. 2017; Kahana, Schmitt-Kopplin, and Lancet 2019.

279　使用奈米定序器：Benner 2017; Carr et al. 2020.

281　建立自己的海底煙囪：Barge and White 2017.

282　胺基酸：Barge et al. 2019.

283　「由於我們無法區分……」: Quoted in Clément 2015.

283　微生物可以生長：Taubner et al. 2018.

283　停留在灰色地帶：Kahana, Schmitt-Kopplin, and Lancet 2019.

四個藍色液滴

285　進行了一項奇怪的類似實驗：For the work of Cronin and his colleagues on assembly theory and active matter, see Barge et al. 2015; Cronin, Mehr, and Granda 2018; Doran et al. 2017; Doran, Abul-Haija, and Cronin 2019; Grizou et al. 2019; Grizou et al. 2020; Gromski, Granda, and Cronin 2019; Marshall et al. 2019; Marshall et al. 2020; Miras et al. 2019; Parrilla-Gutierrez et al. 2017; Points et al. 2018; Surman et al. 2019;

Walker et al. 2018.

285 海德（Fritz Heider）和西梅爾（Marianne Simmel）：Heider and Simmel 1944; Scholl and Tremoulet 2000.

288 限縮了生命發生的可能性：Luisi 1998.

288 在其他地方以其他方式展開：Cleland 2019b.

288 數百個生命的新定義：The definitions listed here, unless noted below, are from Kolb 2019.

288 生命是可預期……：Vitas and Dobovišek 2019.

289 「水的動態排序區」的存在……：Cornish-Bowden and Cárdenas 2020.

289 生命是…單系演化分支：Mariscal and Doolittle 2018.

289 「你可以這樣說……」：Quoted in Westall and Brack 2018, p. 49.

289 微生物學家波帕（Radu Popa）：Popa 2004.

290 「它們的價值並非取決於……」：Quoted in Bich and Green 2018, p. 3933.

291 具有變化的自我複製：Trifonov 2011.

291 「電腦病毒也會……」：Quoted in Meierhenrich 2012, p. 641.

291 維根斯坦（Ludwig Wittgenstein）：Abbott 2019. 3 5 7

294 時空關係：Cleland 1984.

294 電腦程式邏輯：Cleland 1993.

295 「火星生命假說……」：Quoted in Cleland 1997, p. 20.

297 《尋求普遍生命理論》（*The Quest for a Universal Theory of Life*）：Cleland 2019a.

297 「定義並非……的適當工具」：Quoted in Cleland 2019b, p. 722.

299 達文西（Leonardo da Vinci）：Quoted in Cleland 2019a, p. 50.

300 生命理論就開始形成：In addition to autocatalytic sets and assembly theory, there are a number of other projects underway. See, for example, England 2020 and Palacios et al. 2020.

300 羅森（Robert Rosen）和瓦雷拉（Francisco Varela）：Cornish-Bowden and Cárdenas 2020.

300 對生命……濃縮過的描述：Walker 2018.

300 維持生命的必要條件：Letelier, Cárdenas, Cornish-Bowden 2011.

301 考夫曼（Stuart Kauffman）：Hordijk 2019; Kauffman 2019; Levy 1992.

302 石油是……催化劑的產物：Johns 1979.

302　創造和自我維持：Mariscal et al. 2019.

302　化學家加迪里（Reza Ghadiri）：Ashkenasy et al. 2004.

303　成熟生命理論：Hordijk, Shichor, and Ashkenasy 2018; Xavier et al. 2020.

303　自我維持的化學：Hordijk, Steel, and Kauffman 2019.

303　荷蘭物理學家昂內斯（Onnes）：Rogalla et al 2011.

304　愛因斯坦：Schmalian 2010.

306　十五個步驟：Marshall et al. 2020.

306　資訊：Walker and Davies 2012; Walker, Kim, and Davies 2016; Walker 2017; Davies 2019; Hesp et al. 2019; Palacios et al. 2020.

參考資料

Reference

Abbott, J. 2019. "Definitions of Life and the Transition from Non-Living to Living." Departmental presentation, Lund University.

Abrams, Marc D. 1998. "The Red Maple Paradox." *BioScience* 48:355-64.

Ackerknecht, Erwin H. 1968. "Death in the History of Medicine." *Bulletin of the History of Medicine* 42:19-23.

Adamala, Katarzyna P., Daniel A. Martin-Alarcon, Katriona R. Guthrie-Honea, and Edward S. Boyden. 2017. "Engineering Genetic Circuit Interactions Within and Between Synthetic Minimal Cells." *Nature Chemistry* 9:431-9.

Adamala, Kate. 2019. "Biology on Sample Size of More Than One." *The 2019 Conference on Artificial Life*. doi:10.1162/isal_a_00124.

Adamatzky, Andrew. 2016. *Advances in Physarum Machines: Sensing and Computing with Slime Mould*. Cham: Springer International Publishing.

Adelman, Juliana. 2007. "Eozoön: Debunking the Dawn Animal." *Endeavour* 31:94-8.

Adolph, Edward F. 1961. "Early Concepts of Physiological Regulations." *Physiological Reviews* 41:737-70.

Aguilar, Pablo S., Mary K. Baylies, Andre Fleissner, Laura Helming, Naokazu Inoue, Benjamin Podbilewicz, Hongmei Wang, and others. 2013. "Genetic Basis of Cell-Cell Fusion Mechanisms." *Trends in Genetics* 29:427-37.

Aicardi, Christine. 2016. "Francis Crick, Cross-Worlds Influencer: A Narrative Model to Historicize Big Bioscience." *Studies in History and Philosophy of Science Part C* 55:83-95.

Akeson, Mark, Daniel Branton, John J. Kasianowicz, Eric Brandin, and David W. Deamer. 1999. "Microsecond Time-Scale Discrimination Among Polycytidylic Acid, Polyadenylic Acid, and Polyuridylic Acid as Homopolymers or as Segments Within Single RNA

Molecules." *Biophysical Journal* 77:3227-33.

"The Albert Szent-Györgyi Papers." *National Library of Medicine.* https://profiles.nlm.nih.gov/spotlight/wg/ (accessed September 2, 2019).

Anderson, James R. 2018. "Chimpanzees and Death." *Philosophical Transactions of the Royal Society B* 373. doi:10.1098/rstb.2017.0257.

Andrew, Audra L., Blair W. Perry, Daren C. Card, Drew R. Schield, Robert P. Ruggiero, Suzanne E. McGaugh, Amit Choudhary, and others. 2017. "Growth and Stress Response Mechanisms Underlying Post-Feeding Regenerative Organ Growth in the Burmese Python." *BMC Genomics* 18. doi:10.1186/s12864-017-3743-1.

Andrew, Audra L., Daren C. Card, Robert P. Ruggiero, Drew R. Schield, Richard H. Adams, David D. Pollock, Stephen M. Secor, and others. 2015. "Rapid Changes in Gene Expression Direct Rapid Shifts in Intestinal Form and Function in the Burmese Python After Feeding." *Physiological Genomics* 47:147-57.

Ashkenasy, Gonen, Reshma Jagasia, Maneesh Yadav, and M. R. Ghadiri. 2004. "Design of a Directed Molecular Network." *Proceedings of the National Academy of Sciences* 101:10872-7.

The Athenaeum, September 12, 1869, p. 339.

Auteri, Giorgia G., and L. L. Knowles. 2020. "Decimated Little Brown Bats Show Potential for Adaptive Change." *Scientific Reports* 10. doi:10.1038/s41598-020-59797-4.

Aviv, Rachel. 2018. "What Does It Mean to Die?" *The New Yorker*, February 5. https://www.newyorker.com/magazine/2018/02/05/what-does-it-mean-to-die (accessed June 8, 2020).

Badash, Lawrence. 1978. "Radium, Radioactivity, and the Popularity of Scientific Discovery." *Proceedings of the American Philosophical Society* 122:145-54.

Bains, William. 2014. "What Do We Think Life Is? A Simple Illustration and Its Consequences." *International Journal of Astrobiology* 13:101-11.

Baker, Henry. 1743. *An Attempt Towards a Natural History of the Polype: In a Letter to Martin Folkes.* London: R. Dodsley.

Baker, Henry. 1764. *Employment for the Microscope: In Two Parts.* London: R. & J. Dodsley.

Baker, John R. 1949. "The Cell-Theory: A Restatement, History, and Critique." *Quarterly Journal of Microscopical Science* 90:87-108.

Baker, John R. 1952. *Abraham Trembley of Geneva: Scientist and Philosopher, 1710-1784.* London: Edward Arnold.

Baker, John R. 2008. "Trembley, Abraham." In *Complete Dictionary of Scientific Biography.* Edited by Charles C. Gillispie. New York, NY: Scribner

Ball, Philip. 2019. *How to Grow a Human: Adventures in How We Are Made and Who We Are.* Chicago, IL: University of Chicago Press.

Bandouchova, Hana, Tomáš Bartoni ka, Hana Berkova, Jiri Brichta, Tomasz Kokurewicz, Veronika Kovacova, Petr Linhart, and others. 2018. "Alterations in the Health of Hibernating Bats Under Pathogen Pressure." *Scientific Reports* 8. doi:10.1038/s41598-018-24461-5.

Barge, Laura M., and Lauren M. White. 2017. "Experimentally Testing Hydrothermal Vent Origin of Life on Enceladus and Other Icy/Ocean Worlds." *Astrobiology* 17:820-33.

Barge, Laura M., Erika Flores, Marc M. Baum, David G. VanderVelde, and Michael J. Russell. 2019. "Redox and pH Gradients Drive Amino Acid Synthesis in Iron Oxyhydroxide Mineral Systems." *Proceedings of the National Academy of Sciences* 116:4828-33.

Barge, Laura M., Silvana S. S. Cardoso, Julyan H. E. Cartwright, Geoffrey J. T. Cooper, Leroy Cronin, Anne De Wit, Ivria J. Doloboff, and others. 2015. "From Chemical Gardens to Chemobrionics." Chemical Reviews 115:8652-703.

Barnett, James A., and Frieder W. Lichtenthaler. 2001. "A History of Research on Yeasts 3: Emil Fischer, Eduard Buchner and Their Contemporaries, 1880-1900." *Yeast* 18:363-88.

Baross, John A., and Sarah E. Hoffman. 1985. "Submarine Hydrothermal Vents and Associated Gradient Environments as Sites for the Origin and Evolution of Life." *Origins of Life and Evolution of the Biosphere* 15:327-45.

Beale, Lionel S. 1870. *Protoplasm: Or, Life, Force, and Matter.* London: J. Churchill.

Beck, Curt W. 1960. "Georg Ernst Stahl, 1660-1734." *Journal of Chemical Education* 37. doi:10.1021/ed037p506.

Beecher, Henry K. 1968. "A Definition of Irreversible Coma: Report of the Ad Hoc Committee of the Harvard Medical School to Examine the Definition of Brain Death." *Journal of the American Medical Association* 205:337-40.

Benner, Steven A. 2017. "Detecting Darwinism from Molecules in the Enceladus Plumes,

Jupiter's Moons, and Other Planetary Water Lagoons." *Astrobiology* 17:840-51.

Bergson, Henri. 1911. New York: Henry Holt.

Bernal, John D. 1949. "The Physical Basis of Life." *Proceedings of the Physical Society Section B* 62:597-618.

Bernat, James L. 2019. "Refinements in the Organism as a Whole Rationale for Brain Death." *Linacre Quarterly* 86:347-58.

Bernat, James L., and Anne L. D. Ave. 2019. "Aligning the Criterion and Tests for Brain Death." *Cambridge Quarterly of Healthcare Ethics* 28:635-41.

Bernat, James L., Charles M. Culver, and Bernard Gert. 1981. "On the Definition and Criterion of Death." *Annals of Internal Medicine* 94:389-94.

Bernier, Chad R., Anton S. Petrov, Nicholas A. Kovacs, Petar I. Penev, and Loren D. Williams. 2018. "Translation: The Universal Structural Core of Life." *Molecular Biology and Evolution* 35:2065-76.

Berrien, Hank. 2017. "Shapiro Rips Wendy Davis For Claiming Life Beginning At Conception Is 'Absurd'." *The Daily Wire*, April 30. https://www.dailywire.com/news/shapiro-rips-wendy-davis-claiming-life-beginning-hank-berrien (accessed June 8, 2020).

Berrios, Germán E., and Rogelio Luque. 1995. "Cotard's Delusion or Syndrome?: A Conceptual History." *Comprehensive Psychiatry* 36:218-23.

Berrios, Germán E., and Rogelio Luque. 1999. "Cotard's 'On Hypochondriacal Delusions in a Severe Form of Anxious Melancholia'." *History of Psychiatry* 10:269-78.

Bich, Leonardo, and Sara Green. 2018. "Is Defining Life Pointless? Operational Definitions at the Frontiers of Biology." *Synthese* 195:3919-46.

Bichat, Xavier. 1815. *Physiological Researches on Life and Death*. London: Longman.

Blackshaw, Bruce P., and Daniel Rodger. 2019. "The Problem of Spontaneous Abortion: Is the Pro-Life Position Morally Monstrous?" *New Bioethics* 25:103-20.

Blackstone, William. 2016. *The Oxford Edition of Blackstone's: Commentaries on the Laws of England*. Oxford: Oxford University Press.

Boback, Scott M., Katelyn J. McCann, Kevin A. Wood, Patrick M. McNeal, Emmett L. Blankenship, and Charles F. Zwemer. 2015. "Snake Constriction Rapidly Induces Circulatory Arrest in Rats." *Journal of Experimental Biology* 218:2279-88.

Boerma, David B., Kenneth S. Breuer, Tim L. Treskatis, and Sharon M. Swartz. 2019.

"Wings as Inertial Appendages: How Bats Recover from Aerial Stumbles." *Journal of Experimental Biology* 222. doi:10.1242/jeb.204255.

Bölsche, Wilhelm, and Joseph McCabe. 1906. "Haeckel, His Life and Work." London: T. F. Unwin.

Bond, George D. 1980. "Theravada Buddhism's Meditations on Death and the Symbolism of Initiatory Death." *History of Religions* 19:237-58.

Bondeson, Jan. 2001. *Buried Alive: The Terrifying History of Our Most Primal Fear*. New York, NY: Norton.

Bos, Lute. 1999. "Beijerinck's Work on Tobacco Mosaic Virus: Historical Context and Legacy." *Philosophical Transactions of the Royal Society B* 354:675-85.

Boussard, Aurèle, Julie Delescluse, Alfonso Pérez-Escudero, and Audrey Dussutour. 2019. "Memory Inception and Preservation in Slime Moulds: The Quest for a Common Mechanism." *Philosophical Transactions of the Royal Society B* 374. doi:10.1098/rstb.2018.0368.

Boyce, Adrian J., M. L. Coleman, and Michael Russell. 1983. "Formation of Fossil Hydrothermal Chimneys and Mounds from Silvermines, Ireland." *Nature* 306:545-50.

Boyles, Justin G., Esmarie Boyles, R. K. Dunlap, Scott A. Johnson, and Virgil Brack Jr. 2017. "Long-Term Microclimate Measurements Add Further Evidence That There Is No 'Optimal' Temperature for Bat Hibernation." *Mammalian Biology* 86:9-16.

Boyles, Justin G., Joseph S. Johnson, Anna Blomberg, and Thomas M. Lilley. 2019. "Optimal Hibernation Theory." *Mammal Review* 50:91-100.

Bradford, H. F. 1987. "A Scientific Odyssey: An Appreciation of Albert Szent-Györgyi." *Trends in Biochemical Sciences* 12:344-7.

Branscomb, Elbert, and Michael J. Russell. 2018a. "Frankenstein or a Submarine Alkaline Vent: Who Is Responsible for Abiogenesis?: Part 1: What Is Life―That It Might Create Itself?" *BioEssays* 40. doi:10.1002/bies.201700179.

Branscomb, Elbert, and Michael J. Russell. 2018b. "Frankenstein or a Submarine Alkaline Vent: Who Is Responsible for Abiogenesis?: Part 2: As Life Is Now, So It Must Have Been in the Beginning." *BioEssays* 40. doi:10.1002/bies.201700182.

Brazil, Rachel. 2017. "Hydrothermal Vents and the Origins of Life." *Chemistry World*, April 16. https://www.chemistryworld.com/features/hydrothermal-vents-and-the-origins-of-life/3007088.article (accessed June 8, 2020).

Breitbart, Mya, Chelsea Bonnain, Kema Malki, and Natalie A. Sawaya. 2018. "Phage Puppet Masters of the Marine Microbial Realm." *Nature Microbiology* 3:754-66.

Brewer, E. N., Susumu Kuraishi, Joseph C. Garver, and Frank M. Strong. 1964. "Mass Culture of a Slime Mold, *Physarum polycephalum.*" *Journal of Applied Microbiology* 12:161-4.

Broda, Engelbert. 1980. "Alexander Ivanovich Oparin (1894-1980)." *Trends in Biochemical Sciences* 5:IV-V.

Buchanan, John Y. 1876. "Preliminary Report to Professor Wyville Thomson, F. R. S., Director of the Civilian Scientific Staff, on Work (Chemical and Geological) Done on Board H. M. S. 'Challenger'." *Proceedings of the Royal Society* 24:593-623.

Buchner, Eduard. 1907. "Nobel Lecture: Cell-Free Fermentation" *The Nobel Prize*, December 11. https://www.nobelprize.org/prizes/chemistry/1907/buchner/lecture/ (accessed June 8, 2020).

Bud, Robert. 2013. "Life, DNA and the Model." *British Journal for the History of Science* 46:311-34.

Burke, John B. (n.d.). MS Archives of the Royal Literary Fund. *Nineteenth Century Collections Online.*

Burke, John B. 1903. "The Radio-Activity of Matter." *Monthly Review* 13:115-31.

Burke, John B. 1905a. "On the Spontaneous Action of Radio-Active Bodies on Gelatin Media." *Nature* 72:78-9.

Burke, John B. 1905b. "The Origin of Life." *Fortnightly Review* 78:389-402.

Burke, John B. 1906. *The Origin of Life: Its Physical Basis and Definition.* London: Chapman & Hall.

Burke, John B. 1931a. *The Emergence of Life.* London: Oxford University Press.

Burke, John B. 1931b. *The Mystery of Life.* London: Elkin Mathews & Marrot.

Burkhardt, Frederick, Duncan M. Porter, Sheila A. Dean, Jonathan R. Topham, and Sarah Wilmot. 1999. *The Correspondence of Charles Darwin: Volume 11, 1863.* Cambridge: Cambridge University Press.

Burns, Russell M., and Barbara H. Honkala. 1990. "Silvics of North America." In *Agriculture Handbook 654.* Washington, D. C.: U. S. Department of Agriculture.

"The Cambridge Radiobes." *The New York Tribune*, July 2, 1905, p. 11.

Campbell, George G. 1877. *Log-Letters from "The Challenger."* London: Macmillan.

Campbell, Norman R. 1906. "Sensationalism and Science." *National Review* 48:89-99.

Campos, Luis. 2006. "Radium and the Secret of Life." PhD dissertation, Harvard University.

Campos, Luis. 2007. "The Birth of Living Radium." *Representations* 97:1-27.

Campos, Luis. 2015. *Radium and the Secret of Life*. Chicago, IL: University of Chicago Press.

Cannone, Nicoletta, T. Corinti, Francesco Malfasi, P. Gerola, Alberto Vianelli, Isabella Vanetti, S. Zaccara, and others. 2017. "Moss Survival Through *in situ* Cryptobiosis After Six Centuries of Glacier Burial." *Scientific Reports* 7. doi:10.1038/s41598-017-04848-6.

Caramazza, Alfonso, and Jennifer R. Shelton. 1998. "Domain-Specific Knowledge Systems in the Brain the Animate-Inanimate Distinction." *Journal of Cognitive Neuroscience* 10:1-34.

Carpenter, William B. 1864. "On the Structure and Affinities of *Eozoon canadense*." *Proceedings of the Royal Society* 13:545-9.

Carr, Christopher E., Noelle C. Bryan, Kendall N. Saboda, Srinivasa A. Bhattaru, Gary Ruvkun, and Maria T. Zuber. 2020. "Nanopore Sequencing at Mars, Europa and Microgravity Conditions." doi:10.1101/2020.01.09.899716.

Cavalazzi, Barbara, and Frances Westall. 2019. *Biosignatures for Astrobiology*. Cham: Springer International Publishing.

Cavendish Library. 1910. *A History of the Cavendish Laboratory 1871-1910*. London: Longmans, Green & Co.

Chadarevian, Soraya de. 2003. "Portrait of a Discovery: Watson, Crick, and the Double Helix." *Isis* 94:90-105.

Chakrabarti, Ajoy C., Ronald R. Breaker, Gerald F. Joyce, and David W. Deamer. 1994. "Production of RNA by a Polymerase Protein Encapsulated Within Phospholipid Vesicles." *Journal of Molecular Evolution* 39:555-9.

Chatterjee, Seshadri S., and Sayantanava Mitra. 2015. "'I Do Not Exist'—Cotard Syndrome in Insular Cortex Atrophy." *Biological Psychiatry* 77:e52-3.

Choblet, Gaël, Gabriel Tobie, Christophe Sotin, Marie Běhounková, Ondřej Čadek, Frank Postberg, and Ondřej Souček. 2017. "Powering Prolonged Hydrothermal Activity Inside Enceladus." *Nature Astronomy* 1:841-7.

Choi, Charles Q. 2016. "Mars Life? 20 Years Later, Debate Over Meteorite Continues." *Space.com*, August 10. https://www.space.com/33690-allen-hills-mars-meteorite-alien-life-20-years.html (accessed July 25, 2020).

Cipriani, Gabriele, Angelo Nuti, Sabrina Danti, Lucia Picchi, and Mario Di Fiorino. 2019. "'I Am Dead': Cotard Syndrome and Dementia." *International Journal of Psychiatry in Clinical Practice* 23:149-56.

Ćirkovi , Milan M. 2018. *The Great Silence: Science and Philosophy of Fermi's Paradox*. New York, NY: Oxford University Press.

"City Chatter." *Sunday Times*, June 25, 1905, p. 3.

Clark, Jim, and Edward F. Haskins. 2010. "Reproductive Systems in the Myxomycetes: a Review." *Mycosphere* 1:337-353.

Clegg, James S. 2001. "Cryptobiosis—A Peculiar State of Biological Organization." *Comparative Biochemistry and Physiology Part B* 128:613-24.

Cleland, Carol E. 1984. "Space: An Abstract System of Non-Supervenient Relations." *Philosophical Studies: An International Journal for Philosophy in the Analytic Tradition* 46:19-40.

Cleland, Carol E. 1993. "Is the Church-Turing Thesis True?" *Minds and Machines* 3:283-312.

Cleland, Carol E. 1997. "Standards of Evidence: How High for Ancient Life on Mars?" *The Planetary Report* 17:20-1.

Cleland, Carol E. 2019a. *The Quest for a Universal Theory of Life: Searching for Life as We Don't Know It*. New York, NY: Cambridge University Press.

Cleland, Carol E. 2019b. "Moving Beyond Definitions in the Search for Extraterrestrial Life." *Astrobiology* 19:722-9.

Clément, Raphaël. 2015. "Stéphane Leduc and the Vital Exception in the Life Sciences." arXiv:1512.03660.

Clinton, William J. 1996. "President Clinton Statement Regarding Mars Meteorite Discovery." Jet Propulsion Laboratory, August 7. https://www2.jpl.nasa.gov/snc/clinton.html (accessed June 8, 2020).

"Clue to Chemistry of Heredity Found." *The New York Times*, June 13, 1953, p. 17.

"A Clue to the Beginning of Life on the Earth." *The World's Work*, November 1905, 11:6813-4.

Cobb, Matthew. 2015. *Life's Greatest Secret: The Race to Crack the Genetic Code*. New York, NY: Basic Books.

Connolly, Andrew C., Long Sha, J. S. Guntupalli, Nikolaas Oosterhof, Yaroslav O. Halchenko, Samuel A. Nastase, Matteo V. Di Oleggio Castello, and others. 2016. "How the Human Brain Represents Perceived Dangerousness or 'Predacity' of Animals." *Journal of Neuroscience* 36:5373-84.

Cooper, Vaughn S., Taylor M. Warren, Abigail M. Matela, Michael Handwork, and Shani Scarponi. 2019. "EvolvingSTEM: A Microbial Evolution-in-Action Curriculum That Enhances Learning of Evolutionary Biology and Biotechnology." *Evolution: Education and Outreach* 12. doi:10.1186/s12052-019-0103-4

Cornish-Bowden, Athel, and María L. Cárdenas. 2020. "Contrasting Theories of Life: Historical Context, Current Theories. In Search of an Ideal Theory." *Biosystems* 188. doi:10.1016/j.biosystems.2019.104063.

Crick, Francis. 1966. *Of Molecules and Men: A Volume in The John Danz Lectures Series*. Seattle, WA: University of Washington Press.

Crick, Francis. 1982. *Life Itself: Its Origin and Nature*. New York, NY: Simon & Schuster.

Crick, Francis. 1988. *What Mad Pursuit: A Personal View of Scientific Discovery*. New York, NY: Basic Books.

Crippen, Tawni L., Mark E. Benbow, and Jennifer L. Pechal. 2015. "Microbial Interactions During Carrion Decomposition." In *Carrion Ecology, Evolution, and Their Applications*. Edited by Mark E. Benbow, Jeffery K. Tomberlin, and Aaron M. Tarone. Boca Raton, FL: CRC Press.

Cronin, Leroy, S. H. M. Mehr, and Jaros aw M. Granda. 2018. "Catalyst: The Metaphysics of Chemical Reactivity." *Chem* 4:1759-61.

Cryan, Paul M., Carol U. Meteyer, Justin Boyles, and David S. Blehert. 2010. "Wing Pathology of White-Nose Syndrome in Bats Suggests Life-Threatening Disruption of Physiology." *BMC Biology* 8. doi:10.1186/1741-7007-8-135.

Cugola, Fernanda R., Isabella R. Fernandes, Fabiele B. Russo, Beatriz C. Freitas, João L. M. Dias, Katia P. Guimarães, Cecília Benazzato, and others. 2016. "The Brazilian Zika Virus Strain Causes Birth Defects in Experimental Models." *Nature* 534:267-71.

Cunningham, Andrew. 2016. *The Anatomist Anatomis'd: An Experiment Discipline in*

Enlightenment Europe. London: Routledge.

Czapek, Friedrich. 1911. *Chemical Phenomena in Life*. London: Harper & Bros.

Damer, Bruce, and David Deamer. 2015. "Coupled Phases and Combinatorial Selection in Fluctuating Hydrothermal Pools: A Scenario to Guide Experimental Approaches to the Origin of Cellular Life." *Life* 5:872-87.

Damer, Bruce, and David Deamer. 2020. "The Hot Spring Hypothesis for an Origin of Life." *Astrobiology* 20:429-52.

Damer, Bruce, David Deamer, Martin Van Kranendonk, and Malcolm Walter. 2016. "An Origin of Life Through Three Coupled Phases in Cycling Hydrothermal Pools with Distribution and Adaptive Radiation to Marine Stromatolites." In *Proceedings of the 2016 Gordon Research Conference on the Origins of Life*.

Damer, Bruce. 2019. "David Deamer: Five Decades of Research on the Question of How Life Can Begin." *Life* 9. doi:10.3390/life9020036.

Darwin, Charles. 1871. *The Descent of Man, and Selection in Relation to Sex*. New York, NY: D. Appleton & Company.

Davies, Paul C. W. 2019. *The Demon in the Machine: How Hidden Webs of Information Are Solving the Mystery of Life*. Chicago, IL: University of Chicago Press.

Dawson, Virginia P. 1987. *Nature's Enigma: The Problem of the Polyp in the Letters of Bonnet, Trembley and Réaumur*. Philadelphia, PA: American Philosophical Society.

Dawson, Virginia P. 1991. "Regeneration, Parthenogenesis, and the Immutable Order of Nature." *Archives of Natural History* 18:309-21.

De Jong, Piet C. 1976. *Flowering and Sex Expression in Acer L.: A Biosystematic Study*. Wageningen: Veenman.

Deamer, David W. 1985. "Boundary Structures Are Formed by Organic Components of the Murchison Carbonaceous Chondrite." *Nature* 317:792-4.

Deamer, David W. 1998. "Daniel Branton and Freeze-Fracture Analysis of Membranes." *Trends in Cell Biology* 8:460-2.

Deamer, David W. 2010. "From 'Banghasomes' to Liposomes: A Memoir of Alec Bangham, 1921-2010." *FASEB Journal* 24:1308-10.

Deamer, David W. 2011. "Sabbaticals, Self-Assembly, and Astrobiology." *Astrobiology* 11:493-8.

Deamer, David W. 2012a. "Liquid Crystalline Nanostructures: Organizing Matrices for Non-Enzymatic Nucleic Acid Polymerization." *Chemical Society Reviews* 41:5375-9.

Deamer, David W. 2012b. *First Life: Discovering the Connections Between Stars, Cells, and How Life Began.* Berkeley, CA: University of California Press.

Deamer, David W. 2012c. "Membranes, Murchison, and Mars: An Encapsulated Life in Science." *Astrobiology* 12:616-7.

Deamer, David W. 2016. "Membranes and the Origin of Life: A Century of Conjecture." *Journal of Molecular Evolution* 83:159-68.

Deamer, David W. 2017a. "Conjecture and Hypothesis: The Importance of Reality Checks." *Beilstein Journal of Organic Chemistry* 13:620-4.

Deamer, David W. 2017b. "Darwin's Prescient Guess." *Proceedings of the National Academy of Sciences* 114:11264-5.

Deamer, David W. 2019. *Assembling Life: How Can Life Begin on Earth and Other Habitable Planets?* New York, NY: Oxford University Press.

Deamer, David W., and Alec D. Bangham. 1976. "Large Volume Liposomes by an Ether Vaporization Method." *Biochimica et Biophysica Acta* 443:629-34.

Deamer, David W., and Daniel Branton. 1967. "Fracture Planes in an Ice-Bilayer Model Membrane System." *Science* 158:655-7.

Deamer, David W., and Gail L. Barchfeld. 1982. "Encapsulation of Macromolecules by Lipid Vesicles Under Simulated Prebiotic Conditions." *Journal of Molecular Evolution* 18:203-6.

Deamer, David W., Bruce Damer, and Vladimir Kompanichenko. 2019. "Hydrothermal Chemistry and the Origin of Cellular Life." *Astrobiology* 19:1523-37.

Deamer, David W., Mark Akeson, and Daniel Branton. 2016. "Three Decades of Nanopore Sequencing." *Nature Biotechnology* 34:518-24.

Deamer, David W., Robert Leonard, Annette Tardieu, and Daniel Branton. 1970. "Lamellar and Hexagonal Lipid Phases Visualized by Freeze-Etching." *Biochimica et Biophysica Acta* 219:47-60.

Debruyne, Hans, Michael Portzky, Frédérique Van Den Eynde, and Kurt Audenaert. 2009. "Cotard's Syndrome: A Review." *Current Psychiatry Reports* 11:197-202.

Delbrück, Max. 1970. "A Physicist's Renewed Look at Biology: Twenty Years Later." *Science*

168:1312-5.

Desmond, Adrian J. 1999. *Huxley: From Devil's Disciple to Evolution's High Priest*. New York, NY: Basic Books.

Devolder, Katrien, and John Harris. 2007. "The Ambiguity of the Embryo: Ethical Inconsistency in the Human Embryonic Stem Cell Debate." *Metaphilosophy* 38:153-69.

Di Giorgio, Elisa, Marco Lunghi, Francesca Simion, and Giorgio Vallortigara. 2017. "Visual Cues of Motion That Trigger Animacy Perception at Birth: The Case of Self-Propulsion." *Developmental Science* 20. doi:10.1111/desc.12394.

Diamond, Jared. 1994. "Dining with the Snakes." *Discover*, January 18. https://www. discovermagazine.com/the-sciences/dining-with-the-snakes (accessed June 8, 2020).

Dick, Steven J., and James E. Strick. 2004. *The Living Universe: NASA and the Development of Astrobiology*. New Brunswick, NJ: Rutgers University Press.

Dieguez, Sebastian. 2018. "Cotard Syndrome." *Frontiers of Neurology and Neuroscience* 42:23-34.

Dion, Moïra B., Frank Oechslin, and Sylvain Moineau. 2020. "Phage Diversity, Genomics and Phylogeny." *Nature Reviews Microbiology* 18:125-38.

Dolan, Chris. 2018. "Jahi McMath Has Died in New Jersey." *Dolan Law Firm*, June 29. https://dolanlawfirm.com/2018/06/jahi-mcmath-has-died-in-new-jersey/ (accessed June 8, 2020).

Doran, David, Marc Rodriguez-Garcia, Rebecca Turk-MacLeod, Geoffrey J. T. Cooper, and Leroy Cronin. 2017. "A Recursive Microfluidic Platform to Explore the Emergence of Chemical Evolution." Beilstein Journal of Organic Chemistry 13:1702-9.

Doran, David, Yousef M. Abul-Haija, and Leory Cronin. 2019. "Emergence of Function and Selection From Recursively Programmed Polymerisation Reactions in Mineral Environments." Angewandte Chemie International Edition 58:11253-6.

Douglas-Rudge, W. A. 1906. "The Action of Radium and Certain Other Salts on Gelatin." *Proceedings of the Royal Society A* 78:380-4.

Dussutour, Audrey, Tanya Latty, Madeleine Beekman, and Stephen J. Simpson. 2010. "Amoeboid Organism Solves Complex Nutritional Challenges." *Proceedings of the National Academy of Sciences* 107:4607-11.

Duval, Simon, Frauke Baymann, Barbara Schoepp-Cothenet, Fabienne Trolard, Guilhem

Bourrié, Olivier Grauby, Elbert Branscomb, and others. 2019. "Fougerite: The Not So Simple Progenitor of the First Cells." *Interface Focus* 9. doi:10.1098/rsfs.2019.0063.

Dyson, Ketaki K. 1978. *A Various Universe: A Study of the Journals and Memoirs of British Men and Women in the Indian Subcontinent, 1765-1856.* New York, NY: Oxford University Press.

Eccles, John C. 1967. "Book Review of 'Of Molecules and Men', by Frances Crick." *Zygon* 2:281-2.

El Hachem, Hady, Vincent Crepaux, Pascale May-Panloup, Philippe Descamps, Guillaume Legendre, and Pierre-Emmanuel Bouet. 2017. "Recurrent Pregnancy Loss: Current Perspectives." *International Journal of Women's Health* 9:331-45.

Engber, Daniel. 2017. "When the Lab Rat Is a Snake." *The New York Times*, May 17. https://www.nytimes.com/2017/05/17/magazine/when-the-lab-rat-is-a-snake.html (accessed June 8, 2020).

Engelhardt, Wladimir A., and Militza N. Ljubimowa. 1939. "Myosine and Adenosinetriphosphatase." *Nature* 144:668-9.

English, Jeremy. 2020. *Every Life Is on Fire: How Thermodynamics Explains the Origins of Living Things.* New York: Basic Books.

Ferguson, Gayle C., Frederic Bertels, and Paul B. Rainey. 2013. "Adaptive Divergence in Experimental Populations of *Pseudomonas fluorescens.* V. Insight Into the Niche Specialist Fuzzy Spreader Compels Revision of the Model Pseudomonas Radiation." *Genetics* 195:1319-35.

"A Filipino Scientist." *The Filipino*, 1906, 1:5.

Flynn, Kenneth M., Gabrielle Dowell, Thomas M. Johnson, Benjamin J. Koestler, Christopher M. Waters, and Vaughn S. Cooper. 2016. "Evolution of Ecological Diversity in Biofilms of *Pseudomonas aeruginosa* by Altered Cyclic Diguanylate Signaling." *Journal of Bacteriology* 198:2608-18.

Föller, Michael, Stephan M. Huber, and Florian Lang. 2008. "Erythrocyte Programmed Cell Death." *IUBMB Life* 60:661-8.

Forbes, James. 1813. *Oriental Memoirs: Selected and Abridged from a Series of Familiar Letters Written During Seventeen Years Residence in India: Including Observations on Parts of Africa and South America, and a Narrative of Occurrences in Four India Voyages: Illustrated by Engravings from Original Drawings.* London: White, Cochrane & Co.

Forterre, Patrick. 2016. "To Be or Not to Be Alive: How Recent Discoveries Challenge the Traditional Definitions of Viruses and Life." *Studies in History and Philosophy of Science Part C* 59:100-8.

Fox, Robert, and Cynthia McDaniel. 1982. "The Perception of Biological Motion by Human Infants." *Science* 218:486-7.

Fraser, James A., and Joseph Heitman. 2003. "Fungal Mating-Type Loci." *Current Biology* 13:R792-5.

Frixione, Eugenio. 2006. "Albrecht Von Haller (1708-1777)." *Journal of Neurology* 253:265-6.

Frixione, Eugenio. 2007. "Irritable Glue: The Haller-Whytt Controversy on the Mechanism of Muscle Contraction." In *Brain, Mind and Medicine: Essays in Eighteenth-Century Neuroscience.* Edited by Harry Whitaker, C. U. M. Smith, and Stanley Finger. Boston, MA: Springer.

Fry, Iris. 2000. *The Emergence of Life on Earth: A Historical and Scientific Overview.* New Brunswick, NJ: Rutgers University Press.

Gambarotto, Andrea. 2018. *Vital Forces, Teleology and Organization: Philosophy of Nature and the Rise of Biology in Germany.* Cham: Springer International Publishing.

Gao, Chao, Chen Liu, Daniel Schenz, Xuelong Li, Zili Zhang, Marko Jusup, Zhen Wang, and others. 2019. "Does Being Multi-Headed Make You Better at Solving Problems? A Survey of *Physarum*-Based Models and Computations." *Physics of Life Reviews* 29:1-26.

Gaut, Nathaniel J., Jose Gomez-Garcia, Joseph M. Heili, Brock Cash, Qiyuan Han, Aaron E. Engelhart, and Katarzyna P. Adamala. 2019. "Differentiation of Pluripotent Synthetic Minimal Cells via Genetic Circuits and Programmable Mating." doi:10.1101/712968.

Geison, Gerald L. 1969. "The Protoplasmic Theory of Life and the Vitalist-Mechanist Debate." *Isis* 60:272-92.

Giakoumelou, Sevi, Nick Wheelhouse, Kate Cuschieri, Gary Entrican, Sarah E. M. Howie, and Andrew W. Horne. 2016. "The Role of Infection in Miscarriage." *Human Reproduction Update* 22:116-33.

Gibson, Susannah. 2015. *Animal, Vegetable, Mineral?: How Eighteenth-Century Science Disrupted the Natural Order.* New York, NY: Oxford University Press.

Gignoux-Wolfsohn, Sarah A., Malin L. Pinsky, Kathleen Kerwin, Carl Herzog, Mackenzie Hall, Alyssa B. Bennett, Nina H. Fefferman, and others. 2018. "Genomic Signatures of Evolutionary Rescue in Bats Surviving White-Nose Syndrome." doi:10.1101/470294.

Gilbert, Walter. 1986. "Origin of Life: The RNA World." *Nature* 319. doi:10.1038/319618a0.

Gloag, Erin S., Christopher W. Marshall, Daniel Snyder, Gina R. Lewin, Jacob S. Harris, Sarah B. Chaney, Marvin Whiteley, and others. 2018. "The *Pseudomonas aeruginosa* Wsp Pathway Undergoes Positive Evolutionary Selection During Chronic Infection." doi:10.1101/456186.

Gloag, Erin S., Christopher W. Marshall, Daniel Snyder, Gina R. Lewin, Jacob S. Harris, Alfonso Santos-Lopez, Sarah B. Chaney, and others. 2019. "*Pseudomonas aeruginosa* Interstrain Dynamics and Selection of Hyperbiofilm Mutants During a Chronic Infection." *mBio* 10. doi:10.1128/mBio.01698-19.

Gonçalves, André, and Dora Biro. 2018. "Comparative Thanatology, an Integrative Approach: Exploring Sensory/Cognitive Aspects of Death Recognition in Vertebrates and Invertebrates." *Philosophical Transactions of the Royal Society B* 373. doi:10.1098/rstb.2017.0263.

Gonçalves, André, and Susana Carvalho. 2019. "Death Among Primates: A Critical Review of Non-Human Primate Interactions Towards Their Dead and Dying." *Biological Reviews* 94. doi:10.1111/brv.12512.

Gottlieb, Alma. 2004. *The Afterlife Is Where We Come from: The Culture of Infancy in West Africa*. Chicago, IL: University of Chicago Press.

Goulon, Maurice, P. Babinet, and N. Simon. 1983. "Brain Death or Coma Dépassé." In *Care of the Critically Ill Patient*. Edited by Jack Tinker and Maurice Rapin. Berlin: Springer-Verlag.

Graber, Raymond E., and William B. Leak. 1992. "Seed Fall in an Old-Growth Northern Hardwood Forest." *U. S. Department of Agriculture*. doi:10.2737/NE-RP-663.

Green, Douglas S. 1980. "The Terminal Velocity and Dispersal of Spinning Samaras." *American Journal of Botany* 67:1218-24.

Greene, D. F., and E. A. Johnson. 1992. "Fruit Abscission in *Acer saccharinum* with Reference to Seed Dispersal." *Canadian Journal of Botany* 70:2277-83.

Greene, D. F., and E. A. Johnson. 1993. "Seed Mass and Dispersal Capacity in Wind-

Dispersed Diaspores." *Oikos* 67:69-74.

Grizou, Jonathan, Laurie J. Points, Abhishek Sharma, and Leroy Cronin. 2019. "Exploration of Self-Propelling Droplets Using a Curiosity Driven Robotic Assistant." arXiv:1904.12635.

Grizou, Jonathan, Laurie J. Points, Abhishek Sharma, and Leroy Cronin. 2020. "A Curious Formulation Robot Enables the Discovery of a Novel Protocell Behavior." Science Advances 6. doi:10.1126/sciadv.aay4237.

Gromski, Piotr S., Jaros aw M. Granda, and Leroy Cronin. 2019. "Universal Chemical Synthesis and Discovery with 'The Chemputer'." Trends in Chemistry 2:4-12. *The Guardian*, May 25, 1905, p. 6.

Gulliver, George. 1873. "Tears and Care of Monkeys for the Dead." *Nature* 8. doi:10.1038/008103c0.

Haas, David M., Taylor J. Hathaway, and Patrick S. Ramsey. 2019. "Progestogen for Preventing Miscarriage in Women with Recurrent Miscarriage of Unclear Etiology." *Cochrane Database of Systematic Reviews*. doi:10.1002/14651858.CD003511.pub5.

Haase, Catherine G., Nathan W. Fuller, C. R. Hranac, David T. S. Hayman, Liam P. McGuire, Kaleigh J. O. Norquay, Kirk A. Silas, and others. 2019. "Incorporating Evaporative Water Loss into Bioenergetic Models of Hibernation to Test for Relative Influence of Host and Pathogen Traits on White-Nose Syndrome." *PLoS One* 14. doi:10.1371/journal.pone.0222311.

Haigh, Elizabeth. 1984. *Xavier Bichat and the Medical Theory of the Eighteenth Century (Medical History, Supplement No. 4)*. London: Wellcome Institute for the History of Medicine.

Haldane, John B. S. 1929. "The Origin of Life." Reprinted in *Origin of Life*. Edited by John D. Bernal. Cleveland, OH: World Publishing Company.

Haldane, John B. S. 1947. *What Is Life?* New York, NY: Boni & Gaer.

Haldane, John B. S. 1965. "Data Needed for a Blueprint of the First Organism." In *The Origins of Prebiological Systems and of their Molecular Matrices*. Edited by Sidney W. Fox. New York, NY: Academic Press.

Hale, William B. 1905. "Has Radium Revealed the Secret of Life?" *The New York Times*, July 16, 1905, p. 7.

Haller, Albrecht V., and O. Temkin. 1936. *A Dissertation on the Sensible and Irritable Parts of*

Animals. Baltimore, MD: Johns Hopkins University Press.

Harding, Carolyn. 1978. "Interview with Max Delbruck." *Caltech Institute Archives*, September 11. https://resolver.caltech.edu/CaltechOH:OH_Delbruck_M (accessed June 8, 2020).

Hargreaves, W. R., Sean J. Mulvihill, and David W. Deamer. 1977. "Synthesis of Phospholipids and Membranes in Prebiotic Conditions." *Nature* 266:78-80.

Hedenström, Anders, and L. C. Johansson. 2015. "Bat Flight: Aerodynamics, Kinematics and Flight Morphology." *Journal of Experimental Biology* 218:653-63.

Heider, Fritz, and Marianne Simmel. 1944. "An Experimental Study of Apparent Behavior." The American Journal of Psychology 57:243-59.

Hein, Hilde. 1972. "The Endurance of the Mechanism: Vitalism Controversy." *Journal of the History of Biology* 5:159-88. 3 6 9

Hendrix, Amanda R., Terry A. Hurford, Laura M. Barge, Michael T. Bland, Jeff S. Bowman, William Brinckerhoff, Bonnie J. Buratti, and others. 2019. "The NASA Roadmap to Ocean Worlds." *Astrobiology* 19:1-27.

Herbst, Charles C., and George R. Johnstone. 1937. "Life History of *Pelagophycus porra.*" *Botanical Gazette* 99:339-54.

Hesp, Casper, Maxwell J. D. Ramstead, Axel Constant, Paul Badcock, Michael Kirchhoff, and Karl J. Friston. 2019. "A Multi-Scale View of the Emergent Complexity of Life: A Free-Energy Proposal." In *Evolution, Development, and Complexity: Multiscale Models in Complex Adaptive Systems.* Edited by Georgi Y. Georgiev, John M. Smart, Claudio L. Flores Martinez, and Michael E. Price. Cham: Springer International Publishing.

Hintzsche, Erich, and Jörn H. Wolf. 1962. *Albrecht von Hallers Abhandlung über die Wirkung des Opiums auf den menschlichen Körper: übersetzt und erläutert.* Bern: Paul Haupt.

Hintzsche, Erich. 2008. "Haller, (Victor) Albrecht Von." In *Complete Dictionary of Scientific Biography.* Edited by Charles C. Gillispie. New York, NY: Scribner.

Hoffman, Friedrich. 1971. *Fundamenta medicinae.* Translated by Lester King. London: Macdonald.

Hordijk, Wim, Mike Steel, and Stuart A. Kauffman. 2019. "Molecular Diversity Required for the Formation of Autocatalytic Sets." *Life* 9:23.

Hordijk, Wim, Shira Shichor, and Gonen Ashkenasy. 2018. "The Influence of Modularity,

Seeding, and Product Inhibition on Peptide Autocatalytic Network Dynamics." *ChemPhysChem* 19:2437-44.

Hordijk, Wim. 2019. "A History of Autocatalytic Sets: A Tribute to Stuart Kauffman." *Biological Theory* 14:224-46.

Horowitz, Norman H. 1966. "The Search for Extraterrestrial Life." *Science* 151:789-92.

Hostiuc, Sorin, Mugurel C. Rusu, Ionu Negoi, Paula Perlea, Bogdan Doroban u, and Eduard Drima. 2019. "The Moral Status of Cerebral Organoids." *Regenerative Therapy* 10:118-22.

Houle, Gilles, and Serge Payette. 1991. "Seed Dynamics of *Abies balsamea* and *Acer saccharum* in a Deciduous Forest of Northeastern North America." *American Journal of Botany* 78:895-905.

Hovers, Erella, and Anna Belfer-Cohen. 2013. "Insights into Early Mortuary Practices of Homo."In *The Oxford Handbook of the Archaeology of Death and Burial*. Edited by Liv N. Stutz and Sarah Tarlow. Oxford: Oxford University Press.

Huang, Andrew P., and James L. Bernat. 2019. "The Organism as a Whole in an Analysis of Death." *The Journal of Medicine and Philosophy* 44:712-31.

Hubbs, Carl L., and Laura C. Hubbs. 1932. "Apparent Parthenogenesis in Nature, in a Form of Fish of Hybrid Origin." *Science* 76:628-30.

Huber, Christian G., and Agorastos Agorastos. 2012. "We Are All Zombies Anyway: Aggression in Cotard's Syndrome." *The Journal of Neuropsychiatry and Clinical Neurosciences*, 24. doi:10.1176/appi.neuropsych.11070155.

Hughes, Jeffrey W., and Timothy J. Fahey. 1988. "Seed Dispersal and Colonization in a Disturbed Northern Hardwood Forest." *Bulletin of the Torrey Botanical Club* 115:89-99.

Hunter, Graeme K. 2000. *Vital Forces: The Discovery of the Molecular Basis of Life*. London: Academic Press.

Hussain, Ashiq, Luis R. Saraiva, David M. Ferrero, Gaurav Ahuja, Venkatesh S. Krishna, Stephen D. Liberles, and Sigrun I. Korsching. 2013. "High-Affinity Olfactory Receptor. for the Death-Associated Odor Cadaverine." *Proceedings of the National Academy of Sciences* 110:19579-84.

Huxley, Thomas H. 1868. "On Some Organisms Living at Great Depths in the North Atlantic Ocean." *Quarterly Journal of Microscopical Science* 8:203-12.

Huxley, Thomas H. 1869. "On the Physical Basis of Life." *Fortnightly Review* 5:129-45.

Huxley, Thomas H. 1875. "Notes from the 'Challenger'." *Nature* 12:315-6.

Huxley, Thomas H. 1891. "Biology." In *Encyclopedia Britannica*. Philadelphia, PA: Maxwell Somerville.

Jarvis, Gavin E. 2016a. "Early Embryo Mortality in Natural Human Reproduction: What the Data Say." *F1000Research* 5. doi:10.12688/f1000research.8937.2.

Jarvis, Gavin E. 2016b. "Estimating Limits for Natural Human Embryo Mortality." *F1000Research* 5. doi:10.12688/f1000research.9479.1.

Javaux, Emmanuelle J. 2019. "Challenges in Evidencing the Earliest Traces of Life." *Nature* 572:451-60.

Johns, William D. 1979. "Clay Mineral Catalysis and Petroleum Generation." *Annual Review of Earth and Planetary Sciences* 7:183-98.

Johnson, Joseph S., Michael R. Scafini, Brent J. Sewall, and Gregory G. Turner. 2016. "Hibernating Bat Species in Pennsylvania use Colder Winter Habitats Following the Arrival of White-nose Syndrome." In *Conservation and Ecology of Pennsylvania's Bats*. Edited by Calvin M. Butchkoski, DeeAnn M. Reeder, Gregory G. Turner, and Howard P. Whidden. Pennsylvania Academy of Science.

Joyce, Gerald F. 1994. "Foreword." In *Origins of Life: The Central Concepts*. Edited by David W. Deamer and Gail R. Fleischaker. Boston, MA: Jones & Bartlett Publishers.

Kahana, Amit, Philippe Schmitt-Kopplin, and Doron Lancet. 2019. "Enceladus: First Observed Primordial Soup Could Arbitrate Origin-of-Life Debate." *Astrobiology* 19:1263-78.

Kasianowicz, John J., Eric Brandin, Daniel Branton, and David W. Deamer. 1996. "Characterization of Individual Polynucleotide Molecules Using a Membrane Channel." *Proceedings of the National Academy of Sciences* 93:13770-3.

Kauffman, Stuart A. 2019. *A World Beyond Physics: The Emergence and Evolution of Life*. Oxford: Oxford University Press.

Kay, Lily E. 1985. "Conceptual Models and Analytical Tools: The Biology of Physicist Max Delbrück." *Journal of the History of Biology* 18:207-46.

Keilin, David. 1959. "The Leeuwenhoek Lecture: The Problem of Anabiosis or Latent Life: History and Current Concept." *Proceedings of the Royal Society B* 150:149-91.

Kilmister, Clive W. 1987. *Schrödinger: Centenary Celebration of a Polymath*. Cambridge: Cambridge University Press.

King-Hele, Desmond. 1998. "The 1997 Wilkins Lecture: Erasmus Darwin, the Lunaticks and Evolution." *Notes and Records* 52:153-80.

King, William, and T. H. Rowney. 1869. "On the So-Called 'Eozoonal' Rock." *Quarterly Journal of the Geological Society* 25:115-8.

Kirschner, Marc, John Gerhart, and Tim Mitchison. 2000. "Molecular 'Vitalism.'" *Cell* 100:79-88.

Koch, Christof. 2019a. *The Feeling of Life Itself: Why Consciousness Is Widespread but Can't Be Computed*. Cambridge., MA: MIT Press.

Koch, Christof. 2019b. "Consciousness in Cerebral Organoids—How Would We Know?" *University of California Television*. https://www.youtube.com/watch?v=vMYnzTn0G1k (accessed June 8, 2020).

Kohler, Robert E. 1972. "The Reception of Eduard Buchner's Discovery of Cell-Free Fermentation." *Journal of the History of Biology* 5:327-53.

Kolb, Vera M. 2019. *Handbook of Astrobiology*. Boca Raton, FL: CRC Press.

Kompanichenko, Vladimir N. 2019. "Exploring the Kamchatka Geothermal Region in the Context of Life's Beginning." *Life* 9. doi:10.3390/life9020041.

Kompanichenko, Vladimir N., Valery A. Poturay, and K. V. Shlufman. 2015. "Hydrothermal Systems of Kamchatka Are Models of the Prebiotic Environment." *Origins of Life and Evolution of Biospheres* 45:93-103.

Kopparapu, Ravi K., Eric T. Wolf, and Victoria S. Meadows. 2019. "Characterizing Exoplanet Habitability." *arXiv*:1911.04441.

Kothe, Erika. 1996. "Tetrapolar Fungal Mating Types: Sexes by the Thousands." *FEMS Microbiology Reviews* 18:65-87.

Lampert, Kathrin P., and M. Schartl. 2008. "The Origin and Evolution of a Unisexual Hybrid: *Poecilia formosa*." *Philosophical Transactions of the Royal Society B* 363:2901-9.

Lancaster, Madeline A., Magdalena Renner, Carol-Anne Martin, Daniel Wenzel, Louise S. Bicknell, Matthew E. Hurles, Tessa Homfray, and others. 2013. "Cerebral Organoids Model Human Brain Development and Microcephaly." *Nature* 501:373-9.

Larsen, Gregory D. 2016. "The Peculiar Physiology of the Python." *Lab Animal* 45.

doi:10.1038/laban.1027.

Laskowski, Kate L., Carolina Doran, David Bierbach, Jens Krause, and Max Wolf. 2019. "Naturally Clonal Vertebrates Are an Untapped Resource in Ecology and Evolution Research." *Nature Ecology & Evolution* 3:161-9.

Lasser, Karen E., Kristin Mickle, Sarah Emond, Rick Chapman, Daniel A. Ollendorf, and Steven D. Pearson. 2018. "Inotersen and Patisiran for Hereditary Transthyretin Amyloidosis: Effectiveness and Value." *Institute for Clinical and Economic Review*, October 4. https://icer-review.org/wp-content/uploads/2018/02/ICER_Amyloidosis_Final_Evidence_Report_100418.pdf (accessed June 8, 2020).

Lazcano, Antonio, and Jeffrey L. Bada. 2003. "The 1953 Stanley L. Miller Experiment: Fifty Years of Prebiotic Organic Chemistry." *Origins of Life and Evolution of the Biosphere* 33:235-42.

Lazcano, Antonio. 2016. "Alexandr I. Oparin and the Origin of Life: A Historical Reassessment of the Heterotrophic Theory." *Journal of Molecular Evolution* 83:214-22.

Lederberg, Joshua. 1967. "Science and Man⋯The Legal Start of Life." *Washington Post*, July 1, 1967, p. A13.

Lee, Patrick, and Robert P. George. 2001. "Embryology, Philosophy, & Human Dignity." *National Review*, August 9. https://web.archive.org/web/20011217063957/http://www.nationalreview.com/comment/comment-leeprint080901.html (accessed June 8, 2020).

Lenhoff, Howard M., and Sylvia G. Lenhoff. 1988. "Trembley's Polyps." *Scientific American* 258:108-13.

Lenhoff, Sylvia G., and Howard M. Lenhoff. 1986. *Hydra and the Birth of Experimental Biology, 1744: Abraham Trembley's Memoires Concerning the Polyps*. Pacific Grove, CA: Boxwood Press.

Letelier, Juan-Carlos, María L. Cárdenas, and Athel Cornish-Bowden. 2011. "From L'Homme Machine to Metabolic Closure: Steps Towards Understanding Life." *Journal of Theoretical Biology* 286:100-13.

Levy, Steven. 1992. *Artificial Life: The Quest for a New Creation*. New York, NY: Pantheon Books.

Lewis, Clive S. 1947. *The Abolition of Man: Or, Reflections on Education with Special Reference to the Teaching of English in the Upper Forms of School*. New York, NY: Macmillan.

Lilley, Thomas M., Ian W. Wilson, Kenneth A. Field, DeeAnn M. Reeder, Megan E. Vodzak, Gregory G. Turner, Allen Kurta, and others. 2020. "Genome-Wide Changes in Genetic Diversity in a Population of *Myotis lucifugus* Affected by White-Nose Syndrome." *G3* 10:2007-20.

Liu, Daniel. 2017. "The Cell and Protoplasm as Container, Object, and Substance, 1835-1861." *Journal of the History of Biology* 50:889-925.

Liu, Li, Jiajing Wang, Danny Rosenberg, Hao Zhao, György Lengyel, and Dani Nadel. 2018. "Fermented Beverage and Food Storage in 13,000 Y-Old Stone Mortars at Raqefet Cave, Israel: Investigating Natufian Ritual Feasting." *Journal of Archaeological Science: Reports* 21:783-93.

López-García, Purificación, and David Moreira. 2012. "Viruses in Biology." *Evolution: Education and Outreach* 5:389-98.

Luisi, Pier L. 1998. "About Various Definitions of Life." Origins of Life and Evolution of the Biosphere 28:613-22.

Lynn, Michael R. 2001. "Haller, Albrecht Von." *eLS*. doi:10.1038/npg.els.0002941.

Macdougall, Doug. 2019. *Endless Novelties of Extraordinary Interest: The Voyage of H. M. S. Challenger and the Birth of Modern Oceanography*. New Haven, CT: Yale University Press.

Machado, Calixto. 2005. "The First Organ Transplant from a Brain-Dead Donor." *Neurology* 64:1938-42.

Macleod, Gordon, Christopher McKeown, Allan J. Hall, and Michael J. Russell. 1994. "Hydrothermal and Oceanic pH Conditions of Possible Relevance to the Origin of Life." *Origins of Life and Evolution of the Biosphere* 24:19-41.

Maehle, Andreas-Holger. 1999. *Drugs on Trial: Experimental Pharmacology and Therapeutic Innovation in the Eighteenth Century*. Amsterdam: Rodopi.

Maienschein, Jane. 2014. "Politics in Your DNA." *Slate*, June 10. https://slate.com/technology/2014/06/personhood-movement-chimeras-how-biology-complicates-politics.html (accessed June 8, 2020).

Manninen, Bertha A. 2012. "Beyond Abortion: The Implications of Human Life Amendments." *Journal of Social Philosophy* 43:140-60.

Marchetto, Maria C. N., Cassiano Carromeu, Allan Acab, Diana Yu, Gene W. Yeo, Yangling

Mu, Gong Chen, and others. 2010. "A Model for Neural Development and Treatment of Rett Syndrome Using Human Induced Pluripotent Stem Cells." *Cell* 143:527-39.

Mariscal, Carlos, Ana Barahona, Nathanael Aubert-Kato, Arsev U. Aydinoglu, Stuart Bartlett, María L. Cárdenas, Kuhan Chandru, and others. 2019. "Hidden Concepts in the History and Philosophy of Origins-of-Life Studies: A Workshop Report." *Origins of Life and Evolution of the Biosphere* 49:111-45.

Mariscal, Carlos, and W. F. Doolittle. 2018. "Life and Life Only: A Radical Alternative to Life Definitionism." *Synthese*. doi:10.1007/s11229-018-1852-2.

Marshall, Stuart M., Douglas Moore, Alastair R. G. Murray, Sara I. Walker, and Leroy Cronin. 2019. "Quantifying the Pathways to Life Using Assembly Spaces." arXiv:1907.04649.

Marshall, Stuart, et al. In preparation. "Identifying Molecules as Biosignatures with Assembly Theory and Mass Spectrometry." Manuscript in preparation.

Maruyama, Koscak. 1991. "The Discovery of Adenosine Triphosphate and the Establishment of Its Structure." *Journal of the History of Biology* 24:145-54.

McGrath, Larry. 2013. "Bergson Comes to America." *Journal of the History of Ideas* 74:599-620.

McGraw, Donald J. 1974. "Bye-Bye Bathybius: The Rise and Fall of a Marine Myth." *Bios* 45:164-71.

McInnis, Brian I. 2016. "Haller, Unzer, and Science as Process." In *The Early History of Embodied Cognition 1740-1920: The Lebenskraft-Debate and Radical Reality in German Science, Music, and Literature*. Edited by John A. McCarthy, Stephanie M. Hilger, Heather I. Sullivan, and Nicholas Saul. Leiden: Brill.

McKaughan, Daniel J. 2005. "The Influence of Niels Bohr on Max Delbrück: Revisiting the Hopes Inspired by 'Light and Life'." *Isis* 96:507-29.

McKay, David S., Everett K. Gibson Jr., Kathie L. Thomas-Keprta, Hojatollah Vali, Christopher S. Romanek, Simon J. Clemett, Xavier D. F. Chillier, and others. 1996. "Search for Past Life on Mars: Possible Relic Biogenic Activity in Martian Meteorite ALH84001." *Science* 273:924-30.

McNab, Brian K. 1969. "The Economics of Temperature Regulation in Neutropical Bats." *Comparative Biochemistry and Physiology* 31:227-68.

Meierhenrich, Uwe J. 2012. "Life in Its Uniqueness Remains Difficult to Define in Scientific Terms." *Journal of Biomolecular Structure and Dynamics* 29:641-2.

Mesci, Pinar, Angela Macia, Spencer M. Moore, Sergey A. Shiryaev, Antonella Pinto, Chun-Teng Huang, Leon Tejwani, and others. 2018. "Blocking Zika Virus Vertical Transmission." *Scientific Reports* 8. doi:10.1038/s41598-018-19526-4.

Mesler, Bill, and H. J. Cleaves II. 2015. *A Brief History of Creation: Science and the Search for the Origin of Life*. New York, NY: Norton.

Miller, Stanley L. 1974. "The First Laboratory Synthesis of Organic Compounds Under Primitive Earth Conditions." In *The Heritage Copernicus: Theories "Pleasing to the Mind."* Edited by Jerzy Neyman. Cambridge, MA: MIT Press.

Miller, Stanley L., J. W. Schopf, and Antonio Lazcano. 1997. "Oparin's 'Origin of Life': Sixty Years Later." *Journal of Molecular Evolution* 44:351-3.

Milshteyn, Daniel, Bruce Damer, Jeff Havig, and David Deamer. 2018. "Amphiphilic Compounds Assemble into Membranous Vesicles in Hydrothermal Hot Spring Water but Not in Seawater." *Life* 8. doi:10.3390/life8020011.

Miras, Haralampos N., Cole Mathis, Weimin Xuan, De-Liang Long, Robert Pow, and Leroy Cronin. 2019. "Spontaneous Formation of Autocatalytic Sets with Self-Replicating Inorganic Metal Oxide Clusters." Proceedings of the National Academy of Sciences 117:10699-705.

Mollaret, Pierre, and Maurice Goulon. 1959. "Le coma dépassé." *Revue Neurologique* 101:3-15.

Mommaerts, Wilfried F. 1992. "Who Discovered Actin?" *BioEssays* 14:57-9.

Moniruzzaman, Mohammad, Carolina A. Martinez-Gutierrez, Alaina R. Weinheimer, and Frank O. Aylward. 2020. "Dynamic Genome Evolution and Complex Virocell Metabolism of Globally-Distributed Giant Viruses." *Nature Communications* 11. doi:10.1038/s41467-020-15507-2.

Moore, Marianne S., Kenneth A. Field, Melissa J. Behr, Gregory G. Turner, Morgan E. Furze, Daniel W. F. Stern, Paul R. Allegra, and others. 2018. "Energy Conserving Thermoregulatory Patterns and Lower Disease Severity in a Bat Resistant to the Impacts of White-Nose Syndrome." *Journal of Comparative Physiology B* 188:163-76.

Moradali, M. F., Shirin Ghods, and Bernd H. A. Rehm. 2017. "*Pseudomonas aeruginosa*

Lifestyle: A Paradigm for Adaptation, Survival, and Persistence." *Frontiers in Cellular and Infection Microbiology* 7. doi:10.3389/fcimb.2017.00039.

Mortensen, Jens. 2020. "Six Months of Coronavirus: Here's Some of What We've Learned." *The New York Times*, June 18. https://www.nytimes.com/article/coronavirus-facts-history.html (accessed July 25, 2020).

Moseley, Henry N. 1892. *Notes by a Naturalist: An Account of Observations Made During the Voyage of H. M. S. "Challenger" Round the World in the Years 1872-1876*. New York, NY: Putnam.

Moss, Helen E., Lorraine K. Tyler, and Fábio Jennings. 1997. "When Leopards Lose Their Spots: Knowledge of Visual Properties in Category-Specific Deficits for Living Things." *Cognitive Neuropsychology* 14:901-50.

Moss, Ralph W. 1988. *Free Radical: Albert Szent-Gyorgyi and the Battle over Vitamin C*. New York, NY: Paragon House.

"Mr. J. B. Butler Burke." *The Times (London)*, January 16, 1946, p. 6.

Mullen, Leslie. 2013. "Forming a Definition for Life: Interview with Gerald Joyce." *Astrobiology Magazine*, July 25. https://www.astrobio.net/origin-and-evolution-of-life/forming-a-definition-for-life-interview-with-gerald-joyce/ (accessed June 8, 2020).

Muller, Hermann J. 1929. "The Gene as the Basis of Life." *Proceedings of the International Congress of Plant Sciences* 1:879-921.

Murray, John. 1876. "Preliminary Reports to Professor Wyville Thomson, F. R. S., Director of the Civilian Scientific Staff, on Work Done on Board the 'Challenger'." *Proceedings of the Royal Society* 24:471-544.

Nair-Collins, Michael, Jesse Northrup, and James Olcese. 2016. "Hypothalamic-Pituitary Function in Brain Death: A Review." *Journal of Intensive Care Medicine* 31:41-50.

Nair-Collins, Michael. 2018. "A Biological Theory of Death: Characterization, Justification, and Implications." *Diametros* 55:27-43.

Nairne, James S., Joshua E. VanArsdall, and Mindi Cogdill. 2017. "Remembering the Living: Episodic Memory Is Tuned to Animacy." *Current Directions in Psychological Science* 26:22-7.

Navarro-Costa, Paulo, and Rui G. Martinho. 2020. "The Emerging Role of Transcriptional Regulation in the Oocyte-to-Zygote Transition." *PLoS Genetics* 16. doi:10.1371/journal.

pgen.1008602.

Neaves, William. 2017. "The Status of the Human Embryo in Various Religions." *Development* 144:2541-3.

Needham, Joseph. 1925. "The Philosophical Basis of Biochemistry." *Monist* 35:27-48.

Nicholson, Daniel J., and Richard Gawne. 2015. "Neither Logical Empiricism Nor Vitalism, but Organicism: What the Philosophy of Biology Was." *History and Philosophy of the Life Sciences* 37:345-81.

Nobis, Nathan, and Kristina Grob. 2019. *Thinking Critically About Abortion: Why Most Abortions Aren't Wrong & Why All Abortions Should Be Legal.* Open Philosophy Press.

Noonan Jr., John T. 1967. "Abortion and the Catholic Church: A Summary History." *American Journal of Jurisprudence* 12:85-131.

Normandin, Sebastian, and Charles T. Wolfe. 2013. *Vitalism and the Scientific Image in Post-Enlightenment Life Science, 1800-2010.* New York, NY: Springer.

"Obituary Notices of Fellows Deceased." *Proceedings of the Royal Society*, January 1, 1895. doi:10.1098/rspl.1895.0002.

O'Brien, Charles F. 1970. "*Eozoön canadense*: 'The Dawn Animal of Canada'." *Isis* 61:206-23.

Oberhaus, Daniel. 2019. "A Crashed Israeli Lunar Lander Spilled Tardigrades on the Moon." *WIRED*, August 5. https://www.wired.com/story/a-crashed-israeli-lunar-lander-spilled-tardigrades-on-the-moon/ (accessed June 8, 2020).

Oettmeier, Christina, Klaudia Brix, and Hans-Günther Döbereiner. 2017. "*Physarum polycephalum*—A New Take on a Classic Model System." *Journal of Physics D* 50. doi:10.1088/1361-6463/aa8699.

Ohl, Christiane, and Wilhelm Stockem. 1995. "Distribution and Function of Myosin II as a Main Constituent of the Microfilament System in *Physarum polycephalum*." *European Journal of Protistology* 31:208-22.

Olby, Robert. 2009. *Francis Crick: Hunter of Life's Secrets.* Cold Spring Harbor, NY: Cold Spring Harbor Laboratory Press.

Oparin, Alexander I. 1924. "The Origin of Life." In *The Origin of Life.* Edited by John D. Bernal. Cleveland, OH: World Publishing Company.

Oparin, Alexander I. 1938. *The Origin of Life.* New York, NY: Macmillan.

Orgel, Leslie E. 1968. "Evolution of the Genetic Apparatus." *Journal of Molecular Biology*

38:381-93.

"Oriental Memoirs." *Monthly Magazine*, January 29, 1814, 36:577-618.

"The Origin of Life." *Cambridge Independent Press*, June 23, 1905, p. 3.

Packard, Alpheus S. 1876. *Life Histories of Animals, Including Man: Or, Outlines of Comparative Embryology*. New York, NY: Henry Holt and Company.

Palacios, Ensor R., Adeel Razi, Thomas Parr, Michael Kirchhoff, and Karl Friston. 2020. "On Markov Blankets and Hierarchical Self-Organisation." *Journal of Theoretical Biology* 486:110089.

Paleos, Constantinos M. 2015. "A Decisive Step Toward the Origin of Life." *Trends in Biochemical Sciences* 40:487-8.

Parrilla-Gutierrez, Juan M., Soichiro Tsuda, Jonathan Grizou, James Taylor, Alon Henson, and Leroy Cronin. 2017. "Adaptive Artificial Evolution of Droplet Protocells in a 3D-Printed Fluidic Chemorobotic Platform with Configurable Environments." Nature Communications 8. doi:10.1038/s41467-017-01161-8.

Peabody, C. A. 1882. "Marriage and Its Duties." *The Daily Journal (Montpellier)*, November 8, 1882, p. 4.

Peattie, Donald C. 1950. *A Natural History of Trees of Eastern and Central North America*. Boston, MA: Houghton Mifflin.

Peck, Carol J., and Nels R. Lersten. 1991a. "Samara Development of Black Maple (*Acer saccharum* Ssp. *nigrum*) with Emphasis on the Wing." *Canadian Journal of Botany* 69:1349-60.

Peck, Carol J., and Nels R. Lersten. 1991b. "Gynoecial Ontogeny and Morphology, and Pollen Tube Pathway in Black Maple, *Acer saccharum* Ssp. *nigrum* (*Aceraceae*)." *American Journal of Botany* 78:247-59.

Penning, David A., Schuyler F. Dartez, and Brad R. Moon. 2015. "The Big Squeeze: Scaling of Constriction Pressure in Two of the World's Largest Snakes, Python reticulatus and Python molurus bivittatus." *Journal of Experimental Biology* 218:3364-7.

Peretó, Juli, Jeffrey L. Bada, and Antonio Lazcano. 2009. "Charles Darwin and the Origin of Life." *Origins of Life and Evolution of Biospheres* 39:395-406.

Perry, Blair W., Audra L. Andrew, Abu H. M. Kamal, Daren C. Card, Drew R. Schield, Giulia I. M. Pasquesi, Mark W. Pellegrino, and others. 2019. "Multi-Species Comparisons of

Snakes Identify Coordinated Signalling Networks Underlying Post-Feeding Intestinal Regeneration." *Proceedings of the Royal Society B* 286. doi:10.1098/rspb.2019.0910.

Peters Jr., Philip G. 2006. "The Ambiguous Meaning of Human Conception." *U. C. Davis Law Review* 40:199-228.

Pettitt, Paul B. 2018. "Hominin Evolutionary Thanatology from the Mortuary to Funerary Realm: The Palaeoanthropological Bridge Between Chemistry and Culture." *Philosophical Transactions of the Royal Society B* 373. doi:10.1098/rstb.2018.0212.

Pfeiffer, Burkard, and Frieder Mayer. 2013. "Spermatogenesis, Sperm Storage and Reproductive Timing in Bats." *Journal of Zoology* 289:77-85.

Phillips, R. 2020. "Schrodinger's 'What is Life?' at 75: Back to the Future." Manuscript.

Pierpont, W. S. 1999. "Norman Wingate Pirie: 1 July 1907-29 March 1997." *Biographical Memoirs of Fellows of the Royal Society* 45:399-415.

Pirie, Norman W. 1937. "The Meaningless of the Terms Life and Living." In *Perspectives in Biochemistry: Thirty-One Essays Presented to Sir Frederick Gowland Hopkins by Past and Present Members of His Laboratory*. Edited by Joseph Needham and David E. Green. Cambridge: Cambridge University Press.

Points, Laurie J., James W. Taylor, Jonathan Grizou, Kevin Donkers, and Leroy Cronin. 2018. "Artificial Intelligence Exploration of Unstable Protocells Leads to Predictable Properties and Discovery of Collective Behavior." Proceedings of the National Academy of Sciences 115. doi:10.1073/pnas.1711089115.

Poltak, Steffen R., and Vaughn S. Cooper. 2011. "Ecological Succession in Long-Term Experimentally Evolved Biofilms Produces Synergistic Communities." *ISME Journal* 5:369-78.

Popa, Radu. 2004. *Between Necessity and Probability: Searching for the Definition and Origin of Life*. Berlin: Springer-Verlag.

Porcar, Manuel, and Juli Peretó. 2018. "Creating Life and the Media: Translations and Echoes." *Life Sciences, Society and Policy* 14. doi:10.1186/s40504-018-0087-9.

Postberg, Frank, Nozair Khawaja, Bernd Abel, Gael Choblet, Christopher R. Glein, Murthy S. Gudipati, Bryana L. Henderson, and others. 2018. "Macromolecular Organic Compounds from the Depths of Enceladus." *Nature* 558:564-8.

Pratama, Akbar A., and Jan D. Van Elsas. 2018. "The 'Neglected' Soil Virome—Potential

Role and Impact." *Trends in Microbiology* 26:649-62.

President's Commission for the Study of Ethical Problems in Medicine and Biomedical and Behavioral Research. 1981. *Defining Death: A Report on the Medical, Legal and Ethical Issues in the Determination of Death.* Washington, D. C.: President's Commission.

Quick, Joshua, Nicholas J. Loman, Sophie Duraffour, Jared T. Simpson, Ettore Severi, Lauren Cowley, Joseph A. Bore, and others. 2016. "Real-Time, Portable Genome Sequencing for Ebola Surveillance." *Nature* 530:228-32.

Rajamani, Sudha, Alexander Vlassov, Seico Benner, Amy Coombs, Felix Olasagasti, and David Deamer. 2008. "Lipid-Assisted Synthesis of RNA-Like Polymers from Mononucleotides." *Origins of Life and Evolution of Biospheres* 38:57-74.

Rall, Jack A. 2018. "Generation of Life in a Test Tube: Albert Szent-Gyorgyi, Bruno Straub, and the Discovery of Actin." *Advances in Physiology Education* 42:277-88.

Ramberg, Peter J. 2000. "The Death of Vitalism and The Birth of Organic Chemistry: Wohler's Urea Synthesis and the Disciplinary Identity of Organic Chemistry." *Ambix,* 47170-195

Rankin, Mark. 2013. "Can One Be Two? A Synopsis of the Twinning and Personhood Debate." *Monash Bioethics Review* 31:37-59.

Ratcliff, Marc J. 2004. "Abraham Trembley's Strategy of Generosity and the Scope of Celebrity in the Mid-Eighteenth Century." *Isis* 95:555-75.

Ray, Subash K., Gabriele Valentini, Purva Shah, Abid Haque, Chris R. Reid, Gregory F. Weber, and Simon Garnier. 2019. "Information Transfer During Food Choice in the Slime Mold *Physarum polycephalum.*" *Frontiers in Ecology and Evolution* 7:1-11.

Reed, Charles B. 1915. *Albrecht Von Haller: A Physician—Not Without Honor.* Chicago, IL: Chicago Literary Club.

Rehbock, Philip F. 1975. "Huxley, Haeckel, and the Oceanographers: The Case of *Bathybius haeckelii.*" *Isis* 66:504-33.

Reid, Chris R., Hannelore MacDonald, Richard P. Mann, James A. R. Marshall, Tanya Latty, and Simon Garnier. 2016. "Decision-Making Without a Brain: How an Amoeboid Organism Solves the Two-Armed Bandit." *Journal of the Royal Society Interface* 13. doi:10.1098/rsif.2016.0030.

Reid, Chris R., Simon Garnier, Madeleine Beekman, and Tanya Latty. 2015. "Information

Integration and Multiattribute Decision Making in Non-Neuronal Organisms." *Animal Behaviour* 100:44-50.

Reid, Chris R., Tanya Latty, Andrey Dussutour, and Madeleine Beekman. 2012. "Slime Mold Uses an Externalized Spatial 'Memory' to Navigate in Complex Environments." *Proceedings of the National Academy of Sciences* 109:17490-4.

Reinhold, Robert. 1968. "Harvard Panel Asks Definition of Death Be Based on Brain." *The New York Times*, August 5. https://www.nytimes.com/1968/08/05/archives/harvard-panel-asks-definition-of-death-be-based-on-brain-death.html (accessed June 8, 2020).

Rice, Amy L. 1983. "Thomas Henry Huxley and the Strange Case Of *Bathybius haeckelii*: A Possible Alternative Explanation." *Archives of Natural History* 11:169-80.

Robinson, Denis M. 1988. "Reminiscences on Albert Szent-Györgyi." *Biological Bulletin* 174:214-33.

Rochlin, Kate, Shannon Yu, Sudipto Roy, and Mary K. Baylies. 2010. "Myoblast Fusion: When It Takes More to Make One." *Developmental Biology* 341:66-83.

Roe, Shirley A. 1981. *Matter, Life, and Generation: 18th-Century Embryology and the Haller-Wolff Debate*. Cambridge: Cambridge University Press.

Rogalla, Horts and Peter H. Kes., editors. *100 Years of Superconductivity.* London: Taylor & Francis.

Roger, Jacques. 1997. *Buffon: A Life in Natural History*. Translated by Sarah L. Bonnefoi. Ithaca, NY: Cornell University Press.

Rosa-Salva, Orsola, Uwe Mayer, and Giorgio Vallortigara. 2015. "Roots of a Social Brain: Developmental Models of Emerging Animacy-Detection Mechanisms." *Neuroscience & Biobehavioral Reviews* 50:150-68.

Rößler, Hole. 2013. "Character Masks of Scholarship: Self-Representation and Self-Experiment as Practices of Knowledge Around 1770." In *Scholars in Action: The Practice of Knowledge and the Figure of the Savant in the 18th Century*. Edited by André Holenstein, Hubert Steinke, and Martin Stuber. Leiden: Brill.

Ruggiero, Angela. 2018. "Jahi McMath: Funeral Honors Young Teen Whose Brain Death Captured World's Attention." *The Mercury News*, July 6. https://www.mercurynews.com/2018/07/06/jahi-mcmath-funeral-honors-young-teen-whose-brain-death-captured-worlds-attention/ (accessed June 8, 2020).

Rummel, Andrea D., Sharon M. Swartz, and Richard L. Marsh. 2019. "Warm Bodies, Cool Wings: Regional Heterothermy in Flying Bats." *Biology Letters* 15. doi:10.1098/rsbl.2019.0530.

Rupke, Nicolaas A. 1976. "*Bathybius haeckelii* and the Psychology of Scientific Discovery: Theory Instead of Observed Data Controlled the Late 19th Century 'Discovery' of a Primitive Form of Life." *Studies in History and Philosophy of Science Part A* 7:53-62.

Russell, Michael J. 2019. "Prospecting for Life." *Interface Focus* 9. doi:10.1098/rsfs.2019.0050.

Rutz, Christian, Matthias-Claudio Loretto, Amanda E. Bates, Sarah C. Davidson, Carlos M. Duarte, Walter Jetz, Mark Johnson, and others. 2020. "COVID-19 Lockdown Allows Researchers to Quantify the Effects of Human Activity on Wildlife." *Nature Ecology & Evolution*. doi:10.1038/s41559-020-1237-z.

Sagan, Carl, and Joshua Lederberg. 1976. "The Prospects for Life on Mars: A Pre-Viking Assessment." *Icarus* 28:291-300.

Samartzidou, Hrissi, Mahsa Mehrazin, Zhaohui Xu, Michael J. Benedik, and Anne H. Delcour. 2003. "Cadaverine Inhibition of Porin Plays a Role in Cell Survival at Acidic pH." *Journal of Bacteriology* 185:13-9.

Satterly, John. 1939. "The Postprandial Proceedings of the Cavendish Society I." *American Journal of Physics* 7:179-85.

Schlenk, Fritz. 1987. "The Ancestry, Birth and Adolescence of Adenosine Triphosphate." *Trends in Biochemical Sciences* 12:367-8.

Schmalian, Jörg. 2010. "Failed theories of superconductivity." *Modern Physics Letters B* 24:2679-2691.

Scholl, Brian J., and Patrice D. Tremoulet. 2000. "Perceptual Causality and Animacy." Trends in Cognitive Sciences 4:299-309.

Schrödinger, Erwin. 2012. *What is Life?* Cambridge: Cambridge University Press.

Secor, Stephen M., and Jared Diamond. 1995. "Adaptive Responses to Feeding in Burmese Pythons: Pay Before Pumping." *Journal of Experimental Biology* 198:1313-25.

Secor, Stephen M., and Jared Diamond. 1998. "A Vertebrate Model of Extreme Physiological Regulation." *Nature* 395:659-62.

Secor, Stephen M., Eric D. Stein, and Jared Diamond. 1994. "Rapid Upregulation of Snake

Intestine in Response to Feeding: A New Model of Intestinal Adaptation." *American Journal of Physiology* 266:G695-705.

Setia, Harpreet, and Alysson R. Muotri. 2019. "Brain Organoids as a Model System for Human Neurodevelopment and Disease." *Seminars in Cell and Developmental Biology* 95:93-7.

Setten, Ryan L., John J. Rossi, and Si-Ping Han. 2019. "The Current State and Future Directions of RNAi-Based Therapeutics." *Nature Reviews Drug Discovery* 18:421-46.

Shahar, Anat, Peter Driscoll, Alycia Weinberger, and George Cody. 2019. "What Makes a Planet Habitable?" *Science* 364:434-5.

Shewmon, D. A. 2018. "The Case of Jahi McMath: A Neurologist's View." *Hastings Center Report* 48:S74-6.

Simkulet, William. 2017. "Cursed Lamp: the Problem of Spontaneous Abortion." *Journal of Medical Ethics*. doi:10.1136/medethics-2016-104018.

Simpson, Bob. 2018. "Death." *Cambridge Encyclopedia of Anthropology*, July 23. http://doi.org/10.29164/18death (accessed June 8, 2020).

Sloan, Philip R., and Brandon Fogel. 2011. *Creating a Physical Biology: The Three-Man Paper and Early Molecular Biology*. Chicago, IL: University of Chicago Press.

Slowik, Edward. 2017. "Descartes' Physics." *Stanford Encyclopedia of Philosophy*, August 22. https://plato.stanford.edu/archives/fall2017/entries/descartes-physics/ (accessed July 25, 2020).

Slutsky, Arthur S. 2015. "History of Mechanical Ventilation: From Vesalius to Ventilator-Induced Lung Injury." *American Journal of Respiratory and Critical Care Medicine* 191:1106-15.

Smith, Kelly C. 2018. "Life as Adaptive Capacity: Bringing New Life to an Old Debate." *Biological Theory* 13:76-92.

Srivathsan, Amrita, Emily Hartop, Jayanthi Puniamoorthy, Wan T. Lee, Sujatha N. Kutty, Olavi Kurina, and Rudolf Meier. 2019. "Rapid, Large-Scale Species Discovery in Hyperdiverse Taxa Using 1D MinION Sequencing." *BMC Biology* 17. doi:10.1186/s12915-019-0706-9.

Steigerwald, Joan. 2019. *Experimenting at the Boundaries of Life: Organic Vitality in Germany Around 1800*. Pittsburgh, PA: University of Pittsburgh Press.

Steinke, Hubert. 2005. *Irritating Experiments: Haller's Concept and the European Controversy on Irritability and Sensibility, 1750-90.* Amsterdam: Rodopi.

Stephenson, Andrew G. 1981. "Flower and Fruit Abortion: Proximate Causes and Ultimate Functions." *Annual Review of Ecology and Systematics* 12:253-79.

Stiles, Joan, and Terry L. Jernigan. 2010. "The Basics of Brain Development." *Neuropsychology Review* 20:327-48.

Stott, Rebecca. 2012. *Darwin's Ghosts: The Secret History of Evolution.* New York, NY: Spiegel & Grau.

Strauss, Bernard S. 2017. "A Physicist's Quest in Biology: Max Delbrück and 'Complementarity.'" *Genetics* 206:641-50.

Strick, James E. 2009. "Darwin and the Origin of Life: Public Versus Private Science." *Endeavour* 33:148-51.

Subramanian, Samanth. 2020. *A Dominant Character: The Radical Science and Restless Politics of J. B. S. Haldane.* New York, NY: Norton.

Sullivan, Janet R. 1983. "Comparative Reproductive Biology of *Acer pensylvanicum* and *A. spicatum* (*Aceraceae*)." *American Journal of Botany* 70:916-24.

Surman, Andrew J., Marc R. Garcia, Yousef M. Abul-Haija, Geoffrey J. T. Cooper, Piotr S. Gromski, Rebecca Turk-MacLeod, Margaret Mullin, and others. 2019. "Environmental Control Programs the Emergence of Distinct Functional Ensembles from Unconstrained Chemical Reactions." Proceedings of the National Academy of Sciences 116. doi:10.1073/pnas.1813987116.

Sutton, Geoffrey. 1984. "The Physical and Chemical Path to Vitalism: Xavier Bichat's Physiological Researches on Life and Death." *Bulletin of the History of Medicine* 58:53-71.

Swartz, Mimi. 1996. "It Came from Outer Space." *Texas Monthly,* November. https://www.texasmonthly.com/articles/it-came-from-outer-space/ (accessed July 25, 2020).

Sweet, William H. 1978. "Brain Death." *New England Journal of Medicine* 299:410-2.

Symonds, Neville. 1988. "Schrödinger and Delbrück: Their Status in Biology." *Trends in Biochemical Sciences* 13:232-4.

Szabo, Liz. 2014. "Ethicists Criticize Treatment of Teen, Texas Patient." *USA Today,* January 9. https://www.usatoday.com/story/news/nation/2014/01/09/ethicists-criticize-treatmentbrain-dead-patients/4394173/ (accessed June 8, 2020).

Szent-Györgyi, Albert. 1948. *Nature of Life: A Study on Muscle.* New York, NY: Academic Press.

Szent-Györgyi, Albert. 1963. "Lost in the Twentieth Century." *Annual Review of Biochemistry* 32:1-14.

Szent-Györgyi, Albert. 1972. "What is Life?" In *Biology Today.* Edited by John H. Painter, Jr. Del Mar, CA: CRM Books.

Szent-Györgyi, Albert. 1977. "The Living State and Cancer." *Proceedings of the National Academy of Sciences* 74:2844-7.

Tamura, Koji. 2016. "The Genetic Code: Francis Crick's Legacy and Beyond." *Life* 6:36.

Taubner, Ruth-Sophie, Patricia Pappenreiter, Jennifer Zwicker, Daniel Smrzka, Christian Pruckner, Philipp Kolar, Sébastien Bernacchi, and others. 2018. "Biological Methane Production Under Putative Enceladus-Like Conditions." *Nature Communications* 9:748.

Taylor, William R. 1920. *A Morphological and Cytological Study of Reproduction in the Genus Acer.* Philadelphia, PA: University of Pennsylvania.

Thomson, Charles W. 1869. "XIII. On the Depths of the Sea." *Annals and Magazine of Natural History* 4:112-24.

Thomson, Joseph J. 1906. "Some Applications of the Theory of Electric Discharge Through Gases to Spectroscopy." *Nature* 73:495-9.

Tirard, Stéphane. 2017. "J. B. S. Haldane and the Origin of Life." *Journal of Genetics* 96:735-9.

Trifonov, Edward N. 2011. "Vocabulary of Definitions of Life Suggests a Definition." *Journal of Biomolecular Structure and Dynamics* 29:259-66.

Trujillo, Cleber A., Richard Gao, Priscilla D. Negraes, Jing Gu, Justin Buchanan, Sebastian Preissl, Allen Wang, and others. 2019. "Complex Oscillatory Waves Emerging From Cortical Organoids Model Early Human Brain Network Development." *Cell Stem Cell* 25:558-69.e7.

Truog, Robert D. 2018. "Lessons from the Case of Jahi McMath." *Hastings Center Report* 48:S70-3.

Vallortigara, Giorgio, and Lucia Regolin. 2006. "Gravity Bias in the Interpretation of Biological Motion by Inexperienced Chicks." *Current Biology* 16:R279-80.

Van Kranendonk, Martin J., David W. Deamer, and Tara Djokic. 2017. "Life Springs." *Scientific American* 317:28-35.

Van Lawick-Goodall, Jane. 1968. "The Behaviour of Free-Living Chimpanzees in the Gombe Stream Reserve." *Animal Behaviour Monographs* 1:161-311.

Van Lawick-Goodall, Jane. 1971. *In the Shadow of Man*. Boston, MA: Houghton Mifflin.

Vartanian, Aram. 1950. "Trembley's Polyp, La Mettrie, and Eighteenth-Century French Materialism." *Journal of the History of Ideas* 11:259-86.

Vastenhouw, Nadine L., Wen X. Cao, and Howard D. Lipshitz. 2019. "The Maternal-to-Zygotic Transition Revisited." *Development* 146. doi:10.1242/dev.161471.

Vázquez-Diez, Cayetana, and Greg FitzHarris. 2018. "Causes and Consequences of Chromosome Segregation Error in Preimplantation Embryos." *Reproduction* 155:R63-76.

"Viking I Lands on Mars." *ABC News*, July 20, 1976. https://www.youtube.com/watch?v=gZjCfNvx9m8 (accessed June 8, 2020).

Villavicencio, Raphael T. 1998. "The History of Blue Pus." *Journal of the American College of Surgeons* 187:212-6.

Vitas, Marko, and Andrej Dobovišek. 2019. "Towards a General Definition of Life." *Origins of Life and Evolution of Biospheres* 49:77-88.

Vitturi, Bruno K., and Wilson L. Sanvito. 2019. "Pierre Mollaret (1898-1987)." *Journal of Neurology* 266:1290-1.

Voigt, Christian C., Winifred F. Frick, Marc W. Holderied, Richard Holland, Gerald Kerth, Marco A. R. Mello, Raina K. Plowright, and others. 2017. "Principles and Patterns of Bat Movements: From Aerodynamics to Ecology." *Quarterly Review of Biology* 92:267-87.

Waddington, Conrad H. 1967. "No Vitalism for Crick." *Nature* 216:202-3.

Wakefield, Priscilla. 1816. *Instinct Displayed, in a Collection of Well-Authenticated Facts, Exemplifying the Extraordinary Sagacity of Various Species of the Animal Creation*. Boston, MA: Flagg & Gould.

Walker, Sara I. 2017. "Origins of Life: A Problem for Physics, a Key Issues Review." *Reports on Progress in Physics* 80. doi:10.1088/1361-6633/aa7804.

Walker, Sara I. 2018. "Bio from Bit." In *Wandering Towards a Goal: How Can Mindless*

Mathematical Laws Give Rise to Aims and Intention? Edited by Anthony Aguirre, Brendan Foster, and Zeeya Merali. Cham: Springer International Publishing.

Walker, Sara I., and Paul C. W. Davies. 2012. "The Algorithmic Origins of Life." *Journal of the Royal Society Interface* 10. doi:10.1098/rsif.2012.0869.

Walker, Sara I., Hyunju Kim, and Paul C. W. Davies. 2016. "The Informational Architecture of the Cell." *Philosophical Transactions of the Royal Society A* 374. doi:10.1098/rsta.2015.0057.

Walker, Sara I., William Bains, Leroy Cronin, Shiladitya DasSarma, Sebastian Danielache, Shawn Domagal-Goldman, Betul Kacar, and others. 2018. "Exoplanet Biosignatures: Future Directions." Astrobiology 18:779-824.

Webb, Richard L., and Paul A. Nicoll. 1954. "The Bat Wing as a Subject for Studies in Homeostasis of Capillary Beds." *Anatomical Record* 120:253-63.

Welch, G. R. 1995. "T. H. Huxley and the 'Protoplasmic Theory of Life': 100 Years Later." *Trends in Biochemical Sciences* 20:481-5.

Westall, Frances, and André Brack. 2018. "The Importance of Water for Life." *Space Science Reviews* 214. doi:10.1007/s11214-018-0476-7.

Wijdicks, Eelco F. M. 2003. "The Neurologist and Harvard Criteria for Brain Death." *Neurology* 61:970-6.

Willis, Craig K. R. 2017. "Trade-Offs Influencing the Physiological Ecology of Hibernation in Temperate-Zone Bats." *Integrative and Comparative Biology* 57:1214-24.

Wilson, Edmund B. 1923. *The Physical Basis of Life*. New Haven, CT: Yale University Press.

WSFA Staff. 2019. "Rape, Incest Exceptions Added to Abortion Bill." *WBRC FOX6 News*, May 8. https://www.wbrc.com/2019/05/08/rape-incest-exceptions-added-abortion-bill/ (accessed July 25, 2020).

Xavier, Joana C., Wim Hordijk, Stuart Kauffman, Mike Steel, and William F. Martin. 2020. "Autocatalytic Chemical Networks at the Origin of Metabolism." *Proceedings of the Royal Society B* 287. doi:10.1098/rspb.2019.2377.

Yashina, Svetlana, Stanislav Gubin, Stanislav Maksimovich, Alexandra Yashina, Edith Gakhova, and David Gilichinsky. 2012. "Regeneration of Whole Fertile Plants from 30,000-Y-Old Fruit Tissue Buried in Siberian Permafrost." *Proceedings of the National Academy of Sciences* 109:4008-13.

Yoxen, Edward J. 1979. "Where Does Schroedinger's 'What is Life?' Belong in the History of Molecular Biology?" *History of Science* 17:17-52.

Zammito, John H. 2018. *The Gestation of German Biology: Philosophy and Physiology from Stahl to Schelling*. Chicago, IL: University of Chicago Press.

Zimmer, Carl. 1995. "First Cell." *Discover*, October 31. https://www.discovermagazine.com/the-sciences/first-cell (accessed June 8, 2020).

Zimmer, Carl. 2007. "The Meaning of Life." *Seed Magazine*, September 4. https://carlzimmer.com/the-meaning-of-life-437/ (accessed July 25, 2020).

Zimmer, Carl. 2011. "Darwin Under the Microscope: Witnessing Evolution in Microbes." In *In the Light of Evolution: Essays from the Laboratory and Field*. Edited by Jonathan B. Losos. New York, NY: Macmillan.

Zimmer, Carl. 2021. *A Planet of Viruses*. Third edition. Chicago, IL: University of Chicago Press.

鷹之眼 03

生命的一百種定義：
原來還可以這樣活著，探索生物與非生物的邊界
Life's Edge: Searching for What It Means to Be Alive

作　　　者	卡爾‧齊默 Carl Zimmer
編　　　者	吳國慶

副 總 編 輯	成怡夏
責 任 編 輯	成怡夏
協 力 校 對	李清瑞
行 銷 企 劃	蔡慧華
封 面 設 計	莊謹銘
內 頁 排 版	宸遠彩藝

社　　　長	郭重興
發 行 人 暨 出 版 總 監	曾大福
出　　　版	遠足文化事業股份有限公司 鷹出版
發　　　行	遠足文化事業股份有限公司
	231 新北市新店區民權路 108 之 2 號 9 樓
電　　　話	02-2218-1417
傳　　　真	02-8661-1891
客 服 專 線	0800-221-029

法 律 顧 問	華洋法律事務所 蘇文生律師
印　　　刷	成陽印刷股份有限公司

初　　　版	2021 年 9 月
定　　　價	520 元

Ｉ Ｓ Ｂ Ｎ	9789860682106（紙本）
	9789860682113（EPUB）
	9789860632897（PDF）

國家圖書館出版品預行編目 (CIP) 資料

生命的一百種定義：原來還可以這樣活著，探索生物與非生物的邊界 / 卡爾. 齊默 (Carl
Zimmer) 作；吳國慶譯 . -- 初版 . -- 新北市：遠足文化事業股份有限公司鷹出版：遠足
文化事業股份有限公司發行 , 2021.09
　　面；　公分 . -- (鷹之眼；3)
譯自：Life's edge : searching for what it means to be alive.
ISBN 978-986-06821-0-6(平裝)
1. 生命科學

110010777